乡村人居环境营建丛书

浙江大学乡村人居环境研究中心

王 竹 主编

舟山群岛人居单元营建理论与方法研究

张 焕 著

1. **国家自然科学基金青年科学基金项目**:"景观生态学视域下海岛人居环境耦合机制与应对策略研究——以舟山群岛为例"(项目批准号:51508498)

2. **华南理工大学亚热带建筑科学国家重点实验室开放课题**:"景观生态学视角下舟山群岛人居环境分类规划研究"(项目编号:2015ZB07)

3. **国家自然科学基金重点资助项目**:"长江三角洲地区低碳乡村人居环境营建体系研究"(项目编号:51238011)

东南大学出版社

·南京·

内 容 提 要

人居环境聚落在大规模的建设中遭到了不可挽救的破坏,尤其是植根于海洋地区自然与文化环境的海岛传统聚落与住居,正逐渐被舟山新区大规模的建设模式所取代,舟山群岛海岛地区传统营建体系的演进与发展面临着种种困境。本书从地区营建体系切入,研究如何挖掘与整理这些包含生态价值与智慧的地区营建经验,结合当前科学的理论方法与技术成果,将其转化为地区人居环境营建体系与方法,使地区传统建筑的持续发展获得重生。

本书首先阐述了选题舟山群岛人居环境研究的原因,在此基础上导出多维视野下群岛人居单元的创新概念,然后,对群岛人居单元的概念从理论支撑、影响因素、运转规律等方面进行全面解析。在解析的基础上,从群岛整体尺度和建设尺度两个层面构筑营建体系。并在随后的章节中归纳出体系建构和营建策略,以及实际案例的验证。最后加以总结和展望。本书旨在以人居单元的概念与视角,同时结合具体的实证研究,以一种开放的结构和方式归纳出一些具有普遍意义的特征与规律。

现将本书奉献给广大读者,希望对海岛营建规划与管理、绿色建筑及其生态与环境效应等专业的科研人员,高等院校师生,政府相关部门管理人员和从事海岛工作的人员有所裨益。

图书在版编目(CIP)数据

舟山群岛人居单元营建理论与方法研究/张焕著. —南京:东南大学出版社,2015.11
(乡村人居环境营建丛书/王竹主编)
ISBN 978-7-5641-5752-4

Ⅰ.①舟… Ⅱ.①张… Ⅲ.①居住环境-研究-舟山市 Ⅳ.①X21

中国版本图书馆 CIP 数据核字(2015)第 108342 号

书　　名:	舟山群岛人居单元营建理论与方法研究

著　　者:张　焕
责任编辑:宋华莉
编辑邮箱:52145104@qq.com

出版发行:东南大学出版社
出 版 人:江建中
社　　址:南京市四牌楼 2 号(210096)
网　　址:http://www.seupress.com
印　　刷:南京玉河印刷厂
开　　本:787 mm×1092 mm 1/16　印张:13.25　字数:304 千字
版　　次:2015 年 11 月第 1 版　2015 年 11 月第 1 次印刷
书　　号:ISBN 978-7-5641-5752-4
定　　价:48.00 元
经　　销:全国各地新华书店
发行热线:025-83790519　83791830

本社图书若有印装质量问题,请直接与营销部联系,电话:025-83791830

序

2008 年，张焕还在湖南大学攻读硕士学位时，与我相识。交谈过程中他表示有志于地区建筑营建的研究，并打算回到浙江攻读博士。果然在 2009 年，他以第一名的成绩考入浙江大学，成为我的博士研究生和地区人居环境研究团队的一员。

张焕攻读博士学位期间很快就融入到团队中。他出生与成长在舟山，所以一开始就将他的研究方向定位在海岛人居环境的研究上。在研究过程中，他建构了从生态建筑到可持续人居环境等宽广的理论结构。2011 年下半年，他又到舟山市城乡建设委员会进行为期一年的挂职锻炼，使他在实践和交往中更深入地了解海岛，增强才智，丰富了研究内容，并使他的研究课题深深扎根于舟山群岛这块山水之中。今年之夏，他又喜获国家自然科学青年基金资助项目，站在更高的层面思考与探索问题，也使团队的研究范围得以拓展。

植根于海洋地区自然与文化环境的海岛传统聚落与住居，正逐渐被大规模的建设模式所取代。研究的目的是从海岛地区营建体系入手，将常年有人居住，并且形成人居聚落的海岛还原成一个人居的基本单元，在此基础上导出多维视野下"群岛人居单元"的概念，进而对概念从理论支撑、影响因素、运转规律等方面进行解析。同时，挖掘与整理包含了生态价值与智慧策略的地区营建经验，结合当前的技术体系，将其转化为海岛人居环境营建体系与方法。

随着中国不断融入世界，海洋、海岛在国民经济和社会发展中的地位愈加突出，同时，作为海洋大国也面临种种问题。可以说，张焕的研究对象——海岛人居环境，在当下具有重要的战略意义。他能将相关研究成果汇集成书《舟山群岛人居环境营建体系理论与方法研究》，融合了我们团队多年的人居环境研究基础，可谓是少有的对海岛人类居住环境的专门论述。在这种执著的研究精神指引下，相信他在这个领域会有新的突破。

在该书付梓之际，一方面鼓励作者继续在这一前沿领域不断拓展与前进，另一方面将该书推荐给广大读者，希望有更多的学者研究海岛人居环境建设，为建设海洋强国做出贡献。

王竹

2015 年 10 月 20 日于求是园

前　言

作为舟山人,从小时候开始,蓝色的海洋就给了我向往。在我十多岁的时候妈妈从她长大的那个渔村要来了一条大黄鱼,和着酒煮好说给我补身子。

随着科技的进步,那个渔村的渔民们赚了钱盖了大房子,而后又造了更大的钢渔船去捕更多的鱼。

后来,那个著名的渔村忽然就没落了,因为鱼突然就少了很多。从前,踌躇满志的渔民老大们一下子跌入了社会的底层。让我忽然间明白海洋也能给我们带来绝望。

再后来,舟山造了跨海大桥,分别跟上海和宁波连了起来,旅游、航运等产业又为舟山带来了新的经济增长点。让我们感觉到舟山有大群的岛屿、大片的滩涂都适合开发,而且拥有无限潜力。

最近舟山成为了国家级新区,还打算引进大群的企业,为了能增加新区的GDP。

再后来……

在大开发即将到来的时刻,我们真的需要对脆弱的海岛海洋人居环境进行深入的研究。

我想,未来的海岛应该是这样的一幅场景:完好苍翠的山体,合理的人居规模,大片的原生态滩涂湿地和现代的港务码头并存,层叠的海岛传统渔村聚落和本岛上的新城区并存,海洋产业的成果——游艇、帆船能与滨海的人居环境无缝对接,甚至海岛的土地资源可以通过人工岛等形式无限拓展,再也不需要移山填海、围海造田。

这一切的一切都需要一个良好的人居单元营建体系的引导。

2009年,我有幸考入浙江大学建筑工程学院攻读博士学位,在导师王竹教授的指导下,我着手进行了"舟山群岛人居单元营建理论与方法研究"。

本书的主要特点是:(1) 在多维视野下分析,进而提出群岛人居单元的概念,揭示人居环境发展和变化的规律,并使得该研究具有开拓性与原创性意义;(2) 以方法论指导群岛人居单元建构关系,深度解读群岛人居单元的构成因素和因素间的相互关系;(3) 在不同层面和尺度下对群岛人居单元营建体系进行解读和研究提升:从整体(群岛单元格局、岛屿单元分类、单元单项体系等)和建设(村落、建筑、技术等)两个层面提出群岛人居单元营建体系。

本书的主要内容有:(1) 多维视野下的群岛人居单元的概念;(2) 群岛人居单元的诠释;(3) 群岛人居单元整体尺度营建体系;(4) 群岛人居建设尺度营建体系;(5) 群岛人居单元的体系建构与营建策略。

张　焕

2015年9月

浙江大学乡村人居环境研究中心

农村人居环境的建设是我国新时期经济、社会和环境的发展程度与水平的重要标志,对其可持续发展适宜性途径的理论与方法研究已成为学科的前沿。按照中央统筹城乡发展的总体要求,围绕积极稳妥推进城镇化,提升农村发展质量和水平的战略任务;为贯彻落实《国家中长期科学和技术发展规划纲要(2006—2020年)》的要求,加强农村建设和城镇化发展的科技自主创新能力,为建设乡村人居环境提供技术支持。2011年,浙江大学建筑工程学院成立了乡村人居环境研究中心(以下简称"中心")。

"中心"主任由王竹教授担任,副主任及各专业方向负责人由李王鸣教授、葛坚教授、贺勇教授、毛义华教授等担任。"中心"整合了相关专业领域的优势创新力量,长期立足于乡村人居环境建设的社会、经济与环境现状,将自然地理、经济发展与人居系统纳入统一视野。截至目前,"中心"已完成120多个农村调研与规划设计;出版专著15部,发表论文200余篇;培养博士18人,硕士160余人;为地方培训3 000余人次。

"中心"在重大科研项目和重大工程建设项目联合攻关中的合作与沟通,积极促进多学科交叉与协作,实现信息和知识的共享,从而使每个成员的综合能力和视野得到全面拓展;建立了实用、高效的科技人才培养和科学评价机制,并与国家和地区的重大科研计划、人才培养实现对接,努力造就一批国内外一流水平的科学家和科技领军人才,注重培养一批奋发向上、勇于探索、勤于实践的青年科技英才。建立一支在乡村人居环境建设理论与方法领域具有国内外影响力的人才队伍,力争在地区乃至全国农村人居环境建设领域的领先地位。

"中心"按照国家和地方城镇化与村镇建设的战略需求和发展目标,整体部署、统筹规划,重点攻克一批重大关键技术与共性技术,强化村镇建设与城镇化发展科技能力建设,开展重大科技工程和应用示范。

"中心"从6个方向开展系统的研究,通过产学研相结合,将最新研究成果用于乡村人居环境建设实践中。(1) 村庄建设规划途径与技术体系研究;(2) 乡村社区建设及其保障体系;(3) 乡村建筑风貌以及营造技术体系;(4) 乡村适宜性绿色建筑技术体系;(5) 乡村人居健康保障与环境治理;(6) 农村特色产业与服务业研究。

"中心"承担有国家自然科学基金重点项目:"长江三角洲地区低碳乡村人居环境营建体系研究""中国城市化格局、过程及其机理研究",面上项目"长江三角洲绿色住居机理与适宜性模式研究""基于村民主体视角的乡村建造模式研究""长江三角洲湿地类型基本人居生态单元适宜性模式及其评价体系研究""基于绿色基础设施评价的长三角地区中小城市增长边界研究";国家科技支撑计划课题:"长三角农村乡土特色保护与传承关键技术研究与示范""浙江省杭嘉湖地区乡村现代化进程中的空间模式及其风貌特征""建筑用能系统评价优化与自保温体系研究及示范""江南民居适宜节能技术集成设计方法及工程示范"等。

目　　录

1 绪论

1.1 选题缘起

海洋是生命的摇篮,几十亿年前,地球上最早的有机物就产生于海洋,进而在这里诞生了最早的生命。地球的总面积 5.1 亿 km^2,海洋的面积约 3.61 亿 km^2,约占 71%。这巨大的海洋是地球生命保障系统的一个基本组成部分,也是资源的宝库、环境的重要调节器。20世纪 70 年代以来,许多沿海国家不断加快海洋开发步伐,海洋经济快速发展,大体上 10 年左右翻一番。海洋是富饶而未充分开发的资源宝库,人类社会的发展必然会越来越多地依赖海洋,辽阔的海洋是未来最大的发展空间和平台。

1.1.1 海洋开发是一个必然的选择

中国有 13 亿多人口,陆地自然资源人均占有量低于世界平均水平。960 万 km^2 的陆地国土,居世界第三位,但人均占有陆地面积仅有 0.008 km^2,远低于世界人均 0.3 km^2 的水平;近年来全国年平均淡水资源总量为 28 000 亿 m^3,居世界第六位,但人均占有量仅为世界平均水平的四分之一;中国陆地矿产资源总量丰富,但人均占有量不到世界人均量的一半。中国作为一个发展中的沿海大国,国民经济要持续发展,必须把海洋的开发和保护作为一项长期的战略任务,走向海洋,开发利用海洋是我国一个必然的选择。

第 45 届联合国大会作出决议,敦促沿海国家把海洋开发列入国家发展战略,以推动海洋经济的发展。21 世纪将是人类开发利用海洋的新世纪。依据《联合国海洋法公约》的规定,沿海国家可以划定领海、专属经济区和大陆架等管辖海域,总面积约 1.09 亿 km^2,约占海洋总面积的 30%;沿海国家还可以在国际海底区域(全人类共同继承的遗产)圈定海底矿区。这些新的国际海洋法律制度为沿海国家扩展生存空间提供了机会。

沿海地区,受海洋的影响,生态环境条件比较好,适合人类居住,交通方便有利于发展经济。世界人口的 60% 居住在距海岸 100 km 的沿海地区。中国是沿海大国,海洋对中国的可持续发展具有十分重大的战略意义。大陆海岸线长达 18 000 多千米,海岛 6 500 多个,管辖海域几百万平方千米,其中包括:内水、领海;中国大陆向邻接海域的自然延伸部分是中国的大陆架;从领海基线向外延伸 200 海里是归国家管辖的专属经济区。

我国东南两面濒临渤海、黄海、东海和南海,处在中、低纬度地带,自然环境和资源条件比较优越。除台湾省之外,沿海 12 个省(区)、市总面积 133.4 万 km^2,在全国东部、西部、中部三个地带中,沿海地区人口承载力最强,人口密度为全国平均值的 3 倍,三个地区人口密度之比为 25:13:1。沿海地区具有临海的区位优势,对外经济联系方便,成为经济最发达的地区,其国内生产总值一直占全国的 60% 以上。

中国海洋资源非常丰富,沿海海域海洋生物物种繁多,已鉴定的达 20 278 种。中国海域有 30 多个沉积盆地,面积近 70 万 km²,蕴藏着巨量的石油和天然气资源,在漫长海岸线和海域还蕴藏着极为丰富的砂矿资源。中国海域还有丰富的海水资源和海洋可再生能源。海水可以直接利用,也可以淡化成为淡水资源;海水中含有 80 多种元素,是宝贵的化学资源。海洋可再生能源包括潮汐能、波浪能、海流能、温差能和盐差能等。中国沿海共有 160 多处海湾和几百千米深水岸线,许多岸段适合建设港口,发展海洋运输业。中国沿海地带跨越热带、亚热带、温带 3 个气候带,旅游资源种类繁多,沿海地区共有 1 500 多处旅游娱乐景观资源,适合发展海洋旅游业。

1.1.2　海岛之于海洋的桥头堡作用

海岛是海洋生态系统的重要组成部分,《联合国海洋法公约》明确地规定了岛屿的定义,以及在海域划界中的法律地位与作用,并在国际实践中得到广泛的运用。根据《联合国海洋法公约》第 121 条规定,"岛屿是四面环水并在高潮时高于水面的自然形成的陆地区域;除第 3 款另有规定外,岛屿的领海、毗连区、专属经济区和大陆架应按照本公约适用于其他陆地领土的规定加以确定;不能维持人类居住或其本身的经济生活的岩礁,不应有专属经济区或大陆架"。由此可知,海岛可以同陆地领土一样拥有自己的领海、毗连区、专属经济区和大陆架,它是划分国家内水、领海和 200 海里专属经济区等管辖海域的重要标记。岛屿因其大小及所处的地理位置、环境和周围物产的不同,它的用途、价值也不同。如,在经济上,有的岛屿本身有丰富的自然资源,如矿产资源、生物资源、旅游资源、海洋能源和港湾资源等,开发的潜力很大,是经济发展的精髓之地;有些虽是没有资源的荒岛,却拥有 200 海里专属经济区的广阔海域,因而海岛也被描述为走向海洋的"桥头堡"和通向内陆的"岛桥"。在军事上,由于海岛既可作为测算领海宽度的领海基点,有些较大的岛屿在世界政治活动中具有重要的地位,其军事价值深受各国国防战略家和海军战略家的重视,被誉为"不沉的航空母舰"。日本等国家对海岛在海域划界中的作用就非常重视。日本对远离其本土 1 740 km 的冲鸟岛不惜投入重金加以保护,把一些水下礁(滩)接出水面,建成人工岛,其主要目的就是用于扩大其海域。

总之,海岛关系到沿海国家甚至是全球未来的可持续发展。从国家权益来讲,海岛是划分内水、领海及其他管辖海域的重要标志,并与毗邻海域共同构成国家领土的重要组成部分;从国家发展来讲,海岛是对外开放的门户,是建设深水良港、开发海上油气、从事海上渔业、发展海上旅游等重要基地;从国家安全来讲,海岛地处国防前哨,是建设强大海军、建造各类军事设施的重要场所,是保卫国防安全的屏障。海岛因其巨大的经济、政治、外交、军事、科学和生态等价值,它的未来及其发展,已成为当今岛屿国以及海洋国家十分关注的问题。

当前,各沿海国对海洋权益的关注已经达到前所未有的程度,一些沿海国家围绕岛屿归属、大陆架划分和管辖海域等问题展开的争夺也呈愈演愈烈之势。国际上,有些争端甚至演变成为局部战争或潜在的武装冲突。例如英阿马岛战争,厄立特里亚与也门的哈尼什群岛之争,以及希腊与土耳其的爱琴海大陆架纠纷,日韩有关独(竹)岛的纠纷,等等。我国与日本在钓鱼岛、东海大陆架油气资源上也存在严重的争端,南沙群岛与周边国家的岛屿之争也呈现严峻的态势。因此,加强海岛各方面的研究,正确地理解和运用岛屿制度的规定、原则,加强对我国海岛的开发、保护和利用,实现和提升其在经济、政治、军事、科学上的价值,具有十分重要的现实意义和战略意义。

我国幅员辽阔,除了有 960 万 km^2 的陆域领土外,还有近 300 万 km^2 的管辖海域。我国是世界上拥有较多岛屿的国家之一,仅面积大于 500 m^2 的岛屿就有 7 000 余个。这些岛屿环绕着我国东南沿岸,形成了一道天然屏障。这些类型多样的海岛是壮大海洋经济、拓展发展空间的重要依托。自改革开放以来,特别是我国实施海洋开发战略以来,海岛的重要性日益显现,开发利用活动也越来越多。在我国众多的海岛中,舟山群岛是其中极为重要的一部分。(彭超,2005)

1.2 相关领域研究现状综述

由于海岛的特殊性,国内外很多学者对其进行了不同角度、不同领域的深入研究,这些研究对此次舟山群岛人居单元营建领域的研究具有基础的承纳作用。

1.2.1 国内外海岛研究状况

1) 国外海岛研究状况

国外主要的组织和国家对海岛有较早和较深入的研究。

例如,联合国对海岛的研究有较高较广的视角。1992 年联合国环境与发展大会通过了联合国《21 世纪议程》,其中包括"小岛屿的可持续发展",1994 年通过了《小岛屿发展中国家可持续发展行动纲领》,要求各国采取切实的行动措施,加强对岛屿资源开发的管理,为岛屿的可持续发展提供根本的保障。

日本是个海岛国家,因此,其对海岛的研究侧重在偏远小岛的孤岛定义上。日本曾先后颁布了《日本孤岛振兴法》以及《日本孤岛振兴法实施令》。

韩国在海洋水产部成立之前,由内政部负责制定了《国家岛屿发展规划》和《岛屿开发促进条例》,后又于 1997 年出台了《关于独岛等岛屿地域生态系保护的特别法》,专门针对独岛等岛屿的自然景观与生态环境的保护问题立法。

美国注重通过立法加强对海洋的开发与保护工作,如《1972 年美国联邦海岸带管理法》中就对"河口自然保护区"做了明确的定义。美国得克萨斯州的"山姆洛克岛的管理计划"(Samrock Island Management Plan),佛罗里达州"威顿岛的保护方案"(Weedon Island Preserve),澳大利亚的"罗特内斯特岛管理计划"(The Rottnest Island Management Plan),加拿大的"艾尔克岛国家公园管理计划"(Elk Island National Park Management Plan)等都是由政府制定岛屿保护与管理的法律、法规、管理计划,而由政府和民间组织共同努力实施,以保护岛上的野生物种及其生态系统免遭破坏。

另外,国外还有大量研究海岛旅游及其开发的书籍,如《海岛旅游:管理原理与实践》等文献,海岛旅游已成为国外学术界的研究热点。

2) 国内海岛研究状况

我国从 20 世纪 90 年代开始了关于海岛型文化的研究,早期以陈伟的《岛国文化》为代表,对岛国文化的外源性、复合性的特征及文化冲突与融合的表现过程进行了阐述。后期则多为针对某一区域的海岛文化进行研究,内容涉及海岛旅游的文化影响、生活方式、语言文字、宗教信仰等方面。

在海岛旅游开发相关问题上,近二十年来,国内诸多研究机构和学者进行了积极探讨。郑陪迎(1992)、黄仰松(1995)等分别概述了我国海岛旅游资源状况,并在资源评价的基础上,指明了海岛旅游业的地位和作用,指出相应的开发对策。陈升忠(1995)对广东省海岛旅游资源特点及其开发状况做了评价,指出存在的问题,提出相应的发展策略。张耀光、胡宜鸣(1995)对辽宁省海岛旅游资源特点及类型进行了分析,共同开创了我国省域空间层次海岛旅游开发研究的先例。邓伟、刘福涛(1996)、潘建纲(1997)、叶依广(1998)、李植斌(1997,2001)等又分别对辽宁省(从生态旅游的角度)、海南省、浙江省海岛旅游资源开发进行了研究。

在单个海岛小空间的研究上,汤小华(1997)对福建平潭岛,郑坚强(1998)对珠海万山区都做了一定的研究,除此以外,陈砚(1999)分析了厦门市的海岛旅游发展潜力,张瑞安(1999)论述了烟台市海岛旅游应为旅游业的发展重点。施俗芬(2000)从气候资源分析评价的角度讨论了浙江大陈岛的旅游开发。乐忠奎(2000)运用可持续发展理论对舟山海岛旅游及其资源环境进行了初步研究。另外,刘家明(2000)《国内外海岛旅游开发研究》,郭文杰(2000)以印尼宾坦海岛度假村为例,盛红(2000)就海岛旅游的可持续发展问题进行了研究。田克勤(2000)则运用可持续发展理论,从战略层面对山东省海岛旅游的开展进行了初步研究。贾洪玉等(2001)也对青岛崂山区海岛资源进行了可持续利用研究。白洁(2002)指出海岛旅游开发应在切实解决资金、生态、体制等制约因素的基础上,探索可持续发展的战略思想,逐步实现向现代化生态海洋开发转变。随后,柴寿升等(2003)对青岛海岛旅游开发的现状和对策进行了初步探讨,马晓龙等(2003)结合对塞浦路斯海岛旅游业发展的区位条件、政治因素的分析,为我国海岛旅游开发提供了几点建议。(齐兵,2007)

3)海岛生态系统研究

海岛生态系统具有鲜明的特性,其生态系统中往往含有独特的物种资源,这些资源不仅给物种进化的研究提供了珍贵标本,而且也给人类的生产和生活提供了独一无二的宝贵资源。然而,海岛特殊的地理条件同时也造成了其生态系统的脆弱性,自然和人为的因素都可能导致海岛生态系统的严重破坏,特别是近年来,人类开始面向海洋资源的开发和利用,海岛生态系统的人为破坏问题更为严峻。据统计,自17世纪后,地球上90%左右的鸟类、爬行类、两栖类以及近一半的哺乳类的灭绝均发生在岛屿上,主要原因是人类迁居以及外来物种的引入。因此,开展海岛生态风险评价的研究,有效地保护其生态的完整性和物种的可持续性是人类所面临的一项极为重要的任务,特别是在工业化高度发达的当代,这项任务比以往任何时期都显得尤为重要。与其他类型生态系统相比较,海岛生态系统由于孤立于海洋之中,四面环水,其陆地生态因子受海洋水文规律的影响较大,导致海岛生态系统兼有陆地、湿地和海洋三种生态系统的特征。

若把达尔文撰写的《岛屿生物地理学》视为海岛生态系统研究的开端,海岛生态系统研究可以追溯到1935年英国植物生态学家A. G. Tansley提出生态系统概念之前。此后,1973年制定的有关岛屿生态系统的合理利用与生态学的MAB计划(人与生物圈计划),可以认为是国际上海岛生态系统研究的进一步的发展。

20世纪90年代之后,不同国家的学者在相应的岛屿上开展了较多相关的研究工作,得到了一些有价值的结论,这些结论对于进一步研究工作的开展具有指导意义。这些结论包括:MacArchur和Wilson于1976年提出的"岛屿生物地理学理论",阐述了岛屿上物种的数目与岛屿面积以及岛陆距离之间的关系;Whiltachor于1998年得出的海岛生态系统在干扰下极易退化且不易恢复的结论,明确了海岛生态系统脆弱性的特点;Lugo在1998年发表的海岛岛内的生物群落研究,指出海岛生物群落在长期进化过程中,能够形成自己特殊的动植物区系缀块,它们往往是受威胁种的避难地等。(王小龙,2006)

国内的海岛生态系统研究主要集中在国家组织的两次全国性海岛海岸带调查研究时期,即"八五"期间的海岸带调查和"九五"期间的海岛调查。其中,后者对海岛自然状况的调查(植被、土壤、水资源等)为海岛生态系统的研究奠定了基础。在此基础上,我国一些学者结合海岛调查工作,开展了一系列的海岛生态系统建设等方面的研究工作。如张耀光等在《辽宁海岛资源开发与海洋产业布局》一书以及陈树培在《广东海岛植被和林业》中,都有专门针对"海岛景观生态系统建设"的章节内容。近几年来,针对全国性海岛的综合类研究文献也相继出现,如:1997年,张耀光对我国海岛山地利用与持续发展的研究;1998年,张耀光对我国12个海岛县的海岛可持续发展进行了研究等。这些研究主要是从海岛持续发展的角度去提出问题和考虑问题,比较宏观的分析了我国部分海岛的发展状况。上海的崇明岛和广东的南澳岛是我国开展研究最多的海岛。例如:上海政府专门针对崇明岛进行了关于"崇明生态岛建设研究",出台了"打造上海世界级城市的生态岛和海上花园——崇明岛域总体规划纲要"和以生态岛建设为中心的"崇明生态系统的研究"。广东南澳岛则致力于打造生态经济产业链,以此作为生态县发展战略的一项重要内容。

纵观国内外海岛开发研究,主要是针对海岛立法和海岛旅游方面的,对海岛生态系统的研究,国内外开展的研究还很不充分,而对于群岛人居环境建设的案例则更是寥寥无几。面对近年来国际化的海洋开发和利用热潮,海岛研究显得更加重要,所以,本书对研究群岛人居环境营建体系具有一定的现实意义。

1.2.2　绿色人居环境研究综述

二战后,希腊建筑规划学家道萨迪亚斯(C. A. Doxiadis)创建了希腊人居中心,并参与创建了世界人居环境协会,提出了"人类聚居学"(EKISTIC)理论,旨在有效地推进人居环境的建设。近年来,世界人居环境学科与事业迅速发展,1976年在温哥华召开的第一次联合国人居会议,1992年里约热内卢"环境与发展"大会之后,人类住区问题日益得到重视。2001年6月在纽约召开了"伊斯坦布尔+5"人居特别联大。当前,重视人居环境可持续发展已经成为一个世界性的行动。

我国第一次正式提出建立"人居环境科学"是吴良镛先生在1993年8月,针对城乡建设中的实际问题,尝试建立一种以人与自然的协调为中心、以居住环境为研究对象的新的学科群。在当今经济的高速发展和全球化经济驱动的影响下,由于城市规划是具体地也是整体地落实可持续发展国策、环保国策的重要途径。又为了避免稍稍不慎,都有可能带来大的"规划灾难(planning disaster)",以吴良镛先生为核心的清华大学人居环境研究中心应运而生。

清华大学人居环境研究中心于1995年11月正式成立,以建筑学科为主,兼有理科、经济、管理、人文、社会等多种学科,开拓了多学科集成的人居环境研究的新领域和新方法。该中心以吴良镛教授为核心,多年来开展了大量卓有成效的工作,从宏观战略的角度奠定了中国人居环境科学的整体学科架构、研究方法以及相关基础理论。

西安建筑科技大学绿色建筑研究中心于1997年开始承接项目,并于2001年4月完成了国家自然科学基金"九五"重点资助项目《绿色建筑体系与黄土高原基本聚居模式研究》(西安建筑科技大学绿色建筑研究中心,1999;周若祁等,2007),课题主要负责人与参加者为周若祁、王竹、刘加平教授等。该项目研究选择村镇为突破口,探索绿色建筑体系的构成以及在适宜绿色技术支撑下的绿色基本聚居单位的结构模式和评价体系。该课题组在延安枣园开展了示范性建设,为黄土高原地区承载数千万人口的人居环境研究提供了科学合理的绿色住区模式。(魏秦,2008)

特别是西安建筑科技大学团队中的于汉学博士,在以黄土高原沟壑区人居环境为研究对象的研究中,给了作者很大的启发。

以黄光宇、赵万民教授为代表的重庆建筑大学研究团队,在山地人居环境的研究方面做了大量工作,黄光宇教授提出的三维集约生态界定理论和赵万民教授承担的国家自然科学基金项目《西南山地城镇规划适应性理论与方法研究》与《西南流域开发与人居环境建设研究》,结合社会学、生态学、经济学等多学科成果,对人居环境学术框架下的"山地人居环境学"的理论体系架构进行了一系列的实证研究。

以华南理工大学龙庆忠、吴庆洲为代表的研究团队,主要以城市人居环境防灾减灾为研究主线得出了许多具有启示性的成果。他们针对我国古代城市防洪的历史经验进行归纳和总结。

以同济大学陈秉钊教授为代表的学术团队,从上海市郊区城镇的调查研究入手,从经济、社会、环境方面进行基础研究,从模式、评价体系、政策、法律、经济行政等诸多方面的保障体系上,提供可持续发展人居环境建构的机制。

以浙江大学王竹教授为代表的学术团队,承担了国家自然科学基金项目《长江三角洲城镇基本住居单位可持续发展适宜性模式研究》(王竹,2001)、《长江三角洲地区湿地类型基本人居生态单元适宜性模式及其评价体系研究》(贺勇,2006),针对长江三角洲地区特有的自然、经济以及社会条件下可持续发展的人居环境,开展了大量富有原创性意义的研究工作。

国内外各个团队对人居环境的研究各有地区专攻和领域所长,本书试图结合在长三角大地区背景下,研究舟山群岛的海岛人居环境。

1.2.3　生态安全与景观生态学

1992年,联合国在巴西的里约热内卢召开的"世界环境与发展大会"上,明确提出了环境安全与可持续发展的概念,保护生态环境安全成为人类一致的行动目标。生态安全由此提出,它包括生物安全、环境安全和生态系统安全三个方面的内容。在我国,环境安全及意识从20世纪90年代才刚刚起步,作为一种理念和发展目标而存在,主要研究内容涉及面广泛,其中生态安全的评价体系和预警系统研究成为该领域的核心。景观生态学是生态安全研究方法之一。它是基于生态学和地理学的综合学科,随着社会经济迅猛发展与人类生存条件的矛盾日益恶化的现实,景观生态学作为新一代景观科学的代表成为研究的热点。在我国,景观生态学的研究始于20世纪80年代初,该学科发展迅速,1995年成立景观生态学会。该学科的研究状态已从介绍引进国外景观生态学的理论的基础研究,到以我国的具体对象展开应用性研究阶段,研究成果丰富,涉及的领域很广。除了生态学专业人员外,景观生态学在其领域的如规划、城建等方面也得到了广大研究者的关注。(刘晖,2005)

从景观生态学研究成果的文献资料分析来看,对于规划理论研究的可操作性方面,景观生态学基础理论研究已趋于完整,为广大学者所认可的理论已成为共识,但也存在许多不足:

(1) 可应用的方法有限,研究方法和手段过于单一,对于城市规划具有普遍意义且可操作的方法并不多,应用研究也以理论性介绍为主,展开的具体调查分析,系统的量化研究成果数量贫乏,有相当研究结论过于简单表象,仅阐述名词而已。

(2) 结构与功能之间的联系与反馈依然是景观生态的主命题,很多的研究具有片断性和非整体性,目的不明确,应用价值不强。

(3) 研究对象涉及的往往是特殊类型的土地,如大城市、经济发达区域、风景区及自然保护区,对于独特生活环境的人居环境(沙漠、高原、海岛等)研究很少,对指导规划建设的作用不强。

1.3　研究对象及意义

21世纪,国际海洋形势将发生较大的变化,海洋将成为国际竞争的主要领域,包括涉海领域高新技术引导下的经济竞争。目前,发达国家的目光正从外太空转向海洋,人口向海洋移动的趋势将愈加明显,海洋经济正在并将继续成为全球经济新的增长点。

1.3.1　研究背景

1) 区域海洋经济地位的迅速提升

我国是一个海洋大国,拥有300多万平方千米的管辖海域。进入20世纪90年代之后,我国海洋经济一直保持在年均两位数的快速增长水平,海洋经济在全国国民经济体系中的地位日益提高,已成为国民经济新的重要增长点。2007年全国海洋生产总值达到24 929亿元,比上年增长15.1%,占国内生产总值的比重为10.11%。海水养殖、海洋油气、滨海旅游、海洋医药、海水利用等新兴海洋产业发展迅速,有力地带动了我国海洋经济的发展。

舟山市作为我国唯一的由群岛组成的地级市、浙江省海洋经济发展的中心之一,素有"东海鱼仓"和"中国渔都"之美称,其海域辽阔,资源丰富,区位优势明显,产业特色鲜明,开发利用潜力很大,具有发展海洋经济的雄厚物质基础。舟山市不断坚持"以港兴市、工业强市、服务富市"的发展战略,围绕建设"海洋经济强市、海洋文化名城、海岛花园城市、海岛和谐社会"的发展目标,充分发挥海洋特色优势,有效地推动了全市海洋经济乃至地区经济社会整体的快速发展。2008年全市海洋经济增加值达到326亿元,增长17.5%,占全市GDP的比重达到66.4%,已形成了以临港工业、港口物流、海洋旅游和现代渔业等为支柱的特色海上型经济发展体系。

2) 海洋经济发展对海洋科技的迫切需求

海洋是高新技术发展前沿领域。自20世纪80年代以来,美、日、英、法、德等国家分别制定了海洋科技发展规划,提出优先发展海洋高技术的战略决策,希望在 21 世纪世界海洋政治、经济和军事等各方面的竞争中占据有利地位,同时也期望通过海洋科技的发展使海洋领域成为国民经济的新的增长点。在海洋科技方面,我国虽然已初步建立了结构较为合理的海洋技术研发队伍,初步建立了较完善的海洋高新技术研究开发体系,并取得了一系列重大海洋科技成果,但是,我国的海洋高新技术与世界先进国家还有很大差距,据中长期科技发展规划前期技术研究的估计,我国与发达国家的差距至少是 15 年,在海洋科技投入和产出上还处于相对落后的阶段。

3) 海岛人居环境对舟山群岛新区发展的支撑意义

舟山群岛新区,是国家一项海洋经济战略决策。作为中国首个群岛新区,2011 年 3 月 14 日,舟山群岛新区正式写入全国"十二五"规划,规划瞄准新加坡、香港等世界一流港口城市,旨在拉动整个长江流域经济。2011 年 6 月 30 日,国务院正式批准设立浙江舟山群岛新区,舟山成为我国继上海浦东、天津滨海、重庆两江新区后又一个国家级新区,也是首个以海洋经济为主题的国家级新区。

在新区开发的大背景下,离不开实实在在的人居环境的改善和建设。尤其是在聚集了生态脆弱、资源特殊、地理位置优越、战略定位长远等因素的海岛地区,一个适宜的人居环境营建体系直接决定了舟山的未来。

1.3.2　研究对象

1) 舟山群岛自然概况

(1) 地理位置

舟山群岛位于浙江省东部,地处我国东南沿海的长江口南侧、杭州湾外缘的东海洋面上。地理位置介于北纬 29°32′～31°04′,东经 121°31′～123°25′之间。东西长 182 km,南北宽 169 km,背靠上海、杭州、宁波等大中城市群和长江三角洲等辽阔腹地,面向太平洋,具有较强的地缘优势,是我国南北沿海航线与长江水道交汇枢纽,是长江流域对外开放的海上门户和通道,是远东国际航线要冲,也是中国大陆地区唯一深入太平洋的海上战略支撑基地。

(2) 地形地貌

舟山群岛岛礁众多,星罗棋布,地质构造属闽浙隆起地带的东北端,是浙江境内天台山脉向东北方向延伸入海的出露部分,为海丘陵地貌。岛屿呈西南—东北走向,南部大岛较多,海拔较高,排列密集;北部以小岛为主,地势渐低,分布稀散。海域自西向东由浅入深。岛上丘陵起伏,一般大岛中央绵亘山脊或分水岭,滨海围涂造田,呈小块平原。西部桃花岛的对峙山为最高峰,海拔 544.4 m(1985 国家高程基准,下同)。区域总面积 2.22 万 km²,其中海域面积 2.08 万 km²。共有大小岛屿 1 390 个,其中常年有人居住的 98 个,1 km² 以上的岛屿 58 个,占该群岛总面积的 96.9%。岛屿陆地面积 1 371 km²,潮间带面积 183.2 km²,是全国最大的群岛。主要岛屿有定海岛、岱山岛、朱家尖岛、六横岛、金塘岛等,其中舟山岛最大,面积为 502 km²,为中国第四大岛。舟山群岛陆地面积中山丘面积 786.6 km²,占陆地面积的 62.6%,平地面积 470.4 km²,占 37.4%。群岛海岸线总长

2 447.9 km,其中基岩岸线1 855.1 km,占总长度的75.8%,人工海岸线530 km,占21.6%;砂砾岸线50.1 km,占2.1%;泥质海岸线12.7 km,占0.5%。

（3）气象水文

舟山群岛四面环海,属北亚热带南缘海洋性季风气候。冬夏季长,春秋季短,四季分明,温暖湿润,光照充足。与相近纬度的内陆市县相比,具有夏无酷暑、冬无严寒、冬夏温差较小的气候特点。多年平均气温15.5～16.7 ℃左右,极端最高气温39.1 ℃(1966年8月6日),极端最低气温－7.9℃(1981年1月31日)。域内多年平均降雨量980.7～1 355.2 mm,并呈由西向东递减的趋势。多年平均水面蒸发量1 208.7～1 446.2 mm,陆面蒸发量670.8～774.4 mm。历年4～7月上旬的春雨、梅雨和9月的台风雨,降水量占全年的大多数。舟山本岛多年平均降雨量1 345.7 mm,多年平均陆面蒸发量758.3 mm。境内降雨在时空分布上有如下特点:

时间分布上不均匀。年间降雨量大小不均,最高值是最低值的2倍以上,年内分配相对集中。降雨量年内分配呈"双峰"型,最大值出现在6月和9月,前者由梅雨形成,后者是台风雨形成。降雨量主要集中在5～9月的汛期。

空间分布不均匀。降雨量由西南向东北递减。

常年多大风是海岛气候的又一特点。主要受冬季冷空气,春季低气压影响,春季多海雾,夏秋多台风,年平均8级以上大风日有110天,7～9月受台风影响,瞬时最大风力可达11级或12级,最大风速达40 m/s以上。冬季少冰雪,历年平均无霜期296天,日照多。

舟山群岛与大陆分隔,无过境客水,山低源短,水资源全靠降水补给;岛屿分散造成地面径流差异大,水系很不发达,河流小且源短,多为季节性间歇河流,兼有农田灌溉渠系之功用。单独入海的河流1 023条,总长737.2 km,分布在18个较大的岛上。舟山本岛中部的白泉河为域内最大河流,流域面积59.2 km²,干流长10 km。各岛河流基本上互不相通。

舟山本岛多年平均水资源总量27 907.2万 m³(其中地下水资源6 893.1万 m³),人均水资源拥有量634 m³,是个缺水的海岛。可开发地下水1 571.6万 m³。地下水以山丘区基岩裂隙水为主,平原潜水所占比重较小;大部分为矿化度小于2.0 g/L的淡水,局部海滨地区存在少量微咸水或咸水。

由于舟山群岛属资源性缺水地区,干旱平均约1.2年发生一次,极大影响了经济发展及居民生活。干旱已成为舟山市最主要的自然灾害。特别是1996年梅雨期降水较少,夏秋长时间晴热少雨,全市184座小型以上水库有160座干涸,3 000余座山塘、池塘库底干裂,到1996年9月15日全市蓄水量只剩下637万 m³,仅占总蓄水能力的5.1%。后来,市政府又不得不租用轮船到上海长江口和宁波运水。

（4）资源优势

具有区位优势,资源丰富,拥有港口、旅游、海洋、生态等优势资源,经济社会发展势头较好,新区规划建设正在积极推进,国土资源管理工作比较规范。舟山被誉为"千岛之城",是著名的佛教圣地和海岛休闲旅游度假胜地,拥有嵊泗列岛等国家级风景名胜区和岱山、桃花岛省级风景名胜区、著名渔港沈家门,以及全国唯一的海岛历史文化名城定海。

舟山素有"东海鱼仓"和"中国渔都"之美称。由于附近海域自然环境优越,饵料丰富,给不同习性的鱼虾洄游、栖息、繁殖和生长创造了良好条件。渔场内共有海洋生物1 163种,按类别分:有浮游植物 91 种、浮游动物 103 种、底栖动物 480 种、底栖植物 131 种、游泳动物 358 种。舟山四大经济鱼类为大黄鱼、小黄鱼、带鱼、墨鱼。

舟山拥有非常丰富的风能、潮汐能、潮流能以及海底油气、矿产等资源。具有发展海洋工程装备、海洋新能源、海洋生物产业、海水利用等新兴产业的良好条件和基础优势。舟山海洋矿产资源丰富。海洋矿产资源可分为三大类:一是滨海砂矿;二是海底石油和天然气;三是海底多金属结核和多金属软泥。

2)舟山群岛历史沿革与行政区划

(1)历史沿革

在对舟山群岛人居环境历史变迁进行研究之前,必须对舟山群岛的历史作一简略回顾,以便时空对应(表 1.1)。

表 1.1 舟山群岛建制沿革表

年代	隶	属	建制沿革	备注
唐开元二十六年(738 年)	江南道	明州	翁山县	
唐天宝元年(762 年)	江南道	余姚郡	翁山县	
唐大历六年(771 年)	江南道	明州	废(763 年)	入鄮县
五代	吴越国	明州望海军 (909 年)		改鄮为鄞
北宋熙宁六年(1073 年)	浙东道	明州	昌国县	
北宋元丰六年(1080 年)	两浙道	明州	昌国县	
南宋绍兴元年(1131 年)	浙东路	明州	昌国县	
南宋庆元元年(1195 年)	浙东路	庆元府	昌国县	
元至元十五年(1278 年)	江浙等处行中书省	庆元路	昌国县	
明洪武二年(1369 年)	浙江布政使司	宁波府	昌国州	12 年昌国县改为 昌国守卫千户
洪武十四年(1381 年)	浙江布政使司	宁波府	昌国县	17 年改昌国所为昌国卫
清康熙二十七年(1688 年)	浙江省	宁绍台道宁波府	定海县	
道光二十一年(1841 年)	浙江省	宁绍台道	定海直隶厅	
民国元年(1912 年)	浙江省		定海县	
民国三十八年(1949 年 7 月)	浙江省		定海、翁州两县	翁州县设在岱山高亭
1950 年 5 月	浙江省		定海县	翁州废
1953 年 2 月	浙江省	舟山专区	定海、普陀、 岱山、嵊泗	嵊泗由江苏划入
1954 年 4 月	浙江省		增辖象山县	
1987 年 1 月	浙江省	舟山市	定海、普陀二区 岱山、嵊泗二县	撤地建市

(资料来源:作者自制)

舟山群岛历史悠久,早在 5 000 多年前的新石器时代,舟山群岛上就有人居住。在舟山群岛西北部的马岙镇原始村落遗址上,原始村民们在海边堆积的 99 座土墩上创造了神秘灿烂的"海岛河姆渡文化"。

《史记》载,秦朝徐福在东南沿海蓬莱、方丈、瀛洲三岛上寻长生不老的仙药,其中的"蓬莱仙岛"即为舟山境内的岱山岛。据史学家们分析,徐福东渡日本时经过舟山诸岛,现岱山岛上建有"徐福亭""东渡纪念碑"等。

南宋《宝庆昌国县志》记载：夏商时期，舟山属越国东南境，周时属越国句东，春秋名为"甬东"。西周时徐偃王被楚国打败，从淮河中下游辗转渡海徙居于定海城东 30 里处（今定海区临城城隍头）筑城立国，现今鼓吹峰下尚存一偃王祠，后人将此遗址称为"徐城"。徐城是定海最早的城址。《左传》载，公元前 5 世纪，越王勾践"卧薪尝胆"，励精图治，起兵伐吴，夫差兵败被俘，勾践欲使夫差"居甬东，君百家"，后来，夫差因不甘受辱未曾到甬东就自杀了，此"甬东"，就是舟山最早的古称，至今还保留甬东村名。

战国时楚灭越，遂属楚。秦王政二十五年（前 222 年），甬东为会稽郡鄞县东境地。两汉、三国（吴）、晋、宋（南朝）、齐、梁、陈因之。隋开皇九年（589 年）废会稽郡，并鄞、鄮、余姚三县为句章县，甬东随鄮县并入句章县。唐武德四年（621 年），以句章、鄞、鄮地置鄞州，甬东归鄞州。八年，又废鄞州置鄮县，甬东属之。

唐开元二十六年（738 年），江南东道采访使齐瀚奏请，析越州鄮县地，置鄮、慈溪、奉化、翁山（今定海）四县。古甬东境始置翁山县，下辖富都、安期、蓬莱三乡。鄮县县令王叔通兼翁山县第一任县令。宝应元年（762 年）翁山设富都监，隶朝廷盐铁使。袁晁率起义军占翁山。大历六年（771 年）翁山县废，属鄮县（《新唐书》）。据《唐会要·卷七》载：广德元年（763年）三月四日因袁晁贼废。五代·吴越后梁开平三年（909 年）升明州为望海军，改鄮县为鄞县。原翁山地域析出复翁山县，隶于望海军。

北宋太平兴国三年（978 年）废翁山入鄞县。端拱二年（989 年）置巡检司。

宋神宗熙宁五年（1072 年），鄞县令王安石奏请朝廷，要求设立县治，析鄞县之富都、安期、蓬莱三乡。宋神宗遂赐名"昌国"，"意其东控日本，北接登莱，南连瓯越，西通吴会，实海中之巨障，是以昌壮国势焉"。

元代至元十五年（1278 年），舟山因"人口倍万"，朝廷决定在舟山设置昌国州，而原昌国县仍属州管辖，至元二十七年（1290 年），撤销昌国县。明代洪武二年（1369 年），改昌国州为县。明太祖治理东南海防，因为昌国是元末起义军方国珍的根据地，朝廷命令昌国百姓尽数迁徙内地，并于次年废除昌国县，在舟山仅留下中中、中左两所军事机构和遗漏下来的少量百姓。

清顺治三年（1646 年），鲁王在舟山成立南明政权。顺治八年（1651 年），清兵大举进攻舟山，致使"居民死者万余家，井中尸首皆满，火竟日夜不息"。顺治十四年（1657 年），清军再次攻占舟山后，朝廷以舟山"不可守"为由，决定撤兵移民，"饬令商船渔舟不许一艘下海"，使舟山的百姓蒙受第二次迁徙之难。

清康熙二十三年（1684 年），朝廷颁"展海令"，开海禁，舟山开始展复，渔业农业渐兴。朝廷将镇海总兵移驻舟山并改称为"舟山镇"。康熙二十六年（1687 年），康熙皇帝以"山名为舟，则动而不静"，"海不静则波不宁"，诏改"舟山"为"定海"，并题"定海山"匾额康熙二十七年建定海县，原定海为镇海。

道光二十年（1840 年），鸦片战争爆发，定海陷落。二十一年（1841 年）二月，英军自定海撤退。定海镇总兵葛云飞、寿春镇总兵王锡朋、处州镇总兵郑国鸿率兵 3000 人重建定海防务。四月，定海县升为直隶厅。

宣统三年九月（1911 年 11 月），定海光复，改定海直隶厅为定海县。民国 38 年（1949

年)7月析定海县为定海、瀛洲两县。瀛洲县治在岱山高亭镇。

1949年7月,在宁波庄桥宣布成立定海县人民政府,1950年5月17日,县人民政府迁至定海城关。瀛洲县废。1953年2月,中共浙江省委决定成立舟山专区,6月10日,经政务院批准,舟山专区辖定海、普陀、岱山(三县均系原定海县分析)、嵊泗(江苏省松江专区划入)四县。1954年4月增辖象山县(宁波专区划入)。1987年1月,撤销舟山地区,建立舟山市。并撤销定海县建立定海区,撤销普陀县建立普陀区。舟山市辖两县两区:岱山县、嵊泗县、定海区、普陀区。

舟山的文明历史一直顽强地延续下来。定海古城作为海洋历史文化遗产,古迹众多,1991年被浙江省政府批准为浙江省首批历史文化名城,也是全国唯一的海岛历史文化名城。

(2) 行政区划

舟山市下辖两区两县:定海区、普陀区、岱山县、嵊泗县。

① 定海区

辖金塘镇、岑港镇、小沙镇、双桥镇、白泉镇、干石览镇、马岙镇、长白乡、册子乡、北蝉乡、解放街道、昌国街道、环南街道、城东街道、盐仓街道、临城街道,岛屿127个,面积1 444 km²,陆地面积568.8 km²,海域面积875.2 km²。

② 普陀区

辖六横镇、普陀山镇、东极镇、桃花镇、虾峙镇、蚂蚁乡、登步乡、佛渡乡、白沙乡、沈家门街道、东港街道、勾山街道、朱家尖街道、展茅街道,岛屿454个,面积6 728 km²,陆地面积458.6 km²,海域面积6 269.4 km²。

③ 岱山县

辖高亭镇、岱东镇、岱西镇、东沙镇、衢山镇、长涂镇、秀山乡,岛屿404个,面积5 242 km²,陆地面积326.83 km²,海域面积4 915.17 km²。

④ 嵊泗县

辖菜园镇、洋山镇、嵊山镇、枸杞乡、花鸟乡、五龙乡、黄龙乡,岛屿404个,面积8 824 km²,陆地面积86 km²,海域面积8 738 km²。

3) 舟山群岛的人口与分布

2010年第六次人口普查常住人口112.13万人,2010年末户籍人口总数967 710人,人口密度672人/km²。(表1.2)

4) 舟山群岛社会经济概况

在舟山群岛之中,舟山岛最大,其"形如舟楫",故名舟山。舟山拥有渔业、港口、旅游三大优势,是中国最大的海水产品生产、加工、销售基地。全市港湾众多、航道纵横、水深浪平,是中国屈指可数的天然深水良港。舟山旅游集海洋文化景观和佛教文化于一体,拥有普陀山、嵊泗等风景名胜,构成了"千岛之城"独特的山海风光。

(1) 经济结构

2011年,实现地区生产总值765亿元,按可比价格计算,过去五年年均增长13%,三次产业的结构比例为9.9∶45.1∶45.0。工业主导地位进一步突出,第三产业加快发展,产业结构更趋合理,形成临港工业、港口物流、海洋旅游、现代渔业等四大基地。

① 临港工业

舟山突出的港口资源优势,使舟山船舶工业的发展前景非常广阔。目前,基本形成了集船舶设计、船舶建造、船舶修理、油轮清舱、船用配件制造、船舶及船用品交易于一体的产业体系。凭借良好的港口岸线资源,大力发展海洋经济,以船舶修造、石油化工和水产加工等行业为代表的临港工业呈现蓬勃发展势头,成为工业经济的支柱。

② 港口物流

舟山港区位于浙江省舟山群岛新区,是即将建成的中国战略性资源的储备中转贸易基地、中国大宗商品自由贸易园区和中国海洋综合开发试验区。舟山位于中国海岸线的中部,长江、钱塘江、甬江三江入海口,踞中国南北航线与长江水道交汇枢纽,北靠上海、杭州、宁波

表1.2　舟山行政区人口分布表

定海区:常住人口 46.42 万					
街道	人口(万)	镇	人口(万)	乡	人口(万)
解放街道	5.30	双桥镇	1.50	北蝉乡	0.89
昌国街道	3.16	马岙镇	1.09	册子乡	0.63
环南街道	3.00	小沙镇	1.21	长白乡	0.31
城东街道	11.55	金塘镇	3.81		
盐仓街道	2.81	干览镇	1.22		
临城街道	5.59	岑港镇	1.19		
		白泉镇	3.16		

普陀区:常住人口 37.88 万					
街道	人口(万)	镇	人口(万)	乡	人口(万)
沈家门街道	14.02	六横镇	6.13	蚂蚁岛乡	0.58
勾山街道	4.16	普陀山镇	1.04	登步乡	0.26
东港街道	4.23	桃花镇	1.09	白沙乡	0.10
朱家尖街道	2.80	虾峙镇	1.31		
展茅街道	2.01	东极镇	0.15		

岱山县:常住人口 20.22 万			
镇	人口(万)	乡	人口(万)
高亭镇	8.15	秀山乡	1.01
衢山镇	5.32		
长涂镇	2.15		
东沙镇	1.53		
岱西镇	1.21		
岱东镇	0.85		

嵊泗县:常住人口 7.61 万			
镇	人口(万)	乡	人口(万)
菜园镇	3.89	五龙乡	0.33
嵊山镇	0.85	黄龙乡	0.71
洋山镇	0.97	枸杞乡	0.76
		花鸟乡	0.10

(资料来源:根据统计年鉴作者自制)

等大中城市群和长江三角洲辽阔腹地,面向浩瀚的太平洋,与釜山、高雄、香港、新加坡等西太平洋主力港口构成近乎等距离的扇形海运网络,是江海联运和长江流域走向世界的主要海上门户。港口具有丰富的深水岸线资源和优越的建港自然条件,适宜开发建港的深水岸线总长 246.7 km,其中水深大于 15 m 的深水岸线 198.3 km,水深大于 20 m 以上的深水岸线为 107.9 km。

③ 现代渔业

舟山渔场是世界重要的近海渔场之一,其中的沈家门渔港是世界三大渔港之一。舟山渔场位于舟山海域,有岛屿 1 390 个、礁 3 306 座。渔场四通八达,广袤富饶,鱼类集群。长江和钱塘江、曹娥江、甬江均在此汇入东海,海水开始翻滚浑浊,因此给渔场带来了大量的浮游生物和丰富的饵料;舟山渔场又位于沿岸盐、淡水和台湾暖流与黄海冷水团交汇处,盐度、水温适宜海洋生物成长,自然条件和生态环境十分优越。舟山渔场范围内岛礁星罗棋布,港湾绵亘,水道纵横,潮流有急有缓,适宜多种鱼类在此繁殖、生长、索饵、洄游、栖息。

(2) 交通情况

① 连岛工程

舟山作为海岛城市,长期以来,因一水相隔,孤悬海外,海岛经济受到极大制约,又因各个大岛隔海相望,舟楫往来不便,因此各岛相连,南北贯通成了舟山人心中越来越强烈的一个梦想。九十年代开始,舟山就开始规划大陆连岛工程。目前,舟山共建成跨海大桥 20 余座,这些大桥横跨于各岛之间,成为海岛经济的生命线。1999 年 9 月 26 日,舟山第一座跨海大桥——岑港大桥正式动工,此后响礁门大桥、桃夭门大桥、西堠门大桥、金塘大桥相继完工,舟山跨海大桥 2009 年 12 月 25 日正式通车,大陆连岛一期、二期工程顺利完成。此外,东海大桥于 2005 年正式贯通,打通了舟山嵊泗县到上海的通道,目前六横跨海大桥、岱山跨海大桥等正在前期规划建设中。

② 舟山跨海大桥

舟山跨海大桥是世界上规模最大的桥群,也是中国最大的岛陆联络工程。由金塘大桥、西堠门大桥、桃夭门大桥、响礁门大桥和岑港大桥五座跨海大桥及接线公路组成,跨 4 座岛屿,翻 9 个涵洞,穿 2 个隧道,投资逾百亿元,全长 48 km。大桥按高速公路标准设计,双向四车道,设计行车速度为 100 km/h,路基宽度 22.5 m,桥涵同路基同宽。其中多座特大桥跨径均进入世界前 10 名。其中,跨越西堠门水道、连接金塘岛和册子岛的西堠门大桥,是世界上仅次于日本明石海峡大桥的大跨度悬索桥。

③ 六横跨海大桥

六横跨海大桥起于定海县六横岛屿西南侧,接规划中的六横环岛公路南线,跨越双屿门、青龙门、汀子门等水道和梅山岛,终于宁波市大碶疏港公路嘉溪村附近,全长约 38 km。其中含跨海特大桥 3 座,互通立交 4 座。主线按双向四车道高速公路建设,设计速度 100 km/h,路基宽度 26 m。

④ 岱山跨海大桥

岱山跨海大桥——舟山大陆连岛三期工程。筹建中的岱山大桥近期是连接舟山本岛与岱山岛之间的陆路通道,远期将成为舟山连接上海跨海大桥的重要组成部分。岱山大桥主线工程长约 21.5 km,其中跨海大桥总长为 17.4 km,在距离起点约 5 km 处,连接 4.1 km 长白岛支线。该桥采用双向四车道高速公路标准,设计速度 80 km/h,路基宽度为 24.5 m。

(3) 风景名胜

舟山群岛历史悠久,古称"海中洲",海岛特有的景致赋予了这里无穷的迷人魅力,蓝天、碧海、绿岛、金沙、白浪是舟山生态旅游环境的主色调。以海、渔、城、岛、港、航、商为特色,集海岛风光、海洋文化和佛教文化于一体的海洋旅游资源在长江三角洲地区城市群中独具风采。舟山境内共拥有佛教文化景观、山海自然景观和海岛渔俗景观 1 000 余处,主要分布在 23 个岛屿上。这里拥有普陀山、嵊泗列岛两个国家级风景名胜区,岱山岛、桃花岛两个省级风景名胜区以及全国唯一的海岛历史文化名城定海,它是华东旅游资源最丰富的地区之一。每年吸引着 600 多万海内外游客并以 15% 的速度逐年递增,是中国东部著名的海岛旅游胜地。

丰富的资源。舟山群岛自然风光秀丽,气候宜人,山海景观奇特、名胜古迹众多。舟山群岛属于北亚热带南缘季风海洋型气候,常年气温在 16℃ 左右,夏无酷暑,冬无严寒,四季如春。舟山境内旅游资源极为丰富,星罗棋布的岛屿,气势磅礴的大海,桅帆林立的港湾,怪石突兀的海礁,细软洁净的沙滩,古朴清幽的庙宇,四季宜人的气候,以及独具海岛特色的民情民俗,构成了一幅绮丽的海岛风光画卷。已经开发和建设的佛教文化、山海文化、渔俗文化、金庸武侠文化等各类景观千余处,其中主要风景名胜点 285 个。古人云"以山而兼湖之胜则推西湖,以山而兼海之胜当推普陀"。

① 普陀山

中国佛教四大名山之一、国务院首批公布的国家级重点风景名胜区,AAAAA 级国家旅游区,有普济寺景区、百步沙、多宝塔、法雨寺景区、佛顶山(慧济寺)、千步沙、杨枝禅院、梅福庵、紫竹林景区、不肯去观音院、南海观音大佛、潮音洞、南天门景区、短姑圣迹等。

② 朱家尖

朱家尖的沙滩最为著名,被国际沙雕组织 WSSA 确认为世界上沙质和风景最好的沙滩之一,朱家尖在沙滩的沙质和景致方面都远远超过了目前最好的避暑胜地之一的夏威夷群岛。

③ 沈家门

世界三大渔港之一,位于舟山本岛的东南部,渔都景色别具一格,每当鱼汛时节,万舟云集,十里港区,都是渔船的世界;到了傍晚时分,渔船上灯火数万点,海岸边是闻名中外的沈家门海鲜夜排档,成为其他地方难得一见的美景。

1.3.3　研究意义

开发海洋是国家新时期战略核心之一,而任何开发行为都离不开开发者良好的居住生存环境的支持,因此研究海岛的人居环境,能很大程度上为国家海洋战略提供规划理论上的后勤支持。任何人居环境的形成,都是各种条件的一种综合,尤其是地理格局上的条件对海岛这种特殊的人居环境形成,起到了至关重要的前提与背景的作用。因此,本书试图从地理格局角度研究海岛的人居环境。

在中国的海域中,面积在 500 m² 以上的海岛有 7 372 个,其中有 2 个海岛省、19 个海岛县(市、区)、190 多个海岛乡(镇),常年有人居住的海岛 420 多个,海岛人口已经超过 3 000 万。海岛具有重要的价值:海岛是划定领海基点的重要依托,直接影响到国家内水、领海、毗连区、专属经济区和大陆架的范围和面积。

当前,我们对海岛重要性的认识还不足,海岛规划、管理政策研究滞后,海岛开发与管理面临生态破坏严重、开发秩序混乱等诸多问题。由于地理环境的特殊性,中小海岛地区的人居环境问题也比一般地区的人居环境问题显得相对突出。虽然有生态学、动植物学、地理学、经济学、景观生态学等不同专业领域对海岛特色的专业化研究,但是建筑规划界对人居环境的研究视野还没很好的关注到海岛人居环境上来,相关的专门文献和研究成果甚少。

海岛内的人居环境在长期进化过程中形成了自己特殊的应对体系,构成了一个完整的地域人居单元,具有许多显著特征,如地理隔离、人居环境系统相对简单等。这些特点为海岛人居环境从形成到丰富提供了较容易掌控和调查清楚的研究切入点,从而有利于许多深入而细致的人居环境科学研究。因此,海岛是一个反映人居环境演进过程的典型性研究载体,为发展和检验人居环境自然形成及演化领域的理论和假设提供了重要的天然实验室。

舟山群岛为中国沿海最大的海岛群,共有大、小海岛 1 390 个,约相当于我国海岛总数的20%;分布海域面积 22 000 km²,陆域面积 1 371 km²。本书试图以舟山群岛为例(图 1.1),对海岛地区人居环境进行初步的研究。

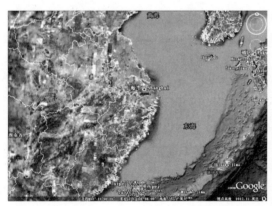

图 1.1　舟山群岛的位置

(图片来源:Google Earth 截图)

海岛是一个国家重要的国土资源。自 20 世纪末以来,由于对陆地资源长期持久的开发利用,其资源量日趋匮乏,人类的目光开始由陆地移向海洋,向海洋进军已经成为 21 世纪各国最重要的策略之一。海岛作为海洋的重要资源之一,不仅可以为人类提供丰富的物质资源,而且也是一个国家国土主权的标识。《联合国海洋法公约》第 121 条规定,以 12 海里领海距离计算,一个再小的岛屿或岩礁都可以获得 1 500 km² 的领海区,同时,还可以再划出12 海里的毗连区;如果这个岛屿可以维持人类的经济生存,那么,还可再划出 200 海里专属经济区,即 43 万 km² 的专属经济区。因此,近年来,各国之间的岛屿之争愈演愈烈。我国是世界上海岛较多的国家之一,按照 20 世纪 90 年代初期进行的海岛调查统计结果,面积在

500 m² 以上的岛屿就有 6 500 多个(含台湾所属岛屿 224 个,香港 183 个,澳门 3 个)。这些海岛散布在我国黄海、渤海、东海和南海,形成一道天然的国防屏障,是我国领土的基于景观格局的海岛生态系统风险评价方法重要的组成部分,具有重要的经济、政治和国防价值。我国的海岛多属于小岛屿范畴,据粗略统计,除台湾岛和海南岛面积在 3 万 km² 以上外,大部分岛屿面积在 1 km² 以下。从海岛的成因方面来看,我国的海岛以大陆岛为主,它们大多是沿海山地向海延伸形成,海岛上 70％ 以上是山地、丘陵和台地地形。联合国《21 世纪议程》认为山地是脆弱生态系统,海岛山地生态系统的脆弱性更甚。因而,海岛成为海、陆脆弱生态系统的汇合。(王小龙,2006)

1.4　研究方法及创新点

针对群岛地区这一人居环境的特殊载体,需要在方法上推陈出新,并且在关键领域要求有核心的创新。

1.4.1　研究方法

本书从大量国内外理论与实践研究成果获得借鉴与启发,在其基础上,运用多学科理论从多维度解析群岛人居单元营建体系概念,及其演进成因与演进机制、架构地区营建体系研究的基础理论与方法。在课题的研究过程中,其研究方法可主要归纳为以下几点:

(1) 注重系统整体思维研究:将舟山群岛人居单元营建体系的研究置于群岛整体的自然、经济、社会、文化等综合因素作用的复杂系统中。

(2) 注重多学科的融贯综合研究:广泛借鉴生物学、景观生态学、地区建筑学、社会学等多学科的研究成果,利用相关学科理论多维度剖析研究对象,且对课题相关部分问题的要旨"综合集成",达到对于本课题的多元求解。

(3) 注重概念与形态研究的结合:通过对营建体系理论的深入解析与架构,将研究的着重点落在营建体系的形态模式研究上。

(4) 注重理论与实证研究的结合:以大量的现状调查和工程案例作为发展、完善和印证理论的基础,更重视以大量实证案例来验证理论的可行性。

1.4.2　创新点

(1) 在多维视野下分析进而提出群岛人居单元的概念:借鉴相关学科的成果、方法与观念,对人居环境进行多元求解,从人居环境学、地理学、社会学等多维视野下分析提出群岛人居单元的概念,揭示人居环境发展和变化的规律,并使得该项研究具有开拓性与原创性意义。

(2) 以方法论指导群岛人居单元建构关系:深度解读群岛人居单元的构成因素和因素间相互关系。

(3) 从不同层面和尺度下对群岛人居单元营建体系进行解读和研究提升:从整体(群岛单元格局、岛屿单元分类、单元单项体系等)和建设(村落、建筑、技术等)两个层面提出群岛人居单元营建体系。

1.5   研究框架

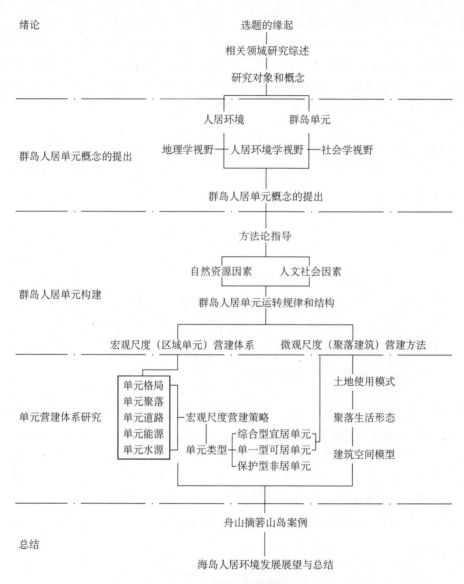

图 1.2   研究框架结构示意图

(资料来源:作者自绘)

2 多维视野下的群岛人居单元概念

长期以来,舟山群岛人居建设的进程较为缓慢,导致人居环境可持续发展理论研究和实践处于相对落后状态。虽然有一些相关的城镇、村落以及建筑的研究,取得了较大的成果,但大多数规划设计理论研究未能把舟山群岛作为一个相对完整的自然地理单元进行整体研究,未能把区域、城镇、村落和建筑作为一个相对完整的人居环境整体进行研究。本研究以舟山群岛作为一个完整的类型区和自然地理单元,在反思传统规划方法的基础上,运用多维视野的原理和方法进行舟山群岛人居单元的概念研究,力求从不同的视角来探讨舟山群岛人居环境可持续发展途径和方法。

舟山群岛人居环境生态化作为一种与生态文明相适应的全新的可持续发展模式,需要与之相适应的理论指导和具有现实可操作性的规划设计方法。

2.1 群岛人居传统营建方式的局限与问题

舟山群岛地区生态环境脆弱,社会经济严重依赖自然资源,而且对长三角地区的海洋环境有着至关重要的影响作用。改革开放以来,海岛的重要性日益上升,国家投入很大的精力打造海岛的社会生态系统,尤其从舟山成为国家级海洋经济实验区以来,这种关注和投入造就了一个复杂的规划系统。按属性的不同,大体可分为三类:一是以脆弱海岛海洋生态环境治理为目标,以环境工程学和生物学为主导的生态环境综合治理规划;二是以促进经济社会发展为目标,以经济学为主导、以行政区为单元的社会经济发展战略规划;三是以物质环境为研究对象,以城市规划学、建筑学、景观学为主导,以村镇聚落为单元的物质空间规划。从规划结构上理解,这三类规划似乎涵盖了群岛人居环境复合生态系统中的各个方面,但传统的规划框架在现实运作中对于改善生态环境,促进区域社会经济可持续发展等方面的贡献是有限的。深层原因主要表现在(于汉学,2007):

(1) 人与岛、岛与海的平等互利地位未建立。在传统规划观念中,规划被定义为:通过可获得性资源的合理与有效利用以达到开发目标的一种过程。这种把人作为上帝一般的主宰的规划认识,单方面追求自然资源对人类的贡献和被开发,而略过了人与自然和谐对等的发展可能。

在传统规划框架中,不仅社会经济发展规划具有强烈的人类中心主义色彩,即使在海洋生态治理规划中也具有人类中心主义的味道。据舟山群岛生态综合治理规划资料统计,无一例外的都以"(渔业)经济发展为第一目标"。

(2) 规划基本原则上的片面性。受人类中心主义的影响,对自然环境和资源开发强度的最大化、开发规模的最大化和开发效益的最大化成为传统规划的基本原则,而这在某种程度上暗含着对自然环境和资源保护强度的最小化、保护规模的最小化和保护效益的最小化,导致海岛生态系统和自然景观被严重破坏。在海岛建设过程中,由于缺乏明确的政策指导和成功的发展经验,盲目性和随意性比较突出,海岛生态系统和自然景观破坏情况屡见不鲜,如肆意地破坏海岛生态,炸岛、炸礁、滥采、滥挖海岛资源,甚至直接影响我国的领海基点。由于缺乏理论的指导,在现实中我们常常可以看到,在规划建设前期缺乏对海塘土地围垦方式和强度的科学评估,随意性大,常常在生态敏感的潮间带大兴土木。城镇化进程越快的地区,常常成为生态破坏和污染最严重的地区。(图2.1)

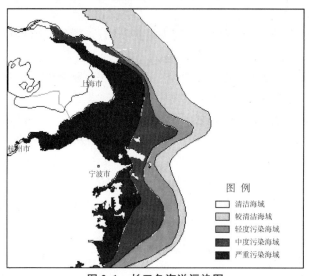

图2.1　长三角海洋污染图

(资料来源:中国海洋环境质量公报,2002)

(3)规划过程上的各自为政。传统规划框架中由于过分强调学科分化和专业分工,导致各类规划往往倾向于只针对某一个系统进行孤立的研究,没有哪一个学科对海岛人居环境总体负责。以脆弱海岛海洋生态环境治理为目标,以环境工程学和生物学为主导的生态环境综合治理规划;以经济学为主导,以行政区为单元的社会经济发展战略规划,只关注行政区范围内的社会经济发展;以物质环境为研究对象,以城市规划学、建筑学、景观学为主导,以村镇聚落为单元的城乡规划,"物质—社会—经济"模式是其规划采用的基本方法。从规划结构上理解,这三类规划似乎涵盖了群岛人居环境复合生态系统中的各个方面,似乎只要按其建设就可实现可持续发展的目标了。各类规划沿着各自设定的目标分头前进,整体性的缺失,导致完整的人居环境复合生态系统被肢解,缺乏水平层面的交叉渗透,其结果是城乡分离,生态治理与人居环境建设分离,各类规划难以形成合力。

(4)以行政区划界定人居研究范围。长期以来,对海岛的人居环境的研究和实践,一直沿用"村—乡镇—县"这种行政区划来界定范围。其弊病有五:① 行政区划是人为划定的政治空间,以此作为范围界定的标准,割裂了人与自然之间的有机联系,使生态环境综合治理与人居环境建设难以协调;② 海岛行政管辖不清。海岛陆地区域狭小,周边海域是海岛的主要发展空间,目前由于海域勘界没有完成,一些海岛县、乡、村可管辖和利用的海域范围不清,不利于海岛及海洋统一规划和整体开发;③ 行政区划导致"行政区经济",滋生地方保护主义,阻碍了行政区之间物流、能流、信息流的自由流动,有碍于区域整体的协调;④ 加剧二元分割。渔农村社会经济的资源、资金更多地被上一级行政区吸取,使处于体系末端的乡村承受最大的社会成本,进而使渔农村生存环境落后。

2.2　人居单元概念的提出

"单元"(unit)是现代科学技术体系常用的一个基本概念,为整体中自为一组或自成系统的独立单位,不可再分,也不可叠加,否则就改变了事物的性质。

不同学科从各自的角度进行了进一步地划分,例如:自然地理单元(地理学);生态单元(生物学);水文单元(水文学);流域单元(流域学);人聚单元(聚落研究)。

从人居环境的视角,本书对人居单元进行如下的定义:由相对明确的地理界面所限定的"自然地理单元"与"人聚单元"相互作用而构成的综合系统。

人聚单元包括实质建成环境(built environment)和社会文化环境(social cultural environment)。实质环境是指人类利用各种材料和手段建成的人为环境,可以触及感知;社会文化环境是指人类维持生存的延续的心智世界,是隐性的。两者不可分割,相互作用,构成了人聚单元。正如舒尔茨(C. Norberg-Schulz)所说:"居住即意味着定居,而定居(dwelling)就存在的意义而言,是建筑的目的(purpose)。当人能在环境中定向,并认同环境时,他才算定居;亦即当他认为环境有意义时他才算定居。因此,居住环境不只是庇护所而已,它暗示着生活发生的空间,即场所。场所的塑造即为建筑。借着建筑物,人类赋予意义具体的呈现(presence),并集结建筑物,而使日常的生活世界得以具象化和象征化,这样,他的日常生活世界才成为一个有意义的家,而从此定居。"(C. Norberg-Schulz,1980)

然而要支撑人聚单元的可持续发展,还得依赖于其所处的大范围的自然地理单元提供生态保障的物质、能量的循环与供给。人聚单元与自然地理单元共同组成人居单元。

如果我们把研究自然和社会所分别依托的时空系统称为第一与第二时空系统,那么当我们考察自然和文化对人类的影响时,就会发现自然使人类在地表上趋于均衡化,而文化使人类不均衡并带来集中。在高度集中的区域中心,生态关系解体或者人类远离生态关系。在文化高度集中的区域中心和在自然状态之下的生态关系之中,存在着两类截然不同的时空系统:基于自然的第一类时空系统和基于人文的第二类时空系统(图2.2)。(郑冬子等,1997)人居单元正是这两者相互作用下的产物。

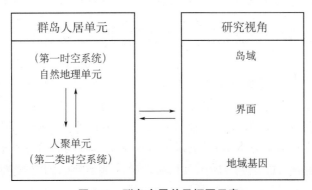

图 2.2　群岛人居单元框图示意

(资料来源:作者自绘)

人居单元的特征：

1）可识别的界面

人居单元由于地形、地貌、水文气象、资源条件、文化传统等的不同而有别于外围地区，呈现出相对明确的边界条件，因此在单元之内，各方面的性状也具有基本一致的特征。

2）基于自然生态过程相对完整的复杂系统

一个人居单元，往往含纳山地、平原、滨水等多种类型的环境形态，有其相对完整的基本结构和功能，以人居单元为背景来研究其相应的人居环境的内在规律。

例如，基于较大的岛屿的人居环境往往跨越不同乡镇乃至县区，分属不同的行政区划，使其自然边界的作用力明显变弱，而行政边界的作用力不断加强，这种跨流域地理单元的完整性和行政单元的割裂性，从而使得这样一种半开放结构的人居环境系统中的物质与能量交换变得更加复杂。

3）水系是维持单元内在活力的根本动力与基础性资源

水系往往形成人居单元的内在骨架，水土流失、环境污染、洪涝灾害等诸多生态与环境的问题均是沿水系而展开的，所以，水系的人居环境成为人居单元的一项核心。一般来说，较大尺度范围的人居单元可以划分为若干小尺度的以水系为基本单位的人居单元，在自然生态作用下以水系为基本单位的水循环是实现人居单元内物质与能量循环的基本动力（贺勇，2004）。

2.3　人居单元概念的多维理论基础

人居单元概念具有两个特点：其一是整体的观念与方法；其二是强调自然地理单元的相对完整性以及与人聚单元的融合。因此，人类聚居学、生物学、生态学、景观生态学与岛屿生物地理学的基本原理，与我们探讨群岛人居单元的内在规律有着紧密的关联。为了后文更清晰地阐述问题，在此有必要对这些紧密相关的原理，特别是结合人居环境的研究与具体实践，进行简要的综述。

2.3.1　人类聚居学和人居环境科学理论

人居环境是人类聚居生活的地方，然而要准确把握和理解人居环境概念，应从 1950 年代希腊建筑规划学家道萨迪亚斯创立的"人类聚居学"说起。

1）人类聚居学的形成和发展

人类聚居学的形成主要是基于 20 世纪初城市化进程加快，当时的建筑学和城市规划学难以胜任提高人类生活环境和质量这一任务而提出来的。20 世纪 20 年代的建筑师们大多关心的是建筑外观和内部空间形状，且主要针对的是纪念碑式的公共建筑和有钱人的住宅，而规划师们的工作也仅仅涉及城市的实体形态。道萨迪亚斯认为建筑学和城市规划学所涉及的范围都是有限的，"对于创造更好的人类生活环境只做出了微不足道的贡献"。二战后，在直接参与战后重建的实践中，面对不断恶化的城市环境、交通和社会问题，道萨迪亚斯认为人们在主观上犯了两个错误：一是城市急剧变化，而人们企图用已过时的陈旧观念来考察和解决现代城市中的问题;二是在人类聚居的研究中,过于细化的专业分工使研究在总体上难以协调,没有哪个专业对城市总体负责。因此,道萨迪亚斯认为需要创立一门以完整的人类聚居为对象,进行系统综合研究的科学,真正地理解城市聚居和乡村聚居的客观规律,这门科学就是人类聚居学(吴良镛,2001)。

在《为人类聚居而行动》著作中道萨迪亚斯指出:人类聚居学是"一门以包括乡村、集镇、城市等在内的所有人类聚居为研究对象的科学,由自然环境、人、社会结构、建筑与城市、交通与通讯网络5个基本因素组成。着重研究人与环境之间的相互关系,强调把人类聚居作为一个整体,从政治、经济、社会、文化、技术等各个方面,全面地、系统地、综合地加以研究"。道萨迪亚斯认为,应把人类聚居学作为一个总体系统去研究,诸如研究人类的生产与城乡建设活动的基本规律,寻求实现理想的人类聚居生活环境。人类聚居学的观点表明道萨迪亚斯已从单纯的建筑和城市规划问题中摆脱出来,从宏观角度将人类聚居环境作为一个整体去考察,研究包括城市、城镇和乡村在内的不同层次、不同尺度的人类聚居问题,从而拓宽了建筑学科的研究范畴,因此,人类聚居学是一个以人类生产生活环境为基点,研究从建筑单体到群体聚落的人工与自然环境保护、建设与发展的学科体系,为我们提供了一个关于人类住区的宏观视野,批判了长期以来建筑学科只关注自己狭小专业的弊端。道萨迪亚斯还主张在人类聚居建设要与生态学密切结合。在其《人类聚居学与生态学》一书中指出自蒸汽机发明以后,人类第一次面临着全球范围的巨大的生态危机。这种危机的产生不是由于政治和社会上的原因,而是工业化的高度发展,是由于人类毫无节制地扩大生产规模。"正是由于我们对周围环境的干扰和破坏导致维持宜人环境所需的必要平衡的丧失,我们有义务协调利用生态的和人居的观点,使人居对生态问题的影响降到最小。"

为了解决人居和生态问题,道萨迪亚斯主张应该首先把环境中的所有部分都"明白无误"地定义出来并进行分类,这样在处理生态问题时就能够确切地知道在什么时候需要考虑哪几个部分,同时也能把力量集中在最需要的地方。而定义和分类中的各个部分正是人类聚居学的主要任务之一。基于这样的思考,他把全球土地划分为自然区域、农业区域、人类生活区。

人类聚居学理论具有四个特点:一是对所处时代及其面临任务的深刻认识;二是考虑问题的整体观和系统观;三是有意识地运用交叉学科研究的观点,引入多学科理论从事研究;四是初步建立起理论框架。

2) 人居环境学的系统

受人类聚居学理论的影响,我国学者吴良镛教授在积极吸取其科学内容的基础上,根据中国人居环境建设中存在的明显二元特征,从广义建筑学出发,积极探索了适合中国国情的人类聚居学,提出了人居环境科学理论。在其《人居环境科学导论》论著中指出人居环境科学是一门以人类聚居(包括乡村、集镇、城市等)为研究对象,探讨人与环境之间的相互关系的科学。目的是掌握人类聚居发生、发展的客观规律,以更好地建设符合人类理想的聚居环境。这一定义的核心强调把乡村、集镇、城市作为一个整体,而不像城市规划学、建筑学、地理学、社会学那样,只涉及人类聚居的某一部分或某个侧面。人居环境科学研究以下述方面为基本前提(吴良镛,2001):① 人居环境的核心是"人";② 大自然是人居环境的基础;③ 人居环境是人类与自然之间发生联系和作用的中介,人居环境建设本身就是人与自然相联系和作用的一种形式,理想的人居环境是人与自然的和谐统一;④ 人在人居环境中结成社会,进行各种社会活动,并进一步形成更大规模、更为复杂的支撑网络;⑤ 人创造人居环境,人居环境又对人的行为产生影响。人居环境的构成和基本研究框架具体可归纳为四个"五大":即内容组成上的"五大系统";等级关系上的"五大层次";规划设计上的"五大原则";建设策略上的"五大统筹",这四个"五大"的综合构成了人居环境科学基本框架。

"五大系统"包括自然系统、人类系统、社会系统、居住系统和支撑系统。自然系统侧重于与人居环境有关的自然系统的机制、运行原理及理论和实践分析,如土地资源保护与利用、土地利用变迁与人居环境的关系、生物多样性保护与开发等;人类系统侧重于对物质的需求与人的生理心理、行为等有关的机制、原理及理论分析;社会系统侧重于人与人在相互交往和共同活动过程中形成的关系分析;居住系统侧重于如何安排公共空间和所有其他非建筑物及类似用途的空间;支撑系统侧重于人类住区的基础设施建设。以上自然系统和人类系统是两大基本系统,居住系统和支撑系统则是人工创造的结果。按照对人类生存活动的功能作用和影响程度的高低,在空间上人居环境又可分为自然生态系统与人工建筑系统两大部分。每个系统都存在如何面向持续发展的问题。

"五大层次"包括全球、区域、城市、社区、建筑。全球层次强调在研究人居环境过程中要着眼于宏观的环境与发展,如温室效应、能源和水资源短缺、环境污染、生物多样性丧失、水土流失、土地荒漠化等;区域层次强调区域间自然条件、历史文化背景、经济发展水平的差异对人居环境发展的影响,如东部沿海地区与西部欠发达地区,研究应具有区域视野;城市层次强调针对问题多且最为集中的特点,研究应注重整体性,如土地利用与生态环境保护、基础设施建设、居住区建设等;社区层次强调在城市与建筑之间承上启下的作用,公众参与、创造就业机会、提高环境意识等;建筑层次强调由单一的建筑概念向聚居概念转变的重要性。以上五个层次相互联系构成整体。

"五大原则"包括正视生态困境、提高生态意识原则;人居环境建设与经济发展良性互动原则;发展科学技术,推动经济发展和社会繁荣原则;关怀广大人民群众,重视社会发展整体利益原则;科学的追求与艺术的创造相结合原则。

"五大统筹"包括统筹城乡发展、统筹区域发展、统筹经济与社会发展、统筹人与自然和谐发展、统筹国内发展与对外开放。(吴良镛,2001)

3) 人居环境学的本质

从本质上说,吴良镛教授倡导的人居环境科学是在科学的层面上,把握时代的要求和建筑科学的发展规律,采用结构更新和整合的方法对传统建筑学科体系进行的改造,即通过融贯综合拓宽建筑学科的知识领域,从宏观的专业视角,谋求建筑、地景和城市规划学科的结合,探求解决人居环境可持续发展所面临的复杂问题。其突出的特征:一、结构的系统性与整体性。人居环境是一个系统性很强的整体概念,它不仅将自然系统、人类系统、社会系统、居住系统和支撑系统作为子系统整合在统一的人居环境大系统中,各个子系统相互联系、相互制约构成人居环境的有机整体。同时,它将全球、区域、城市、社区、建筑不同层次的人类住区等级化、有序化,使我们在面对不同层面的人居环境研究的时空定位具有明确地把握依据。二、过程的开放性和动态性。强调运用多种相关学科的成果,特别是注重通过相邻学科的渗透和拓展进行人居环境研究(吴良镛,2001)。人居环境科学作为一个科学体系的提出已得到学界广泛认可。如陈秉钊教授主持的国家自然科学基金项目"可持续发展中国人居环境"课题组,在建构中国人居环境中,借鉴了人居环境科学的基本框架,认为"中国人居环境应包括区域、城镇、社区、家居4个层面才能构成完整的人居环境体系"。(陈秉钊,2003)

2.3.2 生物学和生态学原理

1) 自生原理

自生原理包括自我组织、自我优化、自我调节、自我再生、自我繁殖和自我设计等一系列机制,也正是生物的自生作用,才维持了系统相对稳定的结构和功能,通过自生作用,能更好地适应对系统施加胁迫的周围环境,同时,系统也能经过一系列过程,提高环境的适宜程度(图2.3)。

生命系统的自生功能在很大程度上缘于生物细胞。当气候潮湿时,进入植物的水分多于蒸发掉的水分,细胞受到的压力增大,关闭气孔的细胞被拉成马蹄形,气孔被打开,以蒸发掉更多水分;当气候干燥时,过程则正好相反。

应激性(irritability)。所谓应激性,是指生物在多变的环境中对来自外界的各种刺激给出不同程度和不同性质反应的过程,是生命物质区别非生命物质的最重要特征。生命系统中的应激现象广泛地存在于自然界——春去冬来,春华秋实,北雁南飞等均是生物面对环境的变化而实现的自我调节与适应,其复杂精致的程度,有时超过人类的想象,有一种叫相思树的叶子,在强烈的阳光下,叶片向

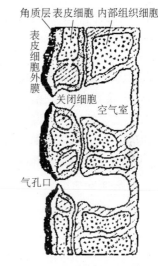

图 2.3　植物表皮对湿度的控制
(图片来源:王书荣.自然的启示[M].上海:
上海科学技术出版社,1987:193)

上举起,所以,叶片在阳光方向的投影面积减到最小,在漫射阳光下,叶子向阳光打开,因而阳光能被最充分地利用;到了晚上无光时,叶子向下翻转,这就是对光刺激的应激性,通过这一过程,可以将植物的新陈代谢调整为与环境相适宜的程度,从而达到最佳生长的状态。

以生命现象为启发来研究建筑与环境、气候的关系,是建筑学界早已存在的内容与方法。美国学者彼得·柯林斯(Peter Collins)在其著作《现代建筑设计思想的演变》中,将建筑与生命的相似特征归纳为以下几个方面:

(1) 机体及其环境的联系。

(2) 器官之间的相互作用。

(3) 形式与功能的关系。

(4) 生命力原理。

另外,在大量传统村落中,我们可以看到未经建筑师规划的一种类似生命体的特征,呈现了高度和谐有序的肌理与形态,像细胞一样,有节制的生长与复制,其精致完美的程度,令人赞叹。这些都可以说是系统自生原理极好的例证。

2）生物多样性原理

生物多样性是当前世界普遍关注的问题，是实现可持续发展的重要前提。任何一个生物种群都不可能脱离其他种群而单独存在，自然生态系统由于其生物的多样性原因，往往具有较强的稳定性和较高的生产力。在大量的现实观察中，我们可以看到在人居环境、特别是城市类型的人居环境系统中，由于人类长期对原有的自然环境的强干扰以及大量不合理开发建设，导致生物种群单一化程度日趋明显，严重影响了生态系统的稳定性以及生产、自净能力。所以，在基于群岛人居单元的适宜人类环境模式探讨中，如何结合原有的自然条件，合理地进行土地利用与开发，尽可能实现在建设过程中的生态补偿，这是一项核心内容。

3）物种之间共生、互生、抗生原理

自然界中的任何生物都不能离开其他生物而独立生存、繁衍，生物种群之间多数都存在共生、互生和抗生的关系。比如，利用豆科植物种群的生物固氮作用可以给其他植物种群提供有益的土壤肥力，促进植物群落的生长与发育；利用蚯蚓的作用改良土壤结构和提高土壤肥力，改善植物的生长环境；蜜蜂利用树木的花粉养育自己，植物由于蜜蜂的授粉而增加结实率。所以，在生态系统中，如何选择匹配这种关系，发挥生物种群间相生、相克的机制，实现生物复合群体之间的"共存共荣"，是改善人工生态系统质量的一个关键问题。

4）生态位原理

生态位，即"生态龛"或"小生境"，它是有机体在环境中所占据的位置，包括它发现的各种条件、所利用的资源和在那里的时间。

某一个物种的有机体要维持其生育的种群，只能在一个确定的条件下利用其特定的资源，比如：在高大乔木树冠中，隐蔽的条件和树冠中食叶昆虫等给鸟类提供了一个适宜的生态位；林冠下的弱光照、高湿度给喜阴生物造成了一个生态位；枯落物堆积又给蚯蚓、蠕虫等提供了适宜生态位。所以在一些生态工程中，合理运用生态位原理，可以构成一个具有多样化种群的稳定、高效生态系统。以此为启发，在特定的人居单元内，自然资源条件是相对固定的，如何通过不同生物种群或元素的匹配，使有限资源合理利用，减少资源的浪费，是提高人居环境这一人工生态系统效益的关键。在住区绿化系统的规划建设中，我们经常提及"点、线、面"与"乔、灌、草"相结合，不单是为了创造层次丰富的景观效果，而且有利于不同植物种群形成合理的分层格局，充分利用多层次的空间生态位，最大限度地发挥光、热、气、水等资源的利用效率，从而提高绿地的生物产量和生态支撑、保障功能（图2.4）。

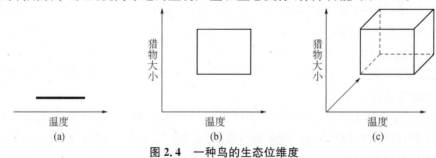

图2.4　一种鸟的生态位维度

（图片来源：Aulay Mackenzie, Andy S Ball, Sonia R Virdee. 生态学[M]. 孙儒泳，尚玉昌，李庆芬，等译.
北京：科学出版社，2001：17）

2.3.3 景观生态学原理

关于景观,有多种意义的解释,其最早的含义是指一片景色(风景)大致均一的地区。景观一词也曾被广泛地应用于地貌学;在生态文献中,有人认为景观是具有结构功能的整体性生态单位;现在一般认为,景观是相互联系和相互制约的自然事物的某种整体。

目前,"景观生态学"是人居环境学引用最为广泛的理论之一,它为人居环境空间结构的分析提供了很好的框架,它也是人居单元所依托的核心科学基础与方法之一,所以,在此有必要对其进行简要归纳和总结。

1) 景观生态学——景观综合研究的新思想

景观生态学(Landscape Ecology)一词是 1939 年德国地理学家 C. 特罗尔(C. Troll)在利用航空照片研究东非土地利用问题中首先提出来的。他指出这个词表示支配一个地区不同地域单位的自然与生物综合体的相互关系,它的直接目的是针对自然条件的综合研究。

景观生态学是两种科学观点的结合:一种是地理学的观点,另一种是生物学的生态学,它是科学向综合方向发展的必然结果。景观生态学的基本任务为:景观生态系统结构和功能研究;景观生态监测和预警研究;景观生态设计与规划研究;景观生态保护与管理研究;景观生态信息系统研究。景观生态学的主要内容是景观综合、空间结构、宏观动态、区域建设、应用实践。景观生态学最主要的特点是它的"整体"观点。景观生态学在解决区域发展与区域生态设计及环境建设诸多问题时,作为组织自然地理、经济地理与工程技术(林业、水利、交通、公共建筑)等多学科的综合体系,开展以研究人与环境的相互关系及其协调的技术途径的新的整体思想,无疑将成为科学中综合的重要途径之一。

2) 景观生态学的理论基础综述

景观生态学是一门多学科交叉的综合性学科,它的核心是地理学与生态学之间的交叉。一般认为,景观生态学是从地理学和生态学中吸收了整体性的观念和生态系统理论,使之成为景观生态学的理论基础,并逐步形成自己的理论体系。然而,景观生态学具有比地理学和生态学更高的综合水平,因此,它便有更为广泛的理论基础。许多学者对景观生态学基础理论的探索都做出了重要贡献。比如按 Z. Naveh 和 A. Lieberman 的意见,它与生态系统学、生物控制论以及一般系统论这几个紧密联系的科学理论有关;按 Paul G. Risser 在 1987 年发表的一篇文章《景观生态学:知识水平》中,提到 1983 年在美国举行的景观生态学研讨会确立的与尺度(scale)有关的 5 条法则;按 R. T. T. Forman 和 M. Godron 在他们的《景观生态学》(1986)教科书中的意见为 7 项规则;等等。但从景观生态学理论研究现状来看,目前对景观生态学的理论表述与人居环境具有密切关系的,概括起来主要有以下几个方面:

(1) 生态进化与生态演替理论

达尔文提出了生物进化论,主要强调生物进化;海克尔提出生态学概念,强调生物与环境的相互关系,开始有了生物与环境协调进化的思想萌芽;克里门茨提出大时空尺度的生物群落与生态环境共同进化的生态演替进化论,突出了整体、综合、协调、稳定、保护的大生态学观点,成为真正的生物与环境共同进化的思想;C. Troll 接受和发展了克里门茨的学说,从而明确提出景观演替概念,并发展了生态演替进化理论。

生态演替进化理论是景观生态学的一个主导性基础理论,现代景观生态学的许多理论原则,如景观可变性、景观稳定性与动态平衡性等,其基础思想都起源于生态演替进化理论。

（2）空间分异性与生物多样性理论

空间分异性是一个经典地理学理论。生物多样性理论不但是生物进化论概念,而且也是一个生物分布多样化的生物地理学概念。这两者不但是相关的,而且有综合发展为一条景观生态学理论原则的趋势。

地理空间分异实质是表述地球分异运动的概念。首先是圈层分异;其次是海陆分异;再次是大陆与大洋的地域分异等。地理学通常把地理分异分为地带性、地区性、区域性、地方性、局部性、微域性等若干级别。生物多样性是适应环境分异性的结果,因此,空间分异性与生物多样化是同一运动的不同理论表述。

景观具有空间分异性和生物多样性效应,由此派生出具体的景观生态系统原理,如景观结构功能的相互性,能流、物流和物种流的多样性等。

（3）景观异质性与异质共生理论

景观异质性的理论内涵是:景观组分和要素在景观中总是不均匀分布的。由于生物不断进化,物质和能量不断流动,干扰不断发生,因此景观永远也达不到同质性的要求。异质共生理论在总结第二次浪潮即工业文明中,人类与自然界的关系由于"改造论"占统治地位,过分夸大人对自然界的改造,虽然在取得社会财富和利用自然力方面表现出非凡的智慧和高超的技术,但在对自然资源的利用和对自然环境的破坏方面又表现出极大的浪费和十足的愚蠢,在造成全球范围的环境污染及大面积的沙漠化、盐碱化、草场退化和荒山化等环境退化问题的基础上,提出促使人们通过"共生"来控制人类—环境系统;以最小能量输入和最小物质消耗来保证任何系统重要的自我调节;一般说来,同自然合作比同自然对立较为有利并常常更为有效。

可以看出:在世界范围内,"人类与自然共生""人类与自然合作""人类与自然共同创造"的思想,已成为景观生态学的重要指导思想。

（4）尺度效应与自然等级组织理论

尺度效应是一种客观存在而用尺度表示的限度效应,例如一张三寸的照片影像很清晰,但放大到一尺影像反而模糊了。只讲逻辑而不管尺度的无条件推理和无限度外延,甚至用微观实验结果推论宏观运动和代替宏观规律,这是许多理论产生谬误的重要哲学根源。有些学者和文献将景观、系统和生态系统等概念简单混同起来,并且泛化到无穷大或无穷小而完全丧失尺度性,往往造成理论的混乱。现代科学研究的一个关键环节就是尺度选择。在科学大综合时代,由于多元多层多次的交叉综合,许多传统学科的边界模糊了;因此,尺度选择对许多学科的再界定具有重要意义。正是在尺度概念广泛运用的推动下,许多传统学科开始了数量化改革,并产生了现代自然等级组织理论。等级组织是一个尺度科学概念,因此,自然等级组织理论有助于研究自然界的数量思维,对于景观生态学研究的尺度选择和景观生态分类具有重要的意义。

（5）生态建设与生态区位理论

景观生态建设具有更明确的含义，它是指通过对原有景观要素的优化组合或引入新的成分，调整或构成新的景观格局，以增加景观的异质性和稳定性，从而创造出优于原有景观生态系统的经济和生态效益，形成新的高效、和谐的人工—自然景观。

从生态规划角度看，所谓生态区位，就是景观组分、生态单元、经济要素和生活要求的最佳生态利用配置；生态规划就是要按生态规律和人类利益统一的要求，贯彻因地制宜、适地适用、适地适产、适地适生、合理布局的原则，通过对环境、资源、交通、产业、技术、人口、管理、资金、市场、效益等生态经济要素的严格生态经济区位分析与综合，来合理进行自然资源的开发利用、生产力配置、环境整治和生活安排。因此，生态规划无疑应该遵守区域原则、生态原则、发展原则、建设原则、优化原则、持续原则、经济原则等 7 项基本原则。现在景观生态学的一个重要任务，就是如何深化景观生态系统空间结构分析与设计而发展生态区位论和区位生态学的理论和方法，进而有效地规划、组织和管理区域生态建设。（傅瓦利，2001）

在人居环境实践中，大量的人为建造活动作为对景观的干扰或强烈干扰，必然在一定程度上改变该区域原有的景观生态格局，缩小人们的生存空间，加剧人地矛盾。因而，以景观生态学理论与方法来指导建设人居环境中的空间与景观格局，在如何协调人地关系、解决人口与资源、发展与环境的矛盾等方面显然具有独到的优越性。基于人居单元的许多适宜规划设计方法正是在这一思想基础之上提出来的。

2.3.4　岛屿生物地理学

景观生态学对岛屿的探讨其实是基于岛屿生物地理学的理论。岛屿生物地理学是生物地理学的一个研究分支，专注于分析各类对孤立自然群落中物种丰富度产生影响的因素，研究对象为海洋岛和陆桥岛，其理论被广泛应用到岛屿状生境的研究中。其空间规模，小到树叶、个体植株的"微岛"，大到自然保护区和景观地理单元的"大岛"。20 世纪 60 年代，生物学家 MacArchur 和 Wilson 通过对岛屿的透彻研究，最终提出岛屿生物群集模型（Colonization Model）的理论。（朱丽，2010）

物种迁入率和灭绝率的动态变化决定了岛屿上物种的丰富度，当迁入率与灭绝率相等时，岛屿物种数达到动态的平衡状态，即物种的数目相对稳定，但物种的组成却不断变化和更新。这种状态下物种的种类更新的速率在数值上等于当时的迁入率或灭绝率，通常称为种周转率（Species Turnover Rate），这是岛屿生物地理学理论的核心内容。该理论还认为：岛屿上的物种始终有迁入和迁出，迁入率随其与大陆种库的距离而下降，这是"距离效应"；当岛屿面积越小，种群数量也越小，随机因素引起的物种灭绝率就会相应增加，这称为"面积效应"，物种和面积的关系通常用下列公式表示：

$$S = cAz$$

或
$$\log S = z \log A + \log c$$

式中，S 代表物种丰富度，A 代表岛屿面积，c 和 z 是正常数。z 的理论值为 0.236，通常在 0.18 与 0.35 之间。c 值的变化反映地理位置变化对五种丰富度的影响。c 和 z 的值常采用统计回归方法获得。（图 2.5）（赵淑清等，2001）

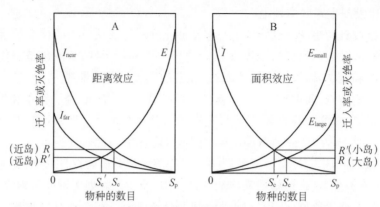

图 2.5 MacArchur 和 Wilson 岛屿生物地理学动态平衡理论的图示模型

(图片来源:根据 MacArchur 和 Wilson 相关著作改绘)

因此,面积较大而距离较近的岛屿比面积较小而距离较远的岛屿的平衡态物种数目要大。面积较小而距离较近的岛屿比面积较大而距离较远的岛屿平衡态物种周转率要高。(高增祥等,2007)

岛屿生物地理学是在研究岛屿物种组成、数量及其变化过程中形成的,后来又有不少学者完善了这个模型,并和最小面积概念(空间最小面积、抗性最小面积、繁殖最小面积)结合起来,形成了一个更有方法论意义的理论方法。

岛屿生物地理学与岛屿人居环境科学有某种相似的关系——生物学上的物种多样化的含义可以类比为人居环境的丰富程度。景观异质性和景观类型多样性理论充实和发展了岛屿人居环境理论。下文的进一步研究将表明,群岛人居环境的等级并不单决定于岛屿面积,还决定于岛屿景观类型、空间结构和距离、岛屿文化发展度和生态区位等许多重要的岛屿生物地理学因素。(贺勇,2004)

2.4 多维视野下群岛人居单元的诠释

舟山群岛人居环境是一个自然—社会—经济复合系统,人居单元的概念主要是依据自然、社会、经济等方面的指标特征,把舟山群岛这一大的自然地理单元划分为若干个次一级的自然单元、社会单元、人居单元,假设这三类单元在某一地理空间范围内具有某种程度的关联性或耦合性,则表明这一地理空间单元就具有人居环境营建的整体功能,这就是人居环境单元建构的基本思路。

由于人居环境单元的建构是在综合自然、社会、人居方式的基础上进行的区域空间划分,且人居环境营建最终要落实到具体的地理空间上,因此,其建构方法类似于自然综合区划。这里借鉴地理学关于自然地理综合体区划的方法来提出舟山群岛人居单元的概念。

2.4.1 群岛与人居单元耦合的地理学依据

自然地理是研究自然地理环境的组成、结构、功能、动态及其空间分异规律的学科,是地理学的一个重要分支学科。包括地质矿产、地貌、气候、水文地理、土壤地理、生物地理等多个方面。

地质是自然地理的重要基础,地质包括地质地层及其构造和地质矿产。地貌是地表高低起伏的状态,它是自然地理的重要组成部分。地貌可以根据地表形态规模的大小分为大、中、小、微四级。较大的地貌由地质和气候运动产生;较小的地貌由水力、分离作用下形成,如长江三角洲;更小的地貌则受到人类生产和生活的深刻影响。地貌不仅仅关系到地表的状态,更涉及土地的利用、交通运输与工农业的发展。地貌特征影响到河流水文的流向,土壤的形成以及植被的分布。

气候也是一门独立的学科。但是气候条件受到地理、地貌的影响,特别是微气候区的分布与地理地貌的形态和分布有着密切的关系。气候地理主要研究的是气候要素与地貌之间的关系,特别是微气候带与地形分布带之间的对应关系,找出影响微气候形成的地貌影响规律。水文地理是研究地表各类水体性质、形态特征、变化和时程分配以及地域差异规律的学科。研究的对象主要是水系、河流形状、河流纵/横断面等,并分析在不同的地貌条件下水系的径流、水位、泥沙、水温、水化学、潮汐等河流水文条件变化状况。土壤地理学以及生物地理学研究相关研究对象在时间、空间上的分布情况及形成原因,属于交叉学科。

舟山群岛是中国沿海最大的海岛群。位于长江口南侧、杭州湾以东的浙江省北部海域,长江三角洲对外开放的海上门户。舟山群岛岛屿绝大部分是由面积 $500\sim5\,000\ m^2$ 的小岛组成,其次是 $500\ m^2$ 以下的微型岛和极少数的中、大型岛屿。中、大型岛屿集中分布在杭州湾以南和象山港以北的近岸海域。普陀区有着最多的岛屿个数和最长的海岛岸线总长度,定海区拥有最大的海岛总面积。舟山群岛分为四个县、区:嵊泗县、岱山县、普陀区与定海区。根据海岛平均面积和总面积的分布情况最大的是定海,最小的是嵊泗。(表 2.1)

表 2.1 舟山群岛海岛面积及分级统计表

县(区)	海岛数量(个)						海岛面积(km^2)	平均海岛面积(km^2)
	特大岛	大岛	中岛	小岛	微型岛	合计		
嵊泗县	0	0	4	447	39	490	81.1	0.166
岱山县	0	1	5	467	45	518	275.8	0.532
普陀区	0	0.5	8.5	549	98	655.5	402.7	0.614
定海区	0	0.5	5	119	12	136.5	539.8	3.954
合计	0	2	22	1 582	194	1 800	1 299.4	0.722

(资料来源:王欣凯,宋乐,刘毅飞,等. 舟山群岛基础地理特征及其变化[J]. 海洋开发与管理,2010,27(增刊):55-58)

舟山群岛是一个地理区域,然而就其名称的含义来说更是一个地貌概念,处于浙东南褶皱带北部,分属丽水—宁波隆起中的新昌—定海断隆及温州—临海拗陷中的黄岩—象山断坳等大地构造单元内。地质构造比较简单褶皱不明显,断裂很发育,常形成断隆与拗断相间的构造特征。由于地形地貌的差异,自然资源的独特性,生物种群结构的相对单一性以及人类社会活动的多样性等特点,海岛地区的人居环境情况较脆弱,易受到外界人为和自然因子干扰,导致制约舟山群岛人居环境生态化建设的影响因素与长江三角洲、平原地区有着一定的区别。因此,舟山群岛人居环境研究是以地形地貌特征为标识的,地形地貌可以成为了解舟山群岛城镇与村落人居环境特征和分布规律的一把重要的钥匙。以制定最适宜土地利用方式为目的的人居环境生态化建设研究，重点之一就是通过研究地形地貌空间结构和城镇空间结构的关系，探索舟山群岛人居环境因地制宜的生态规划途径和方法。

1) 正向地貌——舟山群岛海岛

正向地貌是指露出与海水海面之上的陆地地貌，相对于负向地貌的海洋环境而言的。

海岛是指位于海洋中的岛屿，在地理学上海岛没有统一的界定。比较权威的解释是联合国大会1982年通过的《联合国海洋法公约》(United Nations Convention on the Law of the Sea，简称LOS)第八部分，第121条海岛制度中规定，海岛是指四面环水并在高潮时高于水面的自然形成的陆地区域。依次定义，海岛必须由以下四个条件构成：由陆地组成，与海底自然相连，是自然形成的陆地，而非人力构筑(齐兵，2007)。

每个海岛都是由岛陆、岛滩、岛基和环岛浅海四个部分组成的地理单元。

岛陆——是指海水高潮时海岛露出水面的陆地部分(含岛内的水域部分)，岛陆面积有限而且大小不一。2000年人口普查时，舟山市103个有常住人口的海岛中，面积最大的海岛是502.65 km²的舟山岛，面积最小的是仅为0.01 km²的鱼腥脑岛。

岛滩——是指高潮线以下，低潮线以上的海岛陆地及水域部分。海岛上的滩涂并不是处处都有分布，主要位于在海岛的岩砾质或泥沙质海岸地区。岛滩是海岛发展旅游业的重要场所，岛滩的局部分布特征往往是旅游业在群岛区域空间分布的影响因素之一。

岛基——是指承载海岛并隐没在水下的固体岩石部分。岛基的岩石构成类型往往决定海岛的抗腐蚀能力，对海岛陆地面积的长时间尺度变化有着重要的影响，也是海岛码头建设选址的重要依据。

环岛浅海——是指分布在岛陆周围较浅的海水区域。环岛浅海是海洋生物的栖息地，是海岛发展增养殖业的主要区域，因而环岛浅海的水文等自然状况对群岛区域生物资源(特别是渔业资源)的空间分布和产业区位选择起到重要作用。

由于每个海岛都是具有以上四个特征的独立地理单元，维持海岛的生态平衡就尤为重要。对海岛的规划都需要充分考虑到特殊的自然地理特点，协调统一这四部分，以实现海岛自身的可持续发展。

每一个海岛都是一个独立而又完整的生态环境系统。海岛有着得天独厚的地理位置、自然资源、人类的生存环境相对独立性等特性。但由于海岛面积狭小，从而使得海岛地区地域结构简单，生态系统脆弱，环境条件严峻，陆地植被贫乏单一，生物的多样性指数小，稳定性差，易受破坏；同时海岛四面环海，易受海洋灾害的侵袭，受灾频度大、种类多、危害大、容易受到毁灭性的打击(齐兵，2007；栾维新等，2005)。

舟山群岛的正向地貌明显受北东向、北西向为主的构造控制。群岛总体呈西南——东北方向排列，东列从象山半岛入海，经六横、虾峙、朱家尖、中街山列岛直至浪岗山列岛；西列从穿山半岛过舟山、岱山、巨山以至泗礁山、嵊山和花鸟山诸岛。而各列岛或单个岛屿的走向，则以北西向或东西向为主，构成了东西成行南北成列的格局。从地貌类型上看，舟山群岛上广布低浅丘陵，相对高差普遍小于50 m。在浅丘间分散着面积不大的平坝。总的来看以浅丘为主，平坝为辅。海岸属侵蚀基岩海岸，岸线曲折，水深湾大，岬湾相间，多天然良港。

由于侵蚀作用,海岸不断后退,海蚀崖普遍发育,并留下海蚀穴如普陀山的潮音洞,梵音祠等。但岛屿及海岸的组成物质是硬度大的岩浆岩,抗蚀力强,所以,海岸后退速度很慢,从而为人类在沿海岸地带进行经济活动、栖息奠定了基础。

群岛以基岩丘陵为主,主要由火山岩、侵入岩组成,其次为潜火山岩和变质岩。不同岩性因抗风化侵蚀能力的差异在风化剥蚀、流水侵蚀堆积和海水冲刷淤积等作用下,发育成形态各异的各种地貌(表2.2)。

表 2.2 舟山各县(区)及舟山岛陆域地貌类型表

类型		嵊泗	岱山	定海	普陀	舟山岛
侵蚀剥蚀地貌	高丘陵	花鸟、嵊山、大黄龙等岛	衢山、大小长涂、岱山(东部)等岛	金塘(东部)、册子、长白、大猫、摘箬等岛	东福山、黄兴、普陀山、朱家尖、六横、桃花等岛	中部,占丘陵面积3/4
	低丘陵	分布普遍,以泗礁、枸杞、绿华、大小洋山等岛为主	岱山、秀山、衢山(西部)等岛及各小岛	金塘、册子、长白等岛和各小岛	庙子湖、青浜、湖泥、白沙、登步、虾峙、元山、佛渡等岛	南北两侧
堆积地貌	洪积平原	泗礁山沟谷、山麓地带	较普遍,分布于较大岛屿沟谷、山麓地带	沟谷、山麓地带。金塘、长白两岛较发育	零星分布山麓沟谷内,桃花、六横分布最多	山麓沟谷地带
	海积平原	泗礁山、大洋山两岛为主,其他岛屿少量分布	岛屿滨海地带,岱山岛为最大	岛屿四周	分布最广,以朱家尖、桃花、六横岛为主	南北两侧滨海地带,约占全岛面积一半
	风成沙地	泗礁山为主,花鸟山亦有	岱山岛为主,鼠浪屿、秀山、江南等岛亦有分布		普陀山、朱家尖、桃花等岛	
	洪积冲积平原					呈带状分布于较大沟谷内

(资料来源:齐兵.舟山市主要海岛分类开发研究[D].大连:辽宁师范大学硕士论文,2007)

因此,地质构造是群岛现代基本地貌单元的骨架,不同岩性则是地貌发育的物质基础。

2) 负向地貌——舟山群岛海洋环境

负向地貌是指岛屿周边的海洋环境,是相对于海岛陆地地貌而言的。

舟山堪称海洋大市,在全市2.22万km²的区域总面积中,海域面积就达2.08万km²,占94.38%,是土地面积的15倍多。海洋一直是舟山经济社会可持续发展的重要战略依托和空间所在。

在地貌上,舟山地区的海面被大小岛屿分割,往往呈东南往西北走向的条块状。按海面面积和形状的不同可依次分为港、门、水道、洋。

港——往往指两个岛屿间夹着的狭长水体,面积和形状接近河流状。很适合作为船只的停泊补给场所。比较典型的有沈家门港、定海港、岑港等。

门——由两岛的端头夹成的喇叭状海面,是东海外海经由舟山群岛去杭州、宁波、上海港的航道之门。比较典型的有虾峙门、条帚门、鹁鸪门等。

水道——水道不是单个岛屿间夹成的海面,而是岛群间,或者岛群与大陆间夹成的海面。海面面积上会大于港和门。比较典型的有牛鼻山水道、螺头水道、金塘水道等。

洋——群岛内部和周边没被岛屿分割的大块海面。比较典型的有灰鳖洋、猫头洋、普陀洋等。其中普陀洋、黄大洋等已经是舟山群岛的外海部分了。

舟山群岛整体地貌是以海洋负向地貌为主,岛屿陆地正向地貌为辅,在不同尺度下的不同区域,正负向地貌的主导地位会互换。

3）群岛单元自然地理特征与人居环境的耦合

岛屿单元的界定是基于海洋水域的分割,大的海域洋面划分出大的高级的岛屿单元,小的海域水道划分出小的岛屿单元。也就是说,在海洋水域的分割下,整个舟山群岛区域可以分为若干个单个岛屿单元。

从1-1地貌剖面图看(图2.6),普陀区从六横岛到普陀山岛,5条等级规模不同的洋面水道分割为相应的6个等级规模不同的岛屿单元。正负地貌由南向北,依次相间为六横岛——(头洋港)——虾峙岛——(虾峙门)——桃花岛——(鹁鸪门南支道)——登步岛——(鹁鸪门北支道)——朱家尖岛——(蜈蚣峙北水道)——普陀山岛。

图2.6　1-1地貌剖面图

(图片来源:作者改绘)

从2-2地貌剖面图看(图2.7),5条等级规模不同的洋面水域把定海区和岱山县由西南向东北分割为相应的6个等级规模不同的单元。正负地貌由南向北,依次相间为金塘岛——(西堠门)——册子岛——(桃夭门)——舟山本岛——(里礁门)——长白岛——(大猫洋)——岱山岛——(岱衢洋)——衢山岛。

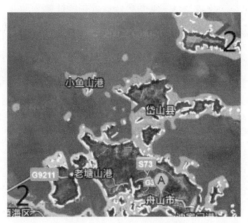

图 2.7　2-2 地貌剖面图

（图片来源：作者改绘）

尽管洋面水道和岛屿单元规模有大有小，海拔有高有低，但其总体上"岛——海相间"的单元性格局都非常明显。舟山群岛地貌景观结构总体就是由海岛陆地系统与海洋水面系统，一正一负、一实一虚重复构成。

4）群岛人居单元的划分及其分布规律

按照以上的界定标准并利用地形图描绘统计，舟山群岛单元按照是否常住人口为条件大致可划分为 79 个大小不一，形态各异的群岛人居单元（图 2.8），例如体形浑圆的岱山岛、金塘岛；扁长的衢山岛、六横岛；狭长的虾峙岛、大长涂岛等。其中嵊泗县 17 个（表 2.3），岱山县 12 个（表 2.4），普陀区 25 个（表 2.5），定海区 25 个（表 2.6）。

岱山岛　　　　登步岛　　　　金塘岛　　　　衢山岛

六横岛　　　　虾峙岛　　　　大长涂岛　　　　泗礁山

图 2.8　形态各异的舟山群岛人居单元

（图片来源：作者自绘）

表 2.3　嵊泗县群岛单元统计表

岛组	乡镇	有常住居民岛	无常住居民岛
海礁（童岛）	嵊山镇		童岛
浪岗山列岛		—	中块岛、东块岛、西块岛、半边礁
马鞍列岛		设乡镇：嵊山 设村：壁下山 无建制：大盘山、张其山	（嵊山周围）马鞍山 （壁下周围）小青山、大青山、蝴蝶岛、庄海岛、东小盘岛、中黄礁
	枸杞乡	设乡镇：枸杞岛	大宫山
	花鸟乡	设乡镇：花鸟岛	猫山、白礁、彩旗山、鸡笼山
		设村：西绿华岛 无建制：东绿华岛、东库山、柱住山	台南山、上三横山、下三横山、求子山、馒头山、鳗局山、海横头岛
泗礁诸岛	菜园镇	设县：泗礁山	
		设村：金鸡山	
			北鼎星岛（废弃）、后小山、李柱山、小金鸡岛、大毛峰岛、里泗礁、柴山、里小山、外小山、小山
		马迹山	铁墩山、大旗杆山（附大羊角）、花烛龙屿、花烛凤屿、里马廊山、外马廊山
			徐公山（废村）、大烂冬瓜岛、小烂冬瓜岛、笔架岛、笔套山（附墨礁）
			白节山（有灯塔）、小白节山、平礁（无植被）、白节长礁（无植被）、红山、南小山、鹰窠山、鹰爪礁（无植被）、半边山、小半边山、鱼眼屿、半边大礁（无植被）、田螺礁（无植被）、半洋礁（有灯塔，无植被）
	五龙乡	—	老鼠山、淡菜屿、小淡菜屿、劈开山屿（注：五龙乡的主体位于泗礁山本岛）
	黄龙乡	设乡镇：大黄龙岛	小黄龙岛、龙牙峙、小梅子岛、扁担山、黄鼠山、赤膊山（无植被）、南鼎星山、东小山、东小屿、南小屿、西小山、中宝礁、外宝礁（无植被）
崎岖列岛	洋山镇	设乡镇：大洋山 无建制：小洋山	大戢山（有灯塔，附灶前礁、东双礁）、南平屿、小戢山、小乌龟岛（附小乌龟桩礁）、乌龟头岛、颗珠山—大乌龟岛（21世纪初两岛相连，附元宝礁）、镬脐岛、筲箕岛（附稻桶礁）、小筲箕岛、虎啸蛇岛（附蛇舌礁、蛇蛋礁）、西马鞍岛（附西马鞍礁）、圣姑礁（无植被但有庙宇，附中姑礁、前姑礁）、大岩礁、小岩礁、大贴饼岛（附荷鱼礁）、小贴饼岛、外后门岛（有小桥通大洋山，附羊角礁上有灯桩）、小山塘北岛、小山塘南屿（附下礁）、馒头山、大山塘岛、枕头山、半山、小半山、蒲帽山、双莲山、兔耳山、立人山（附兄弟礁，退潮相连）、大秤锤岛、小秤锤岛、唐脑山（有灯塔）。大洋山周围面积500 m² 以上的礁还有老人礁、野猪礁
滩浒诸岛		设村：滩浒山	阿马山、峙小山、烂灰塘屿（附烂灰塘礁）、磨石头屿、黑山、贴饼山、野黄盘岛（附鸡娘礁）、大白山、小白山、奋斗山、纽子山、对口山、脚骨岛、脚板岛。另滩浒山周围面积500 m² 以上的礁有竹排礁、涂礁

（资料来源：作者自制）

嵊泗县岛屿主要分为东部的马鞍列岛、中部的泗礁山诸岛、西部的崎岖列岛三大岛群，合称嵊泗列岛，属于舟山群岛的一部分。主岛泗礁山位于中部，为嵊泗县政府驻地。

（1）岱山县海域

岱山县岛屿属于舟山群岛。岱山本岛为县政府所在地，是舟山群岛第二大岛，中国第十大岛。岱山县领土最东端为岱衢洋东面的峰里岩（礁）。中街山列岛是岱山县和普陀区共有的岛群，以该列岛中的小板门水道为界，以西属岱山县，以东属普陀区。目前，邻近高亭镇区的江南山、对港山、山外山已经通过修建桥梁与岱山岛本岛连为一体。

表 2.4　岱山县群岛单元统计表

乡镇	岛组	有常住居民岛	无常住居民岛
衢山镇	川湖列岛	—	上川山、下川山、大长山、川木桩山、川江南山、馒头山、柴山、花瓶山
	衢山诸岛	设乡镇：衢山岛 设村：鼠浪湖岛 无建制：小衢山（迁）	琵琶栏、桥梁山（有常住灯塔工人）、癞头峙、大横勒山、小横勒山、小红山、黄泽山（人口全迁出）、黄泽小山、淘箩山屿、小公山、小钥匙岛（钥匙山）、扁担山、大麦仓山、小麦仓山、大烂冬瓜山、外盘屿、大蓑衣山、乌龟嘴山、西劈坎山、上海山、下海山、外蛇舌山、小蚊虫山、小盘山、大盘山、小蓑衣山、鸾凤山屿（卵黄山）、小鼠浪山、大青山、小青山、海横头山、上三星、中三星、下三星岛（有常住灯塔工人）（此三者合称三星山）、三星棟槌屿
	岱山本岛	岱山岛	高亭镇城区和高亭镇、东沙镇、岱西镇、岱东镇的主体部分均位于岱山本岛
高亭镇	岱山岛东南	设村：江南山、大峧山 无建制：官山（迁）、对港山、山外山岛	荞麦格子山、蚶山、横勒山、劈开鸭蛋山、高亭牛扼、山牛扼、野鸭蛋山、大馒头山、中馒头山、小馒头山、神福山、小官山、小峧山、竹山、小竹山、马鞍山、大夹钳山、中夹钳山、小夹钳山
	火山列岛	设村：大鱼山	无名峙、棟槌山、小鱼山、田鸡头、小山、峙岗山、横梁山、棺横山、脸家礁、冷饭山、大峙山、小峙山、鱼腥脑（有常住灯塔工人）
	七姊八妹列岛	—	东霍山、西霍山、小西霍山、大长坛山、小长坛山、大妹山、长横山、青屿、四平头岛、笔架山
岱东镇		—	大竹屿、中柱山、小竹屿
东沙镇		—	蟹顶山、东垦山、鲞蓬山、大寨子山、小寨子山
岱西镇		—	西垦山、西垦齿山、花鼓山、凉帽山、蓑衣山
长涂镇	长涂诸岛	设乡镇：小长涂山 设村：大长涂山	郭家屿、酒坛山、野老鼠山、小老鼠山、大圆山（临时渔民）、穿鼻山、壳落山、铁登山、梨子山、长山、琵琶山、南圆山、小圆山、应龙山、切段山、北圆山、多子山、韭菜山、磨盘山、南岙山、红山、放羊山
	中街山列岛	—	樱连山、南木桩山、小馒头岛、烂冬瓜、蛤蜊山、小西寨岛、奔波山、条西山、小条西、大横档、小横档、大西寨岛（渔民临时居住）、大鸭笼山、中鸭笼山、大弟山、东寨岛（渔民临时居住）、稻蓬山、大妹妹、治治岛、小治治、菜花岛（渔民临时居住）、大鸭掌岛（渔民临时居住）、中鸭掌、下鸭掌、镬巴嘴、小板岛（渔民临时居住）、小龟山（渔民临时居住，上设小板灯塔）
秀山乡		设乡镇：秀山岛	瓦窑门山、小瓦窑门山、大牛扼山、小牛扼山、中块山、小喉门山、三块山、蚊虫山、小交杯山、交杯山、大长山、小长山、畚斗山、大平山、小平山、稻桶山、青山

（资料来源：作者自制）

（2）舟山市普陀区海域

舟山市普陀区包括舟山本岛东部和六横、桃花等岛屿，属于舟山群岛，其中六横岛是舟山群岛中第三大岛。除舟山本岛外的其他岛屿名单如下。普陀区出版的地图，将中街山列岛中的治治岛、菜花岛、小板岛等划入普陀区地界，本列表仍计算在岱山县内。

表 2.5　普陀区群岛单元统计表

乡镇街道	岛组	有常住居民岛	无人岛
沈家门街道		设村：小干岛-马峙、鲁家峙	—
东港街道		设村：葫芦岛	骐骥山、小葫芦岛、里燕礁、外镬屿
展茅街道		—	黄它山、青它山、小青它山、里镬屿
东极镇	中街山列岛	设村：庙子湖岛无建制：青浜岛、黄兴岛、东福山	大青山、小青山、叶子山、石柱山、勒鱼山、西福山、四姊妹岛、两兄弟岛
普陀山镇		设乡镇：普陀山	豁沙山、小山洞、洛伽山（有寺院）、小洛伽山
朱家尖街道		设乡镇：朱家尖岛	柱子山、羊峙山、乌龟山、龙亭、铜钱山、西峰岛、柱子山、寨峰山、乌贼山、后门山、乌柱山、铜盘山、外洋鞍岛、里洋鞍岛
白沙乡		设乡镇：白沙山无建制：柴山	蛋山、北鸡笼岛、铜钱山
登步乡		设乡镇：登步岛	西闪岛、东闪岛、泥螺山
蚂蚁岛乡		设乡镇：大蚂蚁岛	小蚂蚁岛
桃花镇		设乡镇：桃花岛	悬鹁鸪山、鸡笼山
虾峙镇	本部	设乡镇：虾峙岛无建制：大双山	走马塘、小双山、紫菜山、金钵盂
	湖泥社区	设村：湖泥岛、西白莲山、东白莲山	上溜网重、下溜网重、馒头山、大门山
六横镇	本部	设乡镇：六横岛	里青山、外青山
	悬山社区	设村：元山岛、凉潭岛无建制：对面山	砚瓦山、笔架山、小蚊虫岛、饭匙岛、戴黄帽、鹅卵岛、大蚊虫岛
	佛渡社区	设村：佛渡岛	温州峙、燕子山、牛山、野佛渡、汀子山
	梅散列岛	—	大尖苍岛、荤连槌岛、素连槌岛、菜子岛、戴黄帽、龙洞岛、小尖苍、扁礁（无植被）、大羊角（无植被）、和尚山、上横梁、下横梁、鞋楦头、西磨盘、东磨盘

（资料来源：作者自制）

（3）舟山市定海区海域

舟山市定海区是一个海岛行政区，属于舟山群岛。根据《定海厅志》记载，境内原有岛145个，21个岛屿在 50 年代后至 90 年代前期围涂造地相连于他岛，截至约 1994 年时岛屿总数减至 124 个。其中住人岛 30 个,无人岛 94 个,另有礁 120 个。1995 年以后,又有桃花山、卒山(连入舟山岛)、栋槌山(连入团鸡山)因围涂连入他岛,目前实有岛屿 121 个(包括与宁波市北仑区有争议的大黄蟒)。各岛群中,又以定海城区南部海域岛屿分布最为密集,达到 64 个,占全区岛屿数量的一半以上,诸岛大部分由环南街道(28 个)和临城街道(29 个)管辖,个别位于解放街道、城东街道和盐仓街道界内,合称"定海南部诸岛"。除舟山本岛外,以金塘岛最大。

表 2.6　定海区群岛单元统计表

乡镇	岛组	有常住居民岛	无人岛
舟山本岛(1)		设市:舟山岛	(注:舟山岛由定海区和普陀区共有)
干览镇(6)		—	上园山、下园山、小园山、凉帽山、粽子山、小粽子山
马岙镇(5)		—	下长山、龙下巴山、大泥糊礁、癞头礁、团山
长白乡(11)		设乡镇:长白岛	峙中山、白馒头山、小峙中山、野鸭山、鲫鱼礁、横档礁、乌峙山、小乌峙山、上灰鳖山、下灰鳖山
岑港镇(17)	五峙(7)	—	大五峙、龙洞山、北馒头山、小五峙山、鸦鹊山、半边山、无毛山
	其他(10)	无建制:富翅岛、外钓山、中钓山、里钓山	瓜连山、小瓜连山、屿山、下大礁、北钓礁、钓礁
册子乡(5)		设乡镇:册子岛	小菜花山、墨斗山(馒头山)、老虎山、双螺礁
金塘镇(12)		设乡镇:金塘岛设村:大鹏山	大菜花山、鱼龙山、大髻果山、小髻果山、甘池山、横档山、捣杵山、小馒头礁、半洋礁、大黄蟒
解放街道(1)	定海南部诸岛(64)	无建制:小竹山	
盐仓街道(4)		—	鸭蛋山、隔壁山、枕头山、泮螺山
环南街道(28)		设村:盘峙岛、大猫岛无建制:大五奎山、小盘峙、大王脚山、刺山、西岠岛、东岠岛、摘箬山、西蟹峙	小五奎山、大鼠山、团鸡山、王家山、和尚山、南馒头山、老鼠山、小猫山、小亮门山、大亮门山、干山、小干山、小摘箬山、高背山、小高背山、小团鸡山、鸡粪山、外礁
城东街道(2)		—	竹篙山、馒头山
临城街道(29)		设村:长峙岛、吞山、东蟹峙无建制:松山、凤凰山	蛇山、皇地基岛、担峙、长馒头山、对面圆山、大圆山、中圆山、大馒头山、中馒头山、小谷山、大谷山、周家圆山、沙尖山、大桶山、笔架山、泥螺山、半边凉帽山、小卵黄山、大卵黄山、小松山、小凤凰山、雷浮礁、鲤鱼礁、铜盆礁

(资料来源:作者自制)

从空间分布密度看,嵊泗县群岛人居单元密度最低,为 1.93 个/1 000 km²,岱山县和普陀区较高,分别为 2.29 个/1 000 km² 和 3.71 个/1 000 km²,而定海区最高,达 44.01 个/1 000 km²。从平均面积看,嵊泗县群岛人居单元平均面积最小,5 km²/个,岱山县群岛人居单元平均面积最大,25 km²/个。嵊泗县人居单元密度小,平均面积也小;岱山县的人居单元密度较小,但平均面积最大;嵊泗县人居单元密度小,平均面积也小;定海区和普陀区人居单元密度较大,平均面积较大。表明群岛人居单元分布与舟山群岛地貌特征大致吻合,即定海区和普陀区以正向地貌为主,嵊泗县和岱山县则以负向地貌为主。

从以上分析看,舟山群岛人居单元的分布规律总体上可概括为:定海区和普陀区"岛多海细",嵊泗县和岱山县"海宽岛疏"。

2.4.2 群岛与人居单元耦合的人居环境学依据

本节从区域层次出发,选择聚落体系组织结构为对象,来探讨舟山群岛人居方式与海岛单元之间的关系。从系统学看,聚落体系本身就是一个系统单元,具体可分为城镇体系单元、村落体系单元等。寻求人居环境基本单元建构的人居环境学依据,就是分析不同等级的聚落体系单元与海岛单元是否具有地理耦合性。

对这一问题的探讨,将有助于我们理解海岛环境制约下的聚落空间分布规律,进而为人居环境基本单元的建构提供依据。在物理学上,耦合是指两个或两个以上体系或运动形式之间通过各种相互作用而彼此影响的现象。具体落实到聚落体系组织结构单元与海岛单元的耦合上,是指两者相互影响、相互联系而产生的地理空间分布上的一致性,包括聚落体系空间结构、等级规模结构、职能结构、聚落间联系网络四个方面。聚落体系组织结构单元与海岛单元是否具有耦合关系,对这一问题的探讨,将对人居环境基本单元的建构以及未来聚落体系布局具有现实意义。这里主要采用直观的地图叠加方法来分析。

1) 舟山群岛地区聚落发展现状

据《舟山年鉴》统计数据,截至 2007 年年底,舟山群岛地区共有聚落(市城—县城—乡镇—村落)共计 1 862 个:地级市级聚落 1 个,县城级聚落 4 个,建制乡镇级聚落 35 个,一般村级聚落 1 822 个(表 2.7)。

表 2.7 舟山群岛地区聚落等级层次系统统计表(2007 年)

层次	等级系统	城镇数(个)	城镇名称
Ⅰ	地级市	1	舟山新城
Ⅱ	县级城市	4	定海城关、普陀沈家门区、岱山高亭、嵊泗菜园
Ⅲ	建制镇	35	洋山镇、菜园镇、黄龙乡、五龙乡、花鸟乡、枸杞乡、嵊山镇、衢山镇、高亭镇、长涂镇、岱东镇、泥峙镇、岱西镇、东沙镇、秀山乡、金塘镇、长白乡、册子乡、岑港镇、小沙镇、马岙镇、干览镇、白泉镇、北蝉乡、展茅镇、普陀山镇、白沙乡、朱家尖、东极镇、登步乡、蚂蚁乡、桃花镇、虾峙镇、六横镇、佛渡乡
Ⅳ	一般村落	1 822	略
	合计	1 862	

(资料来源:作者自制)

2) 聚落体系地域空间结构与人居单元的耦合关系分析

地域空间结构是指聚落体系内各个聚落在空间上的位置分布、联系及其组合状态。一般对于聚落体系空间结构研究主要是利用聚落密度作为描述指标,用以反映一定地域内聚落在不同地貌中分布状况。将舟山群岛聚落体系地域空间分布图与群岛人居单元分布图叠加可见,两者在空间和地理分布上具有较好的耦合性。

首先,聚落在空间分布上与海岛单元存在耦合性。全区 1 390 个海岛中,有 103 个住人岛,占海岛总数的 7.4%,而且在这 103 个住人岛中形成常住人口和聚落分布的只有 79 个。我们定义有聚落形成的海岛为舟山群岛地区的基本人居单元。

据统计,嵊泗县陆域面积 986 km²,有人居岛 17 个,分布聚落(村镇)26 个,每单元平均分布 1.5 个,平均密度 0.3 个/km²。岱山县陆域面积 326.5 km²,有人居岛 12 个,分布聚落(村镇)200 个,每单元平均分布 16.6 个,平均密度 0.6 个/km²。普陀区陆域面积 458.6 km²,有人居岛 25 个,分布聚落(村镇)653 个,每单元平均分布 26.1 个,平均密度 1.42 个/km²。定海区陆域面积 568.8 km²,有人居岛 25 个,分布聚落(村镇)477 个,每单元平均分布 19.1 个,平均密度 0.83 个/km²。(统计中因为定海区和普陀区都有在舟山本岛上的部分,因此,在统计中舟山本岛分别算为两区的有人居岛,计算两次。但是每个区在本岛上的陆域面积,按照实际分区来算。在统计过程中聚落的层级一概而论,无论大小聚落都算一个。大聚落里面的街道社区都不计数,包含在一个聚落的概念里面)

表明在岱山县和定海区,由于海岛单元面积较大,聚落密度较小,空间分布相对分散。相反,在普陀区,由于海岛单元面积较小,但是住人岛屿多,聚落密度普遍较大,聚落空间分布相对集中。说明尽管海岛单元内聚落在数量和密度上存在差异,但海岛单元与聚落体系地域空间分布还是耦合的,而差异恰恰是由于海岛单元面积大小导致的土地承载力所决定。而嵊泗县由于承载力的原因,聚落体系较为初级。

其次,聚落在地理分布上与群岛人居单元也存在耦合性。结合 1:5 万地形图判别统计。(图 2.9～图 2.11)

如图 2.9:嵊泗县的主要乡镇聚落分布在崎岖列岛、嵊泗列岛、马鞍列岛三大岛群的主要岛屿单元上。

图 2.9　嵊泗县群岛人居单元与聚落(乡)空间和地理分布图

(图片来源:旅行家天堂 www.BlogTT.com 地图库)

如图2.10：岱山县的聚落主要分布在衢山、岱山、长涂山几个大岛上。

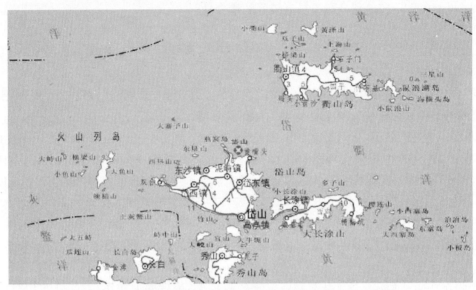

图2.10　岱山县群岛人居单元与聚落(乡)空间和地理分布图

（图片来源：旅行家天堂 www.BlogTT.com 地图库）

如图2.11：定海区和普陀区的主要人居聚落分布在舟山本岛及附近的大岛上，是整个舟山群岛聚落和人口最为密集的地方。

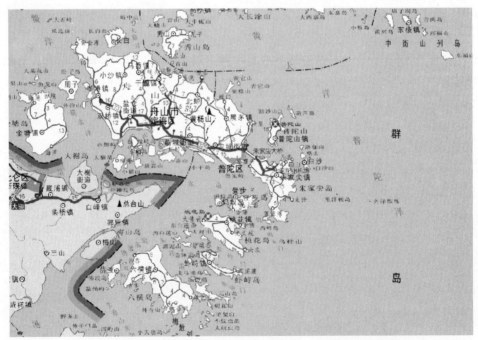

图2.11　定海、普陀区群岛人居单元与聚落(乡)空间和地理分布图

（图片来源：旅行家天堂 www.BlogTT.com 地图库）

3）聚落体系等级规模结构与群岛人居单元的耦合关系分析

高等级的聚落体系往往分布在大面积高等级的单元中，反之亦然。

聚落体系等级规模结构是指体系内上下不同层次、大小不等的聚落在质和量上的组合形式，它是描述和揭示体系内聚落等级特征和人口数量的重要指标。舟山群岛人居历史悠久，公元738年（唐开元二十六年）置县，以境内有翁山而命名为"翁山县"后，形成了一套自上而下的各级行政管理中心。1987年1月，经国务院批准，撤销舟山地区和定海、普陀2县，成立舟山市，辖2区（定海区、普陀区）2县（岱山县、嵊泗县）。迄今为止，舟山群岛聚落体系等级层次体系主要表现为市城—县城—乡镇—聚落四个层次。将舟山群岛聚落体系等级规模结构分布图与海岛单元分布图叠加可见，两者存在一定的耦合性（图2.12）。

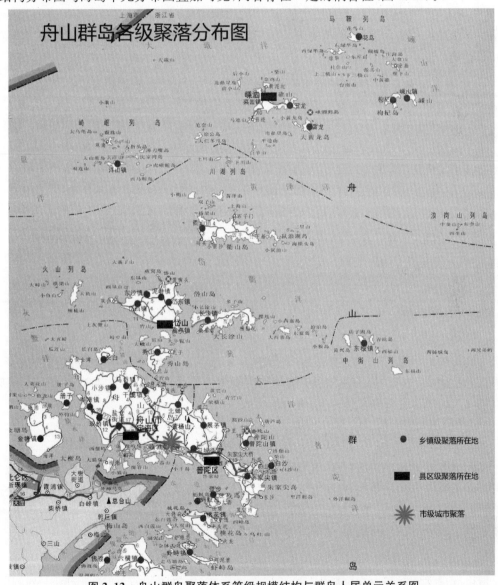

图 2.12　舟山群岛聚落体系等级规模结构与群岛人居单元关系图

（图片来源：作者改绘）

从单元层面的等级规模结构看,多数群岛单元只有最简单的村落层级的聚落体系,只有当群岛单元面积等指标高了以后才会发展出"乡镇—村落"结构的聚落体系。单元越高级,单元内部的聚落体系越高级。

在79个群岛人居单元中,具有"市城—县城—乡镇—村落"等级关系者1个,占单元总数的1.3%;具有"县城—乡镇—村落"等级关系者2个,占2.5%;具有"乡镇—村落"等级关系者21个,占26.6%;只具有简单"村落"等级关系者55个,占69.6%。

从四个区域来看,城(村)镇体系完整的单元,多集中在普陀区和定海区,一个群岛人居单元基本上与一个乡镇聚落体系单元具有较好的耦合;而在嵊泗县和岱山县,一个或多个群岛人居单元才能与一个乡镇聚落体系单元相吻合。一方面表明群岛人居单元地貌形态完整,面积越大,其聚落体系的等级层次越多,结构也越完整,相反,群岛单元面积越小,其聚落体系的等级层次越少,结构也越不完整,另一方面反映了破碎地貌对聚落体系等级规模结构单元的影响。

表2.8　舟山群岛地区聚落等级层次与群岛单元对比表(2007年)

层级	聚落等级系统	群岛单元个数(个)	群岛单元名称
4级	市城—县城—乡镇—村落	1	舟山本岛单元
3级	县城—乡镇—村落	2	岱山岛、泗礁山岛
2级	乡镇—村落	21	大洋山岛、黄龙岛、花鸟岛、枸杞岛、嵊山岛、衢山镇、小长涂岛、秀山岛、金塘岛、长白岛、册子岛、普陀山岛、白沙岛、朱家尖岛、庙子湖岛、登步岛、蚂蚁岛、桃花岛、虾峙岛、六横岛、佛渡岛
1级	村落	55	略
	合计	79	

(资料来源:作者自制)

由区域层面的等级规模结构看,等级高、规模大的地级市和县城主要分布于大面积和高承载力的群岛人居单元中,其中舟山本岛就包含了市级新城和定海、沈家门两座县级聚落,占人口总数的29.4%。另一座岱山县城坐落在第二大岛岱山岛上。这表明聚落体系等级结构与群岛人居单元的等级总体上是耦合的。

2.4.3　群岛与人居单元耦合的社会学依据

在人居环境复合生态系统中,社会生活亚系统是以人口为中心的,其中城镇化引起的人口分布变动是研究的主要内容,透过人口迁移和聚居场所变动等可探查到社会结构的变迁、经济要素的流动、土地利用方式改变和产业推移的信息,这些信息会对聚落体系的演化产生重要影响,也是建构人居环境基本单元的社会学依据。

1)城乡人口迁居的一般规律

城市地理学者周春山在《城市人口迁居理论研究》中对人口迁居(residential mobility)定义为:区域内以住宅位置改变为标志的、地域范围内的人口(往往是住户)居住地的移动。

人口移居有时也称为城市内的迁移。

迁居常常是阶段性迁移。就城镇范围来讲,首先是周围农村地区的人口迁入,再是远距离的农村地区移民逐渐迁入城镇周围;同时,迁移流与逆向迁移流并存,即反向迁移的存在;这两阶段的迁移可以归纳为城镇化和郊区化的过程。

迁居一般以短距离迁移为主,长距离的迁移往往是趋向工商业中心。相对于一个吸引移民的中心来说,距离越近,迁入的移民人数越多,相反,距离越远,迁入的移民越少,移民人数与距离成反比关系。另外,作为一种空间行为,距离对可迁移区域的环境感知是随距离的增加而弱化的,即随着感知距离的增加,熟悉程度在降低,迁移的可能性在减小(张祺,2008)。

人口迁居在微观和宏观两个层面上都引发了一定影响。从微观层面来看,迁居影响个体的住房状况、社会资本、人力资源、生活方式、婚姻家庭乃至政治行为。从宏观的层面来看,迁居与区域空间结构、人口分布、产业布局、社区变迁、住房、交通、就业等方面密切相关。因此,加强对区域内部人口迁居的研究,对于提升当地居民的居住水平和居住满意度,优化人口分布及空间结构,减少区域人口集中化的问题,都有重要的理论及现实意义。

2) 群岛城镇化过程中的人口"大岛化"现象及阶段划分

所谓人口"大岛化"是指以居住位置为标志,区域范围内人口由小岛向大岛城镇迁移聚集的动态过程。作为舟山群岛城镇化的空间组织形式,人口大岛化经历了初始阶段、停滞阶段、恢复阶段、加速发展阶段。下面依据《舟山市历年总人口数表》,结合舟山群岛人口变动状况和经济社会变化状况,将人口变化和迁移分四个阶段予以论述。

(1) 人口数恢复期和人口"大岛化"初始阶段(1950—1958年)

1950年5月17日舟山解放,人民政府通过民主改革运动,社会安定,岛民安居乐业,生产力发展,医疗条件改善、非正常死亡率得以有效控制,人口迅速增长。总人口由1950年的46.07万增加到1954年的51.68万,年平均增长率为12.2‰。"一五"期间,国民经济的发展和医疗卫生条件的改善,死亡率由1953年的25.9‰下降至1957年的3.6‰,1958年全市总人口数达600 836人,年平均增长率为19.55‰,人口恢复和增长使城镇人口有了明显增加,1958年城镇人口达100 382人,比1953年的77 590人增加了22 792人。

(2) 城镇人口略有下降、农村人口增长和人口"大岛化"停滞阶段(1959—1963年)

1958年开始的连续三年自然灾害,国民经济发生严重困难,农业歉收,人民生活水平大幅下降,人口年增长率只有10.96‰,人口年增长率与"一五"时期的19.55‰相比减少了近9个百分点。从按地域划分的城镇人口与农村人口统计看,城镇人口除1959年与1958年相比有增长外,接下来的1960年与1959年基本持平外,1961—1963年这三年城镇人口数连续下滑。农村人口1958年至1963年连续五年均上升。随着国家宏观经济政策的调整,一些工厂企业停建,不少城镇职工返回渔农村故乡,人口"大岛化"也处于停滞状态,出现了人口反迁移渔农村的"逆大岛化"现象。

(3) 人口稳步增长和人口"大岛化"恢复时期(1964—1986年)

1962年开始国民经济开始好转,人民生活得以改善,加之生育上的失控,人口发展呈现高生育、低死亡、高增长率趋势。1964—1986年,这22年间,全市人口增加24万余人,年增

长率上升到 34.28％。1973 年计划生育工作开展后,人口高生育逐步得以控制,出生率由
1973 年之前 20％以上,逐步下降到 13％～16％之间。

改革开放前,由于舟山特殊的战略位置,国家控制沿海工业布局,导致舟山工业化发展
缓慢,处于城镇化徘徊状态。1957 年到 1978 年舟山城镇化水平为 17.5％。当时的舟山是
一个典型的海防重镇和海港之都。1975 年,党的第十一届三中全会提出全党工作中心转向
经济建设,中国的城镇化才得以松动,渔农村经济体制改革及乡镇工业发展对城镇化起了巨
大的推动作用。舟山城镇化进程也得以启动。1986 年,舟山城镇化水平达到 25.6％,以本
岛和大岛聚居发展的空间格局日益形成。

(4) 人口增速加快和人口"大岛化"的加速时期(1987 年—现在)

1987 年舟山撤地建市,实行市管县体制,定海城关、普陀沈家门成为中心城区,1988 年
编制了舟山市城市总体规划,奠定了舟山城市建设的基础。1988 年至 1994 年,行政建制大
幅度调整,中心城区规模不断扩大,小城镇数量快速增加,从 1982 年的 6 个增加到 1997 年
的 29 个。20 世纪 90 年代开始,舟山市大力推进"小岛迁、大岛建"战略,有力地推进了舟山
城镇化发展。到 1997 年,城镇化水平上升到 37％,以行政区划带动城镇空间集聚是 1987—
1997 年间舟山城镇化的重要特征。

从 20 世纪 90 年代末到新世纪初,舟山城镇化发展迅速,经济发展及工业化是最主要因
素。从 1997 年到 2005 年,舟山 GDP 年均增长约 14％,工业总产值年均增长约 22％,人均
GDP 达 3 325 美元,在全省各市中排名第五。三大产业结构中,第一产业比重下降至
14.3％,二产比重上升至 39.1％,城市综合竞争有明显提升,列 2004 年度中国综合实力百强
城市第 84 位。日益深入的对外开放,也为舟山经济发展插上了腾飞的翅膀。1987 年 4 月舟
山港对外开放,1988 年舟山市列入沿海经济开发区。进入 21 世纪后,舟山开始在更大范围、
更广领域、更高层次上参加国际经济技术合作与竞争。积极接轨上海,主动参与长三角经济
区分工协作,中远集团、常石集团、金海湾船业等大企业相继引进落户,使舟山成为大企业、
跨国公司的制造基地和物流中转基地。

2001 年 8 月,《舟山市城市总体规划(2000—2020 年)》经浙江省政府批准实施,新城的
开发建设拓展了城市发展空间,舟山城镇化水平从 1997 年的 37％上升到 2005 年的 60％。
2005 年,全市初步形成了由 1 个中心城市、7 个中心镇、16 个一般建制镇组成的"一主三副"
群岛城镇体系,2005 年全市建成区面积达 59.2 km²。(汤满初,2011)

"小岛迁、大岛建"战略的实施,以及"中心城市现代化、本岛城乡一体化、主要大岛城镇
化"新型城镇化策略的贯彻,进一步加速了舟山的城市化进程。到 2009 年,全市有 2 万户,
近 7.6 万人迁移大岛或进入城镇。先后将居住定海外钓山、小盘峙,普陀梁横岛、小板岛,岱
山官山、癞头峙,嵊泗北丁星、马迹山等 40 多个偏僻小岛的 12000 万户渔民家庭做了整体迁
移。普陀区东港新城的建设,定海临城新区的开发建设,使全市城镇人口加快聚集,到 2011
年城镇化水平达到 64.3％。2010 年全市常住人口 112.13 万人,其中 75.18％集中在定海、
普陀两区,比 2000 年提高了 3.72 个百分点。市区人口 84.3 万人,十年增长 17.79％。

随着"小岛迁、大岛建"政策的进一步实施和岛屿开发利用进程的推进,基础设施建设逐
步完善,中心城区建设日益加强,近年来舟山市住人岛屿情况变化较大。目前,全市居住人

口在百人以上的住人岛屿为71个,其中常住人口在百人以上的岛屿为64个,比"五普"时的67个减少3个。

百人以上的住人岛屿分布变化大。从岛屿的人口规模看,常住人口在3万以上的岛屿个数仍保持不变,依次为舟山本岛、岱山岛、六横岛、泗礁山和金塘岛;10 000~30 000人的由"五普"时的5个增加到6个,5 000~10 000的由7个增加到8个,而1 000~5 000人的岛屿由22个减少到10个。(表2.9)

表2.9　舟山市万人以上住人岛屿

岛屿名称	岛屿面积 (km²)	人口数(人)		增长率(%)
		六普	五普	
舟山岛定海部分	401.63	407 421	317 523	28.31
舟山岛普陀部分	101.02	228 174	184 144	23.91
岱山岛	119.32	111 765	113 983	−1.95
六横岛	109.4	59 012	54 744	7.80
衢山岛	73.57	53 016	55 330	−4.18
泗礁山	25.88	39 008	37 535	3.92
金塘岛	82.11	37 321	33 868	10.20
朱家尖岛	75.84	27 981	26 406	5.96
小长涂山	13.33	19 750	10 724	84.17
虾峙岛	18.59	11 247	20 373	−44.79
桃花岛	44.43	10 867	15 537	−30.06
普陀山	16.06	10 337	9 473	9.12
秀山岛	26.33	10 106	7 690	31.42

(资料来源:舟山市统计局.舟山统计年鉴.2011)

舟山本岛人口迅速增长。2010年舟山本岛常住人口为63.56万人,比"五普"时增加13.39万人,人口增量最大,居全市各岛屿之首,十年增长26.70%,高出全市常住人口增幅14.75个百分点,占全市常住人口的比重达56.68%,比"五普"时的50.09%上升6.59个百分点。其中舟山本岛定海部分常住人口为40.74万人,比"五普"时增加8.99万人,增长28.31%,占定海区总人口的87.76%,比"五普"时提高1.81个百分点;舟山本岛普陀部分常住人口为22.82万人,比"五普"时增加4.40万人,增长23.91%,占普陀区总人口的60.23%,比"五普"提高7.05个百分点。

人口密度在1 000人/km²以上的还有12个,依次为江南山、蚂蚁岛、嵊山岛、鲁家峙岛、对港山岛、泗礁山岛、小长涂山岛、大洋山岛、金鸡山岛、舟山本岛、大黄龙岛、枸杞岛。舟山本岛人口密度已达1 264人/km²,高出全市人口平均密度486人/km²,比"五普"时增加266人/km²。

国务院2013年1月批准的《浙江舟山群岛新区发展规划》,这是第一次在国家层面上,对舟山经济社会发展战略做出的规划,赋予了舟山的城镇化在更高水平上进行,标志着舟山新一轮大开放、大发展的机遇已经来到。舟山群岛的总体目标为大宗商品储运中转加工贸易中心、东部地区重要的海上开放门户、重要的现代海洋产业基地、海洋海岛综合保护开发示范区、陆海统筹发展先行区。海岛城市的空间布局为"一体一圈五岛群"的总体格局。未来 10 到 20 年,舟山群岛的城市化进行程将突破历史性的跨越。(表 2.10、图 2.13)

表 2.10　舟山市历年总人口数(2010 年末数)

年份	总人口（人）	按地域分	
		城镇人口	农村人口
1960	638 165	118 883	519 282
1961	651 233	117 231	534 002
1962	666 021	114 777	551 244
1963	686 628	108 265	578 363
1964	701 003	111 899	589 104
1965	721 357	114 545	606 812
1966	738 021	115 639	622 382
1967	758 251	128 790	629 461
1968	768 776	130 988	637788
1969	782 593	133 146	649 447
1970	787 406	131 928	655 478
1971	809 495	131 818	677 677
1972	821 895	131 689	690 206
1973	833 888	131 214	702 674
1974	841 641	131 811	709 830
1975	851 207	132 738	718 469
1976	858 233	149 277	708 956
1977	866 286	150 310	715 976
1978	871 602	152 721	718 881
1979	880 559	160 258	720 301
1980	888 818	166 320	722 498
1981	900 379	173 560	726 819
1982	911 481	174 931	736 550
1983	920 453	190 493	729 960
1984	927 097	205 090	722 007
1985	934 608	313 606	621 002
1986	941 887	338 713	603 174
1987	951 628	384 461	567 167
1988	959 963	389 720	570 243
1989	966 570	398 838	567 732
1990	969 904	402 733	567 171
1991	973 515	406 354	567 161
1992	976 278	540 343	435 935
1993	978 800	699 386	279 414
1994	979 890	701 887	278 003
1995	982 763	724 050	258 713

续表 2.10

年份	总人口（人）	按地域分	
		城镇人口	农村人口
1996	984 684	751 042	233 642
1997	985 827	754 933	230 894
1998	985 447	757 809	227 638
1999	984 216	761 032	223 184
2000	984 104	766 771	217 333
2001	981 014	906 444	74 570
2002	977 557	906 441	71 116
2003	971 219	901 985	69 234
2004	969 145	900 404	68 741
2005	967 250	898 462	68 788
2006	965 756	897 115	68 641
2007	966 923	898 258	68 665
2008	967 659	901 826	65 833
2009	967 721	902 056	65 665
2010	967 710	902 189	65 521

（资料来源：舟山市统计局.舟山统计年鉴.2011）

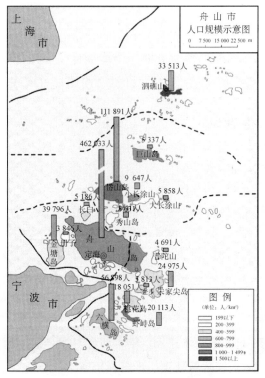

图 2.13 舟山市人口规模示意图

（图片来源：舟山市统计年鉴.2004）

3）人口"大岛化"的基本特征

人口大岛化作为舟山群岛人口分布变动和城镇化形式，其主要表现为：一是人口迁移。人口由原来分散聚集于各个中小岛屿向大岛迁移聚集；二是产业变迁。历史上舟山群岛是以渔为主的产业经济，随着渔业资源的衰退以及舟山群岛近些年开发强度加大，大企业引进数量剧增，不少岛屿的传统产业已经淡出，新兴的海洋旅游、修造船、港航物流、现代海洋产业比例不断增大；三是大岛城市（镇）改革力度加大，城市（镇）景观面貌发生重大变化。总之，人口大岛化带来了一系列的变化，社会结构发生变迁，经济要素加速流动、产业结构发生重大变化。这一切变化都对城镇体系的演变以及城镇生态环境、土地利用规划、产业布局、住宅区建设、交通、社会服务等产生重大的影响。

（1）以大岛为单元的内向聚特征

从人口流向看，人口大岛化可分为"弃小岛上大岛"和"弃偏远乡村进城镇"两种形式。弃小岛上大岛是指人口由小岛向大岛迁居的现象；弃偏远乡村进城镇是指人口由大岛或本岛的偏远地区向大岛城镇或本岛城区迁居的现象。从迁移规模看，"弃小岛上大岛"为人口大岛化的主要形式。

（2）被动大岛化与主动大岛化相结合

弃小岛上大岛主要是受政府"小岛迁、大岛建"战略实施和近些年政府对舟山群岛总体规划实施的影响，迁移居民受政府财政补贴扶持，是有被动大岛化和整体跳跃式的"他组织"特征，即迁移行为主要受外部因素影响。大岛化人口虽然是有改善居住状况和居住环境的愿望，但由于客观条件的制约，很少有选择权利。同时，弃小岛进大岛，主要受迁移每户个体需求层次变化的影响。这种形式的大岛化趋于个体行为，是有主动大岛化和渐进式的特征，大岛化人口在迁移过程中对新的居住地有充分的选择权。当然，被动或主动大岛化的划分不是绝对的。

（3）人口迁移距离一般都较短

从总体上看，大岛化人口迁移距离都比较短，即迁居人口主要是向各自所属乡镇、街道大岛聚集。以普陀区为例，现常住人口为 37.88 万，沈家门、六横等四大乡镇、街道集中了全区 75.34％的人口。其中沈家门街道常住人口达 14.02 万，占全区常住人口的37.01％；六横镇常住人口为 6.13 万人，占 16.19％；东港街道和勾山街道分别为 4.23 万人和 4.16 万人，分别占全区总人口的 11.16％和 10.99％。全区 37.88 万人常住人口中，城镇居住人口为 23.64万，占 62.41％；乡村居住人口为 14.24 万，占 37.59％。由此可见，大岛化的人口迁移，绝大多数是在县（区）、乡镇内迁移。其中被动大岛化主要是就近迁移，营造移民新村。如岱山县鼠浪湖岛原有住户 1 700 户，人口 2 200 人，因该岛建矿石中转物流基地，2006 年 3月起整岛搬迁，村民集体安置到大岛。普陀六横凉潭岛有住户 175 户，该岛建武汉钢铁公司铁矿石中转基地，村民于 2008 年整体迁入六横本岛台门中心镇。而主动大岛化的迁居人口迁移距离会相对岛远一些，主要选择县城和舟山本岛市中心城区。

4）人口"大岛化"的动力机制

自然条件先天不足；渔业资源衰退严重；科教文卫事业开展不便；基础设施交通落后等

特点对人口"大岛化"趋势形成起到了决定作用。从社会学(不能完全用社会学来解释人口"大岛化")来分析海岛人居环境,其存在的问题主要表现在以下几个方面:

(1) 自然条件先天不足

偏远村落可利用村域面积狭小,且多是丘陵山坡,少有开阔地,房屋只能依山坡而建,成为"山城",山坡建房对居民生产生活带来诸多不便。而且小岛又多是低丘低山地,集水面积小,不能形成较大径流,也不能获得丰富的地下水补给,水资源短缺是普遍现象。稍有干旱,日常的生活用水就会发生困难。小岛没有可耕种土地,居民日常生活用的蔬菜瓜果等用品都依赖于交通船运送,一旦因天气恶劣交通停航,则直接影响小岛居民日常生活。

由于小岛地理位置、气候、地形、水资源、土地资源这些自然系统的重要因素,表现出小岛人居环境宜居性差,导致小岛居民放弃小岛而去大岛,尤其是本岛居住。

(2) 渔业资源衰退严重

《中韩渔业协定》生效后,舟山市传统的外海作业渔场丧失30%,25%受到严格限制。此外,20世纪80年代以来,由于人们对近海渔业资源的过度捕捞,使传统鱼类资源严重衰竭。四面环海的海岛渔村,没有一分耕地,代代以捕鱼为生,因渔业资源衰退和捕捞空间缩小,不得不弃渔而从事非渔产业。

小岛渔村由于渔业资源条件的变化,给人居物质需求带来严重冲击与影响,小岛渔村居民为满足物质需求,就必须转产转业到城镇再就业,并逐渐举家迁移到城镇居住。由于城镇相对于小岛有更多的就业机会,因此,城镇对渔村居民产生了更大的吸引力。

(3) 教科文卫事业开展不便

空心村的人居环境社会系统的文化特征、人口趋势、医疗卫生、经济发展等方面与城镇相比均存在较大差距。

小岛渔农村学校教育因远离城市中心,信息闭塞,优质师资难以引进,生源减少,办学规模效益差等因素制约,导致其教育质量与县城及市中心学校有较大差距。不少家长举家迁移到县城或市中心,从而使孩子进入城区优质学校就读。由于大批小孩迁移到城区居住、就学,使小岛本来规模偏小的学校无法正常开班,最终学校只得停办、撤并。

普陀区东极镇人口鼎盛时期有一万余人,现在在册人口6 412人,常住人口约2 500人,并且集中在庙子湖岛。该镇原设置东极中心卫生院,青浜卫生分院等数个卫生医疗点,随着人口外迁,医院收入逐年下降,难以为继。现技术和人员紧缺,仅有16名医疗卫生员,医疗条件差,设施不齐。

空心村由于经济发展水平偏低,文化体育活动经费紧缺,再加上青壮年外出,开展文体活动骨干流失,导致空心村文体活动缺少。医疗卫生与文化体育诸因素存在的问题,凸现了空心村人居环境社会系统存在严重不足,导致有能力迁移的空心村居民迁向城镇居住。

(4) 基础设施交通落后

舟山群岛一些偏远岛屿离县(区)城较远,乘普通交通船需3小时左右,若遇较大风浪还必须停航。行程颠簸,遇台风等恶劣天气,停航的时间少则2~3天,多则5~6天,尤其是到秋冬季节,海岛刮大风天数多,交通停航常见,这对偏远小岛居民生产生活带来了极大不便。本岛上的偏远乡村同样存在通达费时的问题。

空心村的基础设施老化,各级政府对基础设施建设投入削减,原有的公共基础设施破损老化,码头、道路等交通设施年久失修,航船、公交班次减少;学校、医院、银行撤并关停;粮油、日用品、杂货等商铺萎缩;供电、供水、文化广电的设备陈旧落后,嵊泗县渔山、壁下等小岛连日常生活用电都难以保证。服务设施和活动场所不足,资源利用率低,共享性差,基本生活资料匮乏,生存环境封闭低劣……类似状况在一些空心村不同程度存在。这种落后于时代的人居环境加速了小岛居民的迁移。

2.5　群岛人居单元概念的提出

基于人居环境单元的生态模式方法是以人居环境基本单元为基础的,因此,人居环境基本单元的建构是生态模式方法的核心内容。

以单个海岛人居单元为营建对象是群岛地区规划设计最合理的载体。传统规划在规划范围的界定上大多是按行政区划来界定研究范围的。往往会把一个生态系统完整的岛域,人为划定为不同的行政区。而行政区的划分往往不同于自然地理区域也不同于人居文化区域,这方便了各级行政单位的操作,但它是在一个不完整的生态系统进行的,违背了生态学强调的有机联系的原则。基于海岛单元的人居环境生态整体营建,从行政单元转到海岛岛域单元,强调在一个完整自然生态单元中进行规划,众多要素在一个生态单元内得以整合,将大大地提高营建体系的科学性,也增大了营建体系的复杂性,这就要求营建体系必须面向可持续发展的时代积极拓展其学科内容。在宏观上,注重区域生态发展策略和长远的可持续发展战略性营建。在微观上,不仅注重岛域整体人居环境营建,也重视聚落社区和建筑的营建设计,把宏观和微观结合起来,从而达到整体营建的目的。

2.5.1　群岛人居单元概念建立的基础原则

群岛人居环境概念的提出,需要一定的原则基础。基本原则如下:

(1)自然生态相似性原则。自然环境中的地形地貌是决定生态过程的重要因素之一,一方面相似的地貌引发的水土流失、植被、资源分布、数量、质量与开发利用状况相似,另一方面相似的地貌下,人类住区的空间布局和演化趋势也极其相似,另外,相似的地貌在很大程度上决定着社会经济发展水平、结构和速度,左右着发展方向和潜力,因此,舟山群岛人居环境基本单元的建构必须遵循自然相似性原则,把结构形态上相似,成因上相关,主要外营力作用过程基本相同的地貌类型加以聚类、组合,构成一个地貌单元。

(2)社会生活相似性原则。社会生活系统的主体是人,因此,人居环境基本单元的建构必须遵循社会生活相似性原则,把地缘、业缘关系密切相关,生活方式、聚居方式以及风俗习惯相似的人群加以聚类、组合,构成一个传统文化相似的社会单元。

(3)经济生产相似性原则。经济生产系统以资源利用为核心,主要涉及产业结构。由于舟山群岛长期以来都是单一的第一产业结构,个别岛屿以第二、第三产业为主。第一产业以渔业为主,第二产业以临港工业为主,第三产业以旅游为主。因此,人居环境单元的建构是把生产协作关系密切相关或协作潜力较大的区域加以聚类、组合,构成一个相似的经济单元。

（4）人居生态相似性原则。人居方式往往受到自然环境、社会文化和生产方式的等多因素的综合影响，由于人居生态的区域性特征，使得不同区域以及不同地貌条件下的人居方式呈现不同的特征，这种特征既是客观条件约束的结果，也是人们自组织、自调节适应的结果，因此，人居环境基本单元的建构是尊重这种自组织规律，把人居生态相似、关系互补的相关区域加以聚类、组合，构成一个聚居方式相似的人居单元。

（5）存在问题与发展方向的相似性原则。人居环境的生态化建设总会受到各种约束条件的制约，群岛人居单元的建构最主要的任务之一是查清不同单元人居环境可持续发展的主要模式，以及在这个模式里的问题和产生的原因，探讨解决问题的途径和措施，逐步建立起适应当地特点的人居环境建设模式，保证发展方向的正确性。

2.5.2　群岛人居单元概念提出的思路和步骤

舟山群岛人居环境是一个社会—自然—经济复合系统，群岛人居单元的建构主要是依据自然、社会、经济等方面的指标特征，把舟山群岛这一大的区域划分为若干个次一级的单元，包含自然单元、社会单元、经济单元、人居单元等。如果这几类单元在由相对明确的地理界面所限定的空间范围内具有某种程度的关联性或耦合性，则表明这一地理空间单元就具有基本人居环境生态化建设的相对完整的复杂系统，这就是群岛人居单元建构的基本思路。

由于群岛人居单元的建构是在综合自然、社会、经济、人居方式的基础上进行的区域空间划分，且人居环境生态化建设最终要落实到具体的地理空间上，因此，其建构方法类似于自然综合区划。这里借鉴地理学关于自然地理综合体区划的方法来理解舟山群岛人居单元。

地理学认为，对自然综合体的认识和研究一般有两种基本途径：一种是从要素角度进行分析和综合，即"要素—要素相互关系（要素结构）—区划单位"方法；另一种是从类型角度进行分析和综合，即"类型—类型结构—区划单位"方法。也就是说，用来描述和测度各样本单元特征以及它们之间相似性和相异程度的指标，可以是要素指标，也可以是其低级组成单位（如地貌类型、土地类型）的指标。

相对于舟山群岛全区域海陆一体的大尺度而言，群岛人居单元建构属小尺度区划，其性质属于认识性为主兼顾应用性的低层次综合区划，可直接采用"类型—类型结构—区划单位"方法。本书从复合系统出发，结合资料的可获得性，来选择群岛人居单元的建构的依据，包括自然依据、社会依据、经济依据以及人居依据。建构的步骤是在实地调查、资料归纳和地形图描绘的基础上，分析自然、社会、经济和人居的区域分异性规律和趋势，以此为基础，根据特征的相似性和差异性进行地理空间分区、命名和概述。

2.5.3　群岛人居单元的特征

岛屿是被海洋与大陆相分离的地块。它有以下几个特征：

- 岛屿的面积一般是固定的；
- 岛屿具有明显的边界；
- 岛屿内部的同质性高，无论是资源、气候、还是生物状况等。

图 2.14　大海中的岛屿

（图片来源：昵图网，拍摄者：谭建国）

岛屿，因其相对封闭性及资源条件的独特性，往往形成特色鲜明的生产、生活及居住方式。从人居模式来讲，更容易看出其原型特征及质朴本质。同时，也因为岛屿的特殊性，生物学、生态学等对其进行了大量深入研究，带给我们诸多启示。

1）生物学、生态学视野中的岛屿

在《物种起源》里，达尔文（1871）年描述了一些有关岛屿物种的基本事实：数目稀少，组成特殊，有很多特有的种类，有的属、科甚至纲都是特有的，岛上与大陆上的生物联系并不紧密，相反，同一群岛诸小岛上的生物之间的联系却十分密切。对此，达尔文解释为：岛屿上更激烈的生存竞争和自然选择过程加速了物种的转化和进化，因而特有的种类很多。另外，通过大量的调查记录和实证分析，可以得出岛屿上物种数目会随着岛屿面积的增加而增加。

麦克阿瑟和威尔逊（1963）发展了岛屿生物地理学，指出岛屿上物种的数目是由新移植来的物种与以前存在的物种的灭绝之间的动态平衡决定的。当灭绝和移植的速率达到相等时，物种的数目就会处于平衡稳定状态。这里，生物学所研究的岛屿一般都是无人居住的，所以，岛上的生物与环境之间保持着一种原生的自然关系。不是所有的岛屿都适合人居住的，它必须满足支撑人类生产与生活的地理、气候、资源等条件。

2）景观生态学视野中的岛屿

景观生态学对岛屿的探讨其实是基于岛屿生物地理学的理论。

现在，岛屿的理论已经发展到陆地上的景观与景观系统：由于人类活动的影响，自然生境日益变得片断化，这些有别于周围生态环境的片断化，生境同样被生态学家称为岛屿，而其周围的生态环境则相当于"海洋"。

但是，海岛与陆地上的"岛屿景观"还是有区别的，表现在以下几个方面：

① 岛屿面积一般是固定的，景观面积却不固定。

② 岛屿以明显的边界过渡到海洋中，景观的边界却往往不太明显。

③ 岛屿理论只考虑物种的数量，景观研究却有更广泛的内容。

④ 岛屿内部同质性高，景观内部却有相当高的异质性。

⑤ 海洋岛屿系统往往用同一个尺度就可衡量,景观系统却必须在不同尺度上作不同水平的研究。

⑥ 人类对某个岛屿的干扰往往不呈现明显的干扰强度梯度,对景观的干扰却有明显的强度梯度。

现在,异质种群理论已经替代了岛屿生物地理学来解释片断化生境的"岛屿"种群行为。与岛屿不同,生境斑块(habitat patch)是镶嵌于景观基质(landscape matrix)之中的,基质能够影响斑块的性质和它所含的物种种类。当斑块之间的景观基质变得日益不友好和片断化增加时,边缘物种(edge species)的数量将以牺牲内部物种(internal species)为代价而增加。如果具有景观走廊(landscape corridor)或绿色通道(greenways)的话,异质种群之间的物种移动将会很便利。

人类在岛屿上的聚居活动往往形成鲜明的斑块特征,对原有的自然基质产生强烈的干扰,再加上岛屿的生物种类与容量相对较小,所以岛屿类的人居单元更加脆弱。(贺勇, 2004)

3)群岛人居单元的特点

受到生物学、景观生态学对岛屿研究成果的启发,笔者将岛屿人居环境的特点归纳如下:

(1)特殊性。岛屿的自然资源、人文传统、生产生活都有自己的特殊性。因此,对岛屿人居环境的营建体系,居住形态,生活场景等方面往往呈现出鲜明的个性特征(图2.15)。

图2.15 希腊桑托里尼(Santorini)岛

(图片来源:昵图网)

(2)选择性。相对广大的陆地面积,岛屿处于边缘地位,但正是岛屿这样一种独特的区位,使得它在自身的文化传承以及与外来文化的交往中,呈现许多鲜明的特点,容易保持自身文化的传承与完整。

(3)脆弱与易变性。由于岛屿有限的资源条件与生物容量较小,所以,岛屿对人口的承载能力相对较低,导致岛屿人居单元更加脆弱,加速岛屿自然与人文生态的演替过程。

(4)亲水性。人天生向往着接近水面,因为水代表着生命与活力。人们具有一种天性,向往着一望无际的万顷碧波,所以,在不受饮用水源和自然灾害的限制下,人们在选择建造地点和居住环境时,会首选滨水的环境。(贺勇,2004)

2.5.4　群岛人居单元相关概念在本书中的界定

本章从人聚单元的概念引出人居单元的概念,再通过人居单元与群岛环境的耦合性,提出群岛人居单元的概念。因此,在这个过程中包含了人聚单元、人居单元、群岛三个概念的混合界定。

"人聚单元与人居聚落":前文的人聚单元其实就是人居聚落。下文中也多以聚落的概念出现。舟山群岛的聚落是一个泛指,包含从自然村到县级城市的舟山所有人居城镇乡村。因为舟山市全市的总人口仅有100万左右,分散开来后,各个聚落还是保持了比较统一的共性,即无论大小聚落都会依托山岙、海边冲积平原等自然地理特性,也还是会碰到能源、水源等相似的人居环境问题的限制等。因此,在较宏观层面的整体尺度下,聚落包含村—乡—镇—城所有层级;而在较微观层面的建设尺度下,聚落研究的载体往往是在县级城镇以下层级,以方便对传统民居住区的理解。大小聚落没有明显的割裂,只是在较小的聚落中,海岛人居的特色会更加的鲜明直白。

"群岛人居单元":旨在舟山群岛中所有常年有人居住,形成人居聚落系统的海岛单元。舟山群岛的特殊性在于只有占总量比例很少的岛屿有人居聚落,因此,把群岛人居单元简单的理解成为地理岛屿的概念是不科学的。并且本书以中小型群岛人居单元为主要研究载体。对于像舟山本岛这样的全国第四大岛,其单元的复杂性好比一个小大陆,虽然它有构成整个体系的必要性,但是海洋条件对舟山本岛的限制不会像小岛那样来的明显,因此其不具有典型性。相反,广大的中小型群岛人居单元受到自然资源等因素的影响,有自身的环境劣势,更有本书的研究价值。

2.6　本章小结

人居环境生态化需要前瞻性的规划设计,前瞻性的规划设计需要新的理论和方法。群岛人居单元概念建构了一种新的人居环境营建体系的研究视野——把原本混沌的海岛人居环境,放在明确的边界和载体范围内,进而给分层次分系统的研究提供了一个认识论与方法论的支持。

本章在反思了传统规划框架和方法诸多弊病的基础上,以人类聚居学、人居环境学、生物学、生态学、景观生态学、岛屿生物地理学等为指导,把海岛人居环境放在了地理学、人居环境学和社会学等学科的多维视野下,提出的"群岛人居单元的整体概念"方法就是一种初步的尝试和探索。这种方法由于将各相关学科知识和思路融贯起来,整合多学科的知识而展开,因而当面对人居环境相关的众多问题,这些问题又彼此相互关联,并与环境、社会、经济联系在一起时,有助于进行系统地分析,进而作出因地制宜的决策和切实可行的营建理论与方法。

3 群岛人居单元的诠释

人居环境的实质是人与自然的协调。这里的环境包括人的栖息劳作环境（地理环境、生物环境、构筑设施环境）、区域生态环境（原材料供给的源、产品和废弃物消纳的汇集及缓冲调节的库）及文化环境（体制、组织、文化、技术等）。它们与作为主体的人一起被称为"社会—经济—自然"复合生态系统（马世俊、王如松，1984）。舟山群岛人居单元就是这么一个复合系统。

3.1 群岛人居单元的理论引导和诠释

舟山海岛地区人居环境可持续发展是生态整体规划追求的目标，如何将目标和手段结合起来是首先需要解决的问题，为此把系统论看做是基于人居环境单元生态整体规划的认识论基础。对于系统论的定义一般会有："系统是诸元素及其顺常行为的给定集合"，"系统是有组织的和被组织化的全体"，"系统是有联系的物质和过程的集合"，"系统是许多要素保持有机的秩序，向同一目的行动的东西"，等等。一般系统论的创立者理论生物学家 L. V. 贝塔朗菲(L. Von. Bertalanffy)提出系统是由若干要素以一定结构形式联结构成的具有某种功能的有机整体。在这个定义中，表明了要素与要素、要素与系统、系统与环境三方面的关系，其突出特点是强调整体性。

3.1.1 群岛人居单元构建的认识论基础——系统理论

从人居环境研究的现状来看，从系统论，特别是系统控制论的角度，结合生态系统的基本规律，将有助于我们把握和调控系统中的关键因子。

1978 年，钱学森在《组织管理的技术——系统工程》一文中定义了一般系统论的系统概念："我们把极其复杂的研究对象称为'系统'，即由相互作用和相互依赖的若干组成部分结合成的、具有特定功能的有机整体，而且这个'系统'本身又是它所从属的一个更大系统的组成部分。"在这个定义中包括了要素、结构、环境三个概念，表明了要素与要素、要素与系统、系统与环境三方面的关系（图 3.1）。

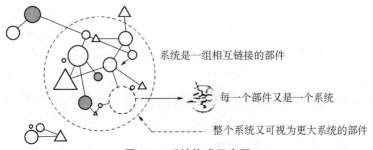

系统是一组相互链接的部件

每一个部件又是一个系统

整个系统又可视为更大系统的部件

图 3.1 系统构成示意图

（图片来源：王鹏. 城市公共空间的系统化建设[M]. 南京：东南大学出版社，2002：10）

系统论的基本思想方法是把所研究和处理的对象当作一个整体,分析其结构和功能,研究要素、结构、环境三者的相互关系和变动的规律性。以系统观点来看,系统是普遍存在的,世界上任何事物都可以看成是一个系统,整体性、关联性、等级结构性、动态平衡性、时序性是所有系统的共同的基本特征。

1) 从一般系统到控制论系统

控制论与一般系统论的基本思路不同,它主要是对受控的系统感兴趣,或者创造条件把本来不受控的系统置于控制之下。控制论是研究包括人在内的生物系统和包括工程在内的非生物系统,以及与二者有关的社会经济系统内部联系、控制、组织、平衡、稳定、计算及其与周围环境相互反馈作用的科学方法论。一般对一个能有效控制的控制论系统应当是"可控制的"和"可观测的",即系统受控的前提是必须有足够的信息反馈。值得注意的是绿色住区应更重视正反馈机制对受控优势因子的激活与强化,加速系统向既定目标的提升与阶跃(王竹,2002)。

2) 整体论(Holism)和还原论(Reductionism)

整体论和还原论是探索自然的两种不同途径与方法。还原论认为宇宙是一个机械系统,最终都能还原为在一个决定性力量控制之下的个别微粒的行为,从而简化研究对象,以便更容易、更清晰地解释科学的结果。自从 17 世纪牛顿首先提出运动定律以来,该种还原式的方法一直主导着科学的研究。

系统的结构层次是指系统的结构和功能的等级秩序。根据等级层次原理,任何系统结构的组成都具有层次性,即系统结构是由子系统按一定的关联方式组合而成。在系统整体中,各子系统、各元素之间相互依赖作用,形成内在动力。从元素质到系统质的飞跃是经过部分质变逐步实现的,每一次改变就会形成一个中间层,直到完成根本质变,最终形成系统的整体层次。

然而,还原论在针对一些有机生命系统的分析中,则呈现出明显的不足,因为简单的分解和还原将无法解释复杂系统或有机整体的功能和性质。因而必须站在整体系统的水平上,综合了解系统发生、发展、演变的进程,才有可能真正把握事物的内在规律。科学家在"花了三百多年的时间把所有的东西拆解成分子、原子、核子和夸克后,他们最终像是在开始把这个程序重新颠倒过来。他们开始研究这些东西是如何融合在一起,形成一个复杂的整体,而不再去把它们拆解为尽可能简单的东西来分析"(米歇尔·沃尔德罗普,1997)。

当然,对于系统整体性的强调,并不意味着对组成成分的研究是多余的。在科学研究中,"整体"与"还原"往往是同时存在的方法。但是,对于人居环境的诸多问题,往往是由于还原论式的思维方式,在研究与实践过程中,将复杂系统中的子系统孤立出来,结果导致系统的不协调发展。

所以对于人居环境的建设,更应考虑整体性的思维与方法。系统的结构层次性原理为人居环境单元的构建提供了理论依据。据此,可以把人居环境单元理解为系统中的一个子系统或一个层次,各个单元的综合则构成系统整体。人居环境单元生态整体规划就是通过探讨不同类型单元生态化来把握区域人居环境的可持续发展途径。

3）整体设计的思想

系统都具有整体的特性,并具有整体的突现性,也就是整体具有部分总和所不具有的特性,或者说整体具有非加和性,即整体大于部分之和。任何系统都是一个有机的整体,它不是各个部分的机械组合或简单相加,系统的整体功能是各要素在孤立状态下所没有的性质,这是系统科学理论的核心思想与基本原理。

在人居环境的研究中,有许多学者都在探讨如何采用一种整体的全局观念,例如,人居环境学创始人希腊学者道萨迪亚斯(C. A. Doxiadis)说:"我们总是试图把某些部分孤立起来单独考虑,而从不想到要从整体入手来考虑我们的生活系统,我们总是把注意力集中于城市疾病的症状上面,而不去研究产生这些疾病的原因。"(章肖明,1986)

1915 年,苏格兰生物学家 P. 盖迪斯(Patrick Geddes)出版的《进化中的城市》;20 世纪30 年代,美国学者 L. 芒福德(L. Mumford)的名著《城市的文化》以及 P. 霍尔(Peter Hall)的诸多著作都有力地提出了区域整体论的观点,主张将城市与乡村、自然与人工环境等纳入一个统一的整体进行考虑。

1959 年,荷兰学者首先提出了整体设计(Holistic Design)和整体主义(Holism),并以此为基本视点,来全面理解和探讨人类生活所面临的各种问题。

1999 年,清华大学宋晔皓在所完成的博士学位论文中探讨了在可持续发展思想背景之下,如何整体、全面地体现注重生态的建筑设计目标和设计策略,以及整体生态建筑观的架构(宋晔皓,1999)。

把舟山群岛不同的人居岛屿作为自然地理单元,把海岛人居环境作为一个自然—社会—经济的有机复合整体来讨论,比单纯讨论某一区域的生态化问题,或者单一、片面地探讨物质环境规划、社会经济发展规划等更具有意义。

因此,本书提出的"群岛人居单元"这一概念,也是基于整体的设计思想,在住区或区域的层面上,探讨人居环境所依托的自然基体内在机理及其与人类聚居活动的相互关系,从而从深层次上把握人居环境的规律。

4）生态、社会、经济效益协同论

系统概念的提出,不再把事物看成是孤立的、不变的,而是看成发展的、相互关联的整体。这个发展既存在在系统内部也同时表现在系统外部,一个系统只有对环境开放,并与之发生相互作用关系才能生存和发展。

群岛人居单元作为有机整体的自然、社会、经济复合生态系统,特别是人地系统之间相互作用、相互联系、互为因果,组成一个复杂的网络结构,因此,在研究、设计及建立一个住区环境过程中,必须在整体观念指导下,统筹兼顾,因时因地,根据功能的主次和大小,按照自然、经济、社会、人文等的情况和要求,统一局部与整体、当前与长远、资源开发利用与环境保护之间的关系,在满足人的适度舒适生活的同时,保障生态平衡和生态系统的良性循环与稳定发展。

我们都知道,当一个系统内结构与功能协调发展时,其整体效应往往大于各部分效应的简单加和;相反,如果一个系统的结构间、功能间、结构与功能间如果不能协调发展,则其整体效应将会小于各部分的简单加和,因此,深入分析人居环境系统内在各组成部分的性质、特点及相应关系,有助于我们理解和建立人与自然协调发展的结构模型。

实现生态、社会、经济等系统的协调发展,一方面是需要与功能相匹配的内在结构,另一方面,需要各子系统的机能节律与时间节律相一致。其实,社会、经济等系统的演化也有其周期性的规律,我们可以称之为它们的节律。人居环境系统中呈现的许多问题,有些是因为各子系统间的结构不相匹配,有些则是子系统间的节律不相一致,例如:水体的污染是因为污水排放的速度与总量超过了水体自我净化的速度,两者的节律不匹配,结果导致了水质的恶化。所以,在人居环境的建设过程中,如果能够把人居系统的机能节律与所处环境的时间节律科学合理地组织,就可以最大限度地利用资源环境因子,从而提高环境的承载能力。

海岛人居环境单元作为自然—社会—经济的有机复合整体,特别是人地系统之间相互作用、相互联系、互为因果,组成的复杂网络结构,与自然环境存在着相互依存的关系,这就决定了系统在规划整合的过程中,必须在整体观念的指导下,统筹兼顾,因地制宜,依据各个影响因子,统一协调局部与整体、资源有效开发利用与环境保护之间的关系,保证生态平衡和良性稳定的发展。

3.1.2　群岛人居单元构建的方法论基础——共生理论

"共生"是生物学概念,是由德国生物学家德贝里(Anton de Bary)于1879年首次提出的,他将"共生"定义为不同种属生物按照某种物质维系长期生活在一起的生物现象。随着共生概念的不断发展和深化,共生的思想被逐渐应用到人类学、社会学、经济学、管理学、建筑学等领域。

共生虽然包含了竞争和冲突,但它更加强调从竞争中产生新的、创造性的合作关系。它既强调存在竞争的双方的相互理解和积极态度,又强调共生系统中的任何一方单个都不可能达到的一种高水平关系,并强调在尊重其他参与方式基础上,扩大各自的共享领域(赖铃,2010)。

1) 共生三要素

从一般意义上讲,共生是共生单元之间在一定的共生环境中按某种共生模式形成的系统关系,其要素包括共生单元(U)、共生模式(M)和共生环境(E),而它们之间的相互作用构成共生系统。共生模式(M)是关键,共生单元(U)是基础,共生环境(E)是重要的外部条件(图3.2)。

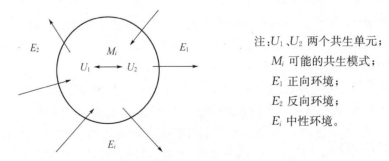

图3.2　共生三要素间的相互关系图

(资料来源:刘荣增.城镇密集区发展演化机制与整合[M].北京:经济科学出版社,2003)

(1) 共生单元(U)

共生单元(U)是构成共生体或共生关系的基本能量生产和交换单位,它是形成共生体的基本物质条件。不同的共生系统中,共生单元的性质和特征是不同的,在不同层次的共生分析中,共生单元的性质和特征也是不同的。(赖铃,2010)

（2）共生模式(M)

共生模式是共生单元相互作用的方式或相互结合的形式,它既反映共生单元之间作用的方式,也反映作用的强度,既反映共生单元之间的信息交流关系,也反映共生单元之间的能量互换关系,因此又称它为共生关系。共生三要素之间的关系可以用图 3.3 表示。(于汉学,2007)

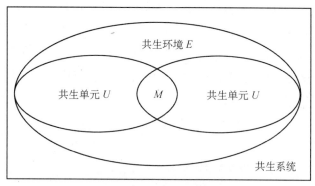

图 3.3　系统构成示意图

(图片来源:作者自绘)

根据共生行为的能量与利益关系,可将共生系统中的共生行为模式分为:互利共生关系、寄生关系和共栖关系。(王博,2009)

互利共生(Mutualism)是指不同物种的个体生活在一起,相互依靠、彼此收益的关系。由于互利共生关系能够产生新能量,新能量由共生双方按照一定方式进行分配,共生双方存在效益交流,并由此可分为非对称性互利共生和对称性互利共生。

寄生(Parasitism)是指一种生物体依附在另一生物体中以求供给养料、提供保护或进行繁衍等而得以生存的关系。

共栖又称偏利共生。它是指两种生物共同生活在一起,这种生活方式对一方有利,而对另一方无害,两者分开以后,都能够各自独立生活。

从组织上共生关系可以分为点共生、间歇共生、连续共生和一体化共生四种模式。共生关系并不是一成不变的,而是随着共生单元的变化而变化的。

（3）共生环境(E)

共生单元之间的关系是在一定的环境中产生和发展的。共生单元以外的所有因素,如社会环境、经济环境、文化环境等构成共生环境。共生环境往往是多重的,不同种类和层次的环境对共生关系的影响不同。按性质,可分为自然和人为环境;按影响方式,可分为直接和间接环境;按影响程度,可分为主要和次要环境。共生体和环境之间的相互作用是通过物质、信息和能量交换实现的。

2）共生关系形成的条件

共生单元之间要形成共生关系首先必须具有某种时间和空间上的联系,也就是存在某种确定的共生界面,这种共生界面,一方面为各共生单元提供接触机会;另一方面一旦共生关系形成,这种共生界面就会演化成共生单元之间物质、能量和信息的转移交换介质,这种介质的存在是共生机制建立的基础。

共生形成的必要条件——存在共生界面(陈欣欣,2006)。

共生的必要条件反映的是构成共生关系的共生单元所必须具备的基本条件,必要条件有:

A、B 两个共生单元之间至少有一组质参量是兼容的。这就是说,共生单元 A 的质参量 Z_a 和共生单元 B 的质参量 Z_b 可以相互表达,即存在:

$$Z_a = f(Z_b)$$

3) 共生模式的比较

共生行为模式主要反映了共生单元之间或共生关系内部的相互作用,并依据这种相互作用分成若干类型,这种解析对明确共生单元之间的核心联系具有重要作用。共生行为模式的识别可以揭示共生的内部机制,其具体特征可见表3.1。

表 3.1 四种共生组织模式比较

	点共生模式	间歇共生模式	连续共生模式	一体化共生模式
概念	(1) 在某一特定时刻共生单元具有一次相互作用;(2) 共生单元只有某一方面发生作用;(3) 具有不稳定性和随机性	(1) 按某种时间间隔共生单元间具有多次相互作用;(2) 共生单元只在某一方面或少数方面发生作用;(3) 共生关系具有某种不稳定性和随机性	(1) 在一封闭时间区间内共生单元具有连续的相互作用;(2) 共生单元在多方面发生作用;(3) 共生关系比较稳定且具有必然性	(1) 在一封闭时间区间内共生单元形成了具有独立性质和功能的共生体;(2) 共生单元存在全方位的相互作用;(3) 共生关系稳定且具有必然性
共生界面特征	(1) 界面生成具有随机性;(2) 共生介质单一;(3) 界面极不稳定;(4) 共生专一性水平低	(1) 界面生成既有随机性也有必然性;(2) 共生介质较少,但包括多种介质;(3) 共生专一性水平较低	(1) 界面生成具有内在必然性和选择性;(2) 共生介质多样化且具有互补性;(3) 界面比较稳定;(4) 均衡时共生专一性水平较高	(1) 界面生成具有方向性和必然性;(2) 共生介质多元化且存在特征介质;(3) 界面稳定;(4) 均衡时共生专一性水平高
开放特征	(1) 一般对比开放度远远大于1,即共生单元依赖于环境;(2) 共生关系与环境不存在明显边界	(1) 对比开放度在1附近波动,共生单元有时依赖环境,有时依赖共生关系;(2) 共生关系与环境存在某种不稳定边界	(1) 对比开放度大于0但小于1,共生单元更多地依赖共生关系而不是环境;(2) 共生关系与环境存在某种较稳定但较不清晰的边界	(1) 对比开放度远远小于1而大于0,共生单元主要依赖共生关系;(2) 对环境的开放表现为共生体整体对外开放;(3) 共生关系与环境存在稳定、清晰的边界
阻尼特征	(1) 与环境交流的阻力和内部交流的阻力较接近;(2) 界面阻尼作用最明显	(1) 与环境交流的阻力大,内部交流阻力较小;(2) 界面阻尼作用较明显	(1) 与环境交流的阻力大,内部交流阻力小;(2) 界面阻尼作用较低	(1) 与环境交流的阻力大,内部交流阻力很小;(2) 界面阻尼作用最低
共进化特征	(1) 事后分工;(2) 单方面交流;(3) 无主导共生界面;(4) 共进化作用不明显	(1) 事后事中分工;(2) 少数方面交流;(3) 可能形成主导共生界面和支配介质;(4) 有明显的共进化作用	(1) 事中事后分工;(2) 多方面交流;(3) 可能形成主导共生界面和支配介质;(4) 有较强的共进化作用	(1) 事前分工为主,全线分工;(2) 全方位交流;(3) 具有稳定的主导共生界面和支配介质;(4) 有很强共进化作用

(资料来源:陈欣欣.港口可持续发展中的共生关系研究[D].大连:大连海事大学硕士论文,2006)

3.2　单元构建的自然与资源因素

自然和资源是一个地区发展出地域性人居环境的根本因素,在舟山这样一个特殊的地区人居环境,可以从气候、淡水、岸线、景观、土地、水产、能源等方面去梳理群岛人居环境的发展脉络。

3.2.1　气候资源

1) 舟山群岛气候与人居环境

长期以来,气候与建筑一直相互作用并在许多方面显示出对建筑设计的影响。建筑所处不同地形地貌下的温度、湿度、光和风的特性,形成了各具特色的地方气候。从气候学的角度研究建筑设计,是真正回归到了对建筑本质的探索上来。因为建筑与气候本不可分,自古人"挖地建穴,构木筑巢"时起,建筑就是为了适应气候的变化而创造的能够防风避雨的场所,也正是由于全球存在的气候差异才相应形成现在丰富多彩的建筑形式和建筑技术。

浙东舟山群岛地区属北亚热带南缘季风海洋型气候。整个群岛季风显著,冬暖夏凉,温和湿润,光照充足。年平均气温 16 ℃左右,最热 8 月,平均气温 25.8～28.0 ℃;最冷 1 月,平均气温 5.2～5.9 ℃。常年降水量 927～1 620 mm。年平均日照 1 941～2 257 h,太阳辐射总量为 4 126～4 598 J/m²,无霜期 251～303 天,适宜各种生物群落繁衍、生长,给渔农业生产提供了相当有利的条件。舟山还具有陆海过渡性气候的特征,气象要素东西向差异明显,大风大雾频繁。在亚热带气候大系统下,温暖湿润,温变和缓,雨热同季,季节滞后,灾害天气频次高,其中大风与海雾较沿海大陆平均高出近一倍,年大风日要高出 5 倍。由于受季风不稳定性的影响,夏秋之际易受热带风暴(台风)侵袭,冬季多大风,七八月间出现干旱,是舟山常见的灾害性天气。

因此,可概括为舟山群岛地区适宜人居的气候条件为:温度、太阳辐射等因素;而需主要应对的是风速和风向、湿度、集水等气候条件。为了适应地方气候条件,建筑需要积极利用各种自然条件和气候资源,以创造宜人的建筑环境。

舟山群岛地区是东海众多海岛中最典型的海岛地域。这一区域既有保存完好的具有百年历史的传统民居,也有大量新建的建筑形式,能反映浙东海岛地区普通人居建筑的真实面貌。

2) 人居环境对气候条件的应对——海岛聚落选址布局案例

(1) 影响选址的气候因素:防风、避潮汐、争取水源。海岛人居聚落选址在气候上首要考虑的因素是防风,其次是避潮汐和争取水源。

在舟山,由于地处季风区,又有海陆风甚至台风风暴的作用,是风力资源丰富的地区。据有关的气象资料考查,舟山地区全年平均在 5 级以上大风的日子有 128 天,而且每年平均有 3 次左右的热带风暴(台风)的侵袭。因此人居体系缺少的不是通风,而是怎样防风,避风。大多数的舟山人居聚落都处在多面环山的山坳或岙口里。无论是定海、沈家门这样的中心城镇,还是偏远小岛上的渔村,都有这种选址原型的存在,区别只在于岙口的底部的宜居面积。海岛人居尽量把渔舍建在背阴向阳或坐北朝南的南面山坳或岙口里,形成了向阳、朝南的村落格局。但是很多情况下村落也会建在山背或山北的村落,如黄龙岛峙岙村,其村内部的渔舍则建在避风、向阳的山麓支脉或山坡上。

因此,岙口朝南朝东为上佳,但是有些岙口朝西朝北也可取,因为对海岛而言,规避冬季的西北季风不如规避热带风暴来的更为重要。前者涉及的只是建筑节能热环境问题,后者涉及的则是建筑防风安全问题,尤其是在原生态的聚落中。所以,舟山群岛人居聚落的选址原则之一是"山岙>朝向;先选岙再调建筑朝向"。

潮汐是种海岛特有的气候现象,潮汐对原生态海岛人居的影响有两种情况:在定海本岛等面积较大的岛屿;住房选址大都在沿海港湾的潮间带边或山岬海口。宅址靠近潮间带,开门见海,便于退潮时下滩拾贝或出海捕捉鱼蟹。但是,在偏僻的悬水小岛,情况则相反。如嵊泗列岛的黄龙岛、绿华岛、花鸟岛等,最早迁徙上岛的先民,都把宅址选在海岛山坳较高处,远离海湾和海口。这是因为悬水小岛,岛小风大,在海湾边建房容易受大潮和台风的袭击。

(2)影响布局的气候因素:风、日照等。海岛人居体系主要通过建筑群布局来应对避风、日照等气候因素。

海岛人居聚落布局总体印象:海岛人居聚落布局结构,很大程度上取决于岛屿的大小和宅地的位置。大岛有面积较大的平滩地,甚至海岛平原。为了出海捕鱼方便,大岛渔民的村落和住房,大都坐落在山脚下或在近海口的平滩地,基地开阔,屋面平展,比邻排列,巷巷相通,格局大方。

小岛的情况则不同。小岛山高地陡,平地很少。按照惯例,一般是把渔舍建在背阴向阳或坐北朝南的南面山坳或岙口里,形成了向阳、朝南的村落格局。即使是建在山背或山北的村落,如黄龙岛峙岙村,也把渔舍建在避风、向阳的山麓支脉或山坡上。小岛的民居都因地基的狭挤而采取依叠式建筑,拾级筑路,渐次升高,依山高低而建,邻屋之间筑石阶相通。故小岛渔舍不分左右东西,唯见前后上下。古人有诗云:"倚山筑屋几家齐,屋后有墙墙后梯。邻舍不分左和右,房房只判高和低。"

同时,由于小岛的村落大都坐落在半圆形的海湾里,故小岛渔舍在村落里也是背山朝海的半圆形排列,道路为东西走向,并因山溪从高山直冲而下,把村落分割成川字形块状,间有石板桥相通,有时与上涨的海潮碰撞,发出龙吟般的轰鸣。这也是小岛渔舍的独特环境及其与大陆的不同之处。

原生态海岛渔村在选址合适的基础上,气候对聚落内部布局的影响主要体现在避风、争取日照和水源上。

在避风的应对上,丘陵渔村聚落建筑布局紧凑,往往屋宇相连,场地相拼,建筑群呈现灵活自由式布局。这种布局方式能使尽量多的建筑坐落在风影区中(如图3.4)。

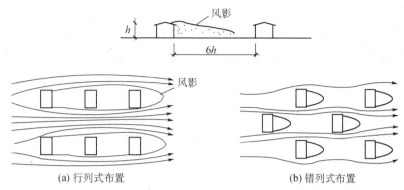

(a) 行列式布置   (b) 错列式布置

图 3.4 建筑风影区域示意图

(图片来源:作者自绘)

以东福山岛上的大岙村为例(如图 3.5)。从海面吹来的风可以在村落的屋顶上顺势而过,整个村落没有突兀而立的屋宇,也没有宽阔的楼宇间隙。经实地测算,在早晚海陆风盛行时间段,大岙村内部离地面 2 m 处和离大岙村屋顶天际线上 2 m 处,平均风力相差 3 倍。

图 3.5 大岙村与山势融合的村落形制

(图片来源:作者自摄)

3.2.2 淡水资源

1) 舟山水资源特点

(1) 降水少,蒸发多,径流形成少

舟山市平均年降水量 900~1 500 mm,与同纬度大陆地区相比较,海岛地区多年平均降水量少 5%~30%,偏少值在 70~500 mm 之间。海岛地形地貌特殊,多为低丘陵山地,大多呈浑圆状,产生的径流向四周扩散,因而形成的径流能够有效汇集利用的更少。在海岛地区缺少建设蓄水设施的适宜库址,能建设的水库其集水面积均非常小。由于天然水资源不足,一遇干旱,经常库底朝天。水资源定量分析如下:

① 降雨量及其时空分布

舟山市各主要岛屿多年平均降雨量见表 3.2。

表 3.2　主要岛屿多年平均降雨量表　　　　　　　　　　　　单位:mm

岛屿	舟山本岛	金塘岛	六横岛	桃花岛	朱家尖岛
多年平均降雨量	1 345.7	1 255.3	1 308.2	1 161.5	1 096.7
岛屿	普陀山岛	岱山岛	衢山岛	泗礁岛	
多年平均降雨量	1 125.0	1 173.6	1 114.7	1 040.8	

(资料来源:作者自制)

境内降雨量分布具有以下特点:

地区分布不均。多年平均降雨量从西南向东北递减,由西南六横岛的超过 1 300 mm,到东北面的花鸟山岛的不到 1 000 mm,减少量超过 300 mm。

年际变化大。实测年降雨量最大值与最小值之比在 2.3~3.3 之间,年降雨量变差系数在 0.22~0.26 之间,年际变化大。

年内分配相对集中。降雨量年内分配呈"双峰"型,最大值出现在 6 月和 9 月,一般占全年的 12%~15%,前者由梅雨形成,后者是台风雨形成。全年降雨主要集中在 5~9 月的汛期,一般占全年总降雨量的 55% 左右。

② 蒸发量

舟山市多年平均水面蒸发量 800~1 100 mm 之间,其等值线走向与浙东海岸线基本一致,并由内向外递增。舟山岛约 900 mm,为相对低值区,泗礁岛、衢山岛为 1 100 mm 左右,为相对高值区。

根据舟山本岛长春岭小河站实测资料,1980 年至 1993 年统计分析,该站 14 年平均年降雨量 1 609.3 mm,年径流深 821.4 mm,求得年陆面蒸发量 787.9 mm,这与《浙江海岛资源综合调查与研究》的成果基本一致。本书陆面蒸发量参考《浙江海岛资源综合调查与研究》的成果,主要岛屿的结果见表 3.3。

表 3.3　主要岛屿多年平均陆面蒸发量表　　　　　　　　　　单位:mm

岛屿	舟山本岛	金塘岛	六横岛	桃花岛	朱家尖岛
多年平均陆面蒸发量	759.7	766.9	758.2	757.5	752.0
岛屿	普陀山岛	岱山岛	衢山岛	泗礁岛	
多年平均陆面蒸发量	750.0	791.0	800.4	708.6	

(资料来源:作者自制)

各个岛屿的陆面蒸发量年内分配受降雨量影响较大,年际变化相对平缓。

(2) 地下水贮存条件差,资源贫乏,利用困难

地下水资源系指地下水多年平均补给量,其总量推求计算采用降水入渗法。海岛地区地下淡水水资源主要分基岩裂隙水和孔隙潜水两类,主要靠大气降水直接或间接补给。舟山地区主要为中生代火山活动产物及古老变质岩系构成的丘陵,风化层不发育,土壤覆盖浅,植被稀疏,岩石坚硬,地面切割微弱,裂隙不发育,地下水赋存条件差,主要依靠大气降水补充,很少存在大陆古河道等补给方式,地下水水资源非常贫乏。主要岛屿的地下水资源将主要回归入岛内的河流,只有一小部分基岩裂隙水直接汇入海洋。一遇连续干旱,地下水随地表水的干涸迅速枯竭。地下水位下降之后,又不能得到有效补充,地表回水稍处置不当,

又会导致井水的污染。同时地下水分布零星,影响地下水赋存开采的因素众多,人类活动(水库的建设、其他井类工程建设)对地下水的活动有明显的影响,出水点不稳定,地下水不具备大规模、大面积开发利用的条件,一般只能满足小型、分散的开采利用,且开采困难。

根据《舟山市海岛资源综合调查》,计算成果见表3.4。

表 3.4　主要岛屿地下水资源总量表

岛名	年降雨量(mm)	地下水资源量(万 m³)	地下水可利用量(万 m³)
舟山本岛	1 345.7	6 893.1	1 571.6
金塘岛	1 255.3	939.2	115.5
六横岛	1 308.2	1 272.3	188.4
桃花岛	1 161.5	402.9	80.0
朱家尖岛	1 096.7	518.4	87.3
普陀山岛	1 125	109.8	24.8
岱山岛	1 173.6	949.7	116
衢山岛	1 114.7	441.0	102.1
泗礁岛	1 040.8	121.3	101.8

(资料来源:舟山市海岛资源综合调查)

(3)水资源总量少,人口密集,人均水资源占有量非常之低

水资源总量是指地表水资源、地下水资源和两者重复计算量的代数和。本规划收集了至2001年以来的降雨量、蒸发量等水文资料,利用现有的部分水资源分析计算成果,进行较详细地复核。

按照水量平衡原理,水资源总量等于其多年平均降雨量减去其多年平均陆面蒸发量。其中降雨量是收入项,陆面蒸发量是消耗项,并具有与径流相互验证的性质。根据各岛的多年平均降雨量、多年平均陆面蒸发量和各自面积,推求得主要岛屿的水资源总量,详见表3.5。

表 3.5　主要岛屿水资源总量表

岛名	降雨量		陆面蒸发量		水资源总量(万 m³)	人均水资源量(m³/人)	水资源量占降雨量比例(%)
	降雨深(mm)	降雨总量(万 m³)	蒸发量(mm)	蒸发总量(万 m³)			
舟山本岛	1 345.7	64 078	759.7	36 175	27 904	556.3	43.5
金塘岛	1 255.3	9 710	766.9	5 932	3 778	1 111.1	38.9
六横岛	1 308.2	12 253	758.2	7 101	5 151	936.6	42.0
桃花岛	1 161.5	4 689	757.5	3 058	1 631	1 052.3	34.8
朱家尖岛	1 096.7	6 780	752.0	4 649	2 131	807.2	31.4
普陀山岛	1 125	1 330	750	887	443	466.3	33.3
岱山岛	1 173.6	12 319	791.0	8 303	4 016	349.2	32.6
衢山岛	1 114.7	6 665	800.4	4 786	1 879	329.1	28.2
泗礁岛	1 040.8	2 222	708.6	1 513	709	189.1	31.9

(资料来源:作者自制)

舟山地区,人口密集,水资源贫乏,人均水资源量非常低。全国人均水资源占有量为2 400万 m³,浙江全省人均水资源量为2 100万 m³,以浙江省6个海岛县为例,定海区人均水资源量808m³/人,普陀区547m³/人,岱山县394m³/人,嵊泗县149m³/人,玉环县人均水资源为527万 m³/人,温州市洞头县人均水资源为389万 m³/人。

（4）水资源质量较差,易受影响

① 地表水水质分析

根据《浙江省地面水环境保护功能区划分图集》,舟山市水库及河网的水体不同程度地遭受了污染,其中舟山本岛和定海区、普陀区外岛的水库大部分为Ⅱ类水和Ⅲ类水,河道在郊区大部分为Ⅲ类水,在市区以Ⅳ类、Ⅴ类和劣Ⅴ类为主。岱山县和嵊泗县的水库大部分为Ⅲ类水和Ⅳ类水,有部分作为饮用水水源的水库的水质甚至为Ⅴ类水,河道大部分以Ⅳ类、Ⅴ类和劣Ⅴ类为主。

地面水水质,属低矿化度软水,大部分符合饮用水和地面水水质标准,适用于生活和工业用水水源。水库水质优于河道水水质。

② 地下水水质分析

本规划区域内孔隙潜水和基岩裂隙水,通常为无色、无味、无嗅、透明。pH值在6.2～7.6之间,一般化学指标低于标准要求的限值,符合生活饮用水标准。地下水主要污染来源是广大渔农村使用的浅水井,其水源靠浅层地表水渗透,而水井结构简单,卫生防护条件差,常有大量有机物侵入。地下水还受农药污染和城乡企业的工业污染。化工厂、制碘厂、盐化厂、染化厂、镀锌厂、塑料制品厂等大批废水废物的排放,对地下水水质污染严重,导致水质合格率比较低。

2）舟山人居环境与水资源体系的耦合案例

由于舟山群岛人居聚落水资源普遍紧张,在长久以来的人居建设中,人们首先会选择有汇水条件的山谷岙口来营建聚落。在此基础上,加以人工的开渠筑坝等水利建设。舟山本岛近代后有大规模的水库等蓄水设施的建设。

因此,人居环境往往形成一个"山体—汇水谷—水库—村庄—开阔地（平原或海面）"人居链条,贯穿链条的核心因素就是水系。

在定海区"美丽海岛"廊道的规划建设中,可以明显地勾勒出以汇水岙口为聚落单元的人居链条。在规划设计的规程中,因势利导,结合水系的分区来打造该廊道的特色。（图3.6）

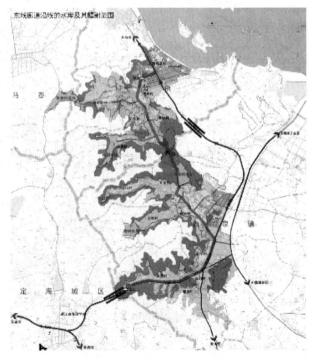

图 3.6　定海区"美丽海岛"东线廊道规划设计水资源分析图

（图片来源:作者团队绘制）

3.2.3　岸线资源

1) 舟山岸线资源与人居的同步发展

岸线资源是在当代以海运为主的国际贸易格局中一种稀缺的滨海地貌资源。优良的深水岸线能建设成为高品级的货物吞吐码头，成为海岛人居环境的一种发生原点。例如：以立足服务于上海的集装箱码头港洋山港，得益于其岛屿岸线的水深优势，能停泊更高吨位的货船，现在已经成为舟山北部核心人居单元。

舟山群岛基岩岸线长，港湾众多，港内水域宽阔，锚地条件好，可停泊大批巨轮。航道纵横，水深浪平，不易淤积，常年不冻，具有口大、腹大、水深、避风的优异条件，是中国屈指可数的天然深水良港，可发展大、中型港口。早在元代学士吴莱《甬东山水古迹记》中写道："昌国，古会稽海东洲也，东控三韩、日本，北抵登莱、海泗，南到今庆元城三百五里……"舟山背靠沪杭甬，面向太平洋，其独特的地理位置，自古以来为军事要塞，海运要道。目前舟山群岛的大小码头星罗棋布，数以百计，30 万 t 级以上油轮也时常进出。有生产性码头泊位 382 个，其中万吨级以上深水泊位 41 个，25 万 t 级以上泊位 5 个。港址资源应该优先保证港口建设的需要，已列入新建、扩建港口规划的岸段及水域，不能移做其他用途。(图 3.7)

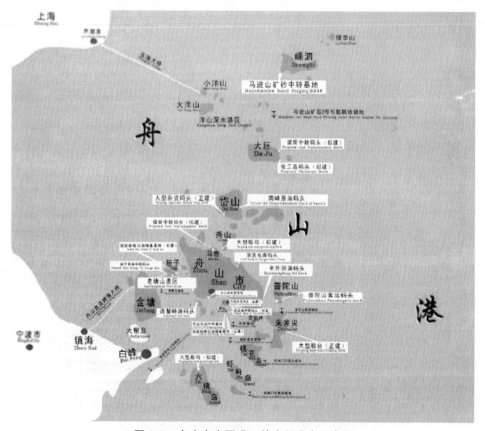

图 3.7　舟山市主要港口的空间分布示意图

(图片来源：根据舟山市港务集团相关资料改绘)

据文字记载,南宋宝庆《昌国县志》载:"舟山渡,去县五里,趋城由此涂出。"这是舟山最早的港口——"舟山渡"。舟山渡为舟山通往内陆及舟山本岛与周围诸岛之航泊要津。千余年来原来仅停泊几艘小帆船的"舟山渡",发展到今天,已是中国沿海新兴的综合性港口。地处太平洋西岸中部、远东航运网络中心地带,是中国沿海南北航线与长江"黄金水道"交汇的咽喉要冲,与日本、韩国等东南亚各国大港形成等距离的海运网络,是华东地区沿海重要的区域性港口,长江三角洲港口群体中的重要组成部分。港口具有丰富的深水岸线资源,优越的建港自然条件,可建码头的岸线有 1 538 km,主要深水岸线 40 处。随着港口开发和基础设施建设力度的加大,客、货运设施得到了较为显著的改善。

2010 年,舟山港域货物吞吐量为 2.2 万 t,增速为 14.4%。舟山港的重要地位已提升到国家战略层面,是我国东部重要的国际性海上开放门户,我国大宗物资储备中转贸易中心(图 3.8、图 3.9、表 3.6)(齐兵,2007)。

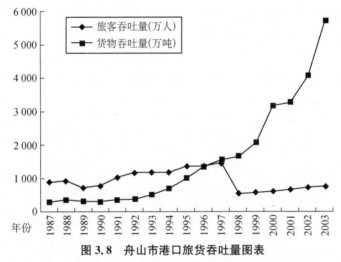

图 3.8　舟山市港口旅货吞吐量图表

(图片来源:舟山市统计局.舟山统计年鉴.2003)

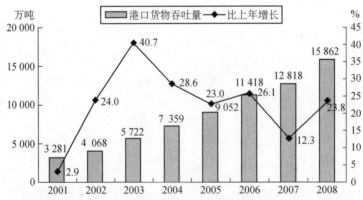

图 3.9　舟山市 2001—2008 年港口货物吞吐量及其增长速度图表

(图片来源:舟山市统计局.舟山统计年鉴.2009)

舟山因港而兴,由港聚人。海岛的主要交通运输方式是海洋交通运输,港址资源十分宝贵。大到县城、市中心,小到渔村、渔镇的人居聚落,很多是依港口而建。舟山群岛区域共有多处港址资源,目前利用的不是很充分,还有很大的开发潜力。很多临港人居聚落的规划布局,也都是以港口为核心,临港工业为内圈,商业和居住为外圈的圈形城镇结构。

表 3.6　舟山市主要港口 1990 年货物吞吐量表

港口名称	合计(t)	港口名称	合计(t)
舟山港	1 922 803	高亭港	356 400
金塘港	359 966	六横港	619 091
宋家尖港	310 000	桃花港	320 000
泗礁港	133 000	嵊山港	7 000
枸杞港	32 000	大洋港	145 000
绿华港	3 000	黄龙港	7 000
东沙港	10 000	衢山港	45 000
长涂港	94 000	秀山港	51 000
西码头港	24 000	岑港港	250 000
蚂蚁港	11 000	佛渡港	37 000
虾峙港	69 000		

(资料来源:作者自制)

2) 岸线资源影响下的人居实例:定海港人居环境变迁

定海港的历史变迁对定海城乃至整个舟山群岛的人居聚落和人居环境的历史变迁起到十分重要的作用。历史上的"舟山渡"为舟山通往内陆及舟山本岛与周围诸岛之航泊要津,渐渐发展成舟山最大的人居聚落——定海城。唐开元年间在定海港口附近建立了翁山县,定海成为舟山群岛政治、经济、文化、交通的中心。

明朝的倭寇侵扰和清初的南明政权导致中央两次对舟山的"海禁",导致舟山群岛荒夷一片,"舟山城垣尽毁,废于一旦"(《定海厅志》)。两次"海禁"尽管有很大的政治、军事因素,但舟山特殊的地理位置及定海港优越的港口条件,在特等的历史条件下却转化为对定海城及整个舟山群岛人居聚落、人居环境毁灭性破坏的前置条件。定海城因港而建,到因港而毁。

康熙二十三年(1684 年)"海禁"废弛和清末的鸦片战争后,通商间接带动了定海港航运业的发展,晚清至民国一段时期,随着定海港航线增加,码头拓展,靠埠船只的不断增加,带来了大量的人流物流,促进了定海城商贸迅速发展,城内商业区不断延伸,沿港一带发展为新商业区,从而促进定海城成为以商业为主体的人居聚落。是时,定海城内的人居环境上乘,商街条石路,宽约 4 m,两侧房屋分为木结构二层楼,前店后场,楼上住宅。为防火筑了东、西、南、中四大街八道封火墙。城内河流纵横交织,与城门外濠河相通,自北向南流入大海。城内河流成为运输动脉,大宗货物靠船只装运,河流上建有众多小桥,小桥流水人家随处可见,恰似海岛水乡(图 3.10)。

图 3.10　定海港城老城的人居环境肌理

(图片来源:百度图库)

因此,港口在海岛人居环境聚落形成初期给予了诱发的因素,尤其是地理位置优良的港口周边,在社会稳定环境下会形成较大规模的人居聚落。但是由于港口本身的特殊性,往往在混乱的社会环境下,港口周边的人居环境会首当其冲,遭到破坏。

3.2.4　景观资源

1) 舟山景观资源特点

舟山群岛地处亚热带南缘季风海洋型气候区,冬暖夏凉、温暖湿润、风光秀丽、空气清新、气候宜人,是海岛观光、避暑、休假、疗养等的最好场所。海岛与大陆隔绝,远离城市喧嚣,而且有着美丽的自然景观,宜人的气候,平缓开阔的沙滩和浴场,具备"阳光、海水、沙滩、空气"四种最为主要的景观资源要素。

舟山群岛景观旅游源远流长,既有海景、沙滩、礁景、港景、山景、林景、洞景等自然景观,也有名刹古寺、渔港、渔村、海上牧场等人文景观,旅游资源十分丰富,特色明显,吸引力强。舟山旅游真正得以较快发展是从 1979 年 6 月普陀山风景区整修开放后开始的。除了向海内外打出普陀山这张具有相当含金量的名片之外,还陆续对嵊泗、岱山、朱家尖、桃花等地旅游资源进行考察规划,开发建设。

随着舟山群岛旅游业的开发、发展、变迁,带来了大量的人流,其经济效益随着旅游人数的增加而增加。旅游业对海岛第三大产业的拉动作用十分明显,它直接带动了交通、餐饮、住宿、商业、文化、金融等产业的发展,从而使海岛的人居环境中多出了许多以休闲观光为服务的建筑空间类型——海滨公园、渔农家乐、濒海旅馆餐馆等(图 3.11)。濒海空间一线由原来的港口、工业等空间形式向濒海休闲观光的空间形式转变。

海岛渔家乐

海滨公园

海上海鲜城

图3.11 建筑空间类型

（图片来源：作者自摄）

2）人居环境对景观资源的应对——朱家尖岛案例

朱家尖是国家4A级旅游景区，位于舟山群岛东南部，与普陀山相距1.35海里，是舟山群岛旅游枢纽，舟山群岛第五大岛，岛屿面积72 km²。得天独厚的丰富景观旅游资源在20世纪80年代中期仍沉睡着，在此之前整个朱家尖岛居民以捕捞和农耕为生，在海边港湾形成了以捕捞为特征的渔村人居聚落，在岛的腹地丘陵旁或河道边形成了以农耕为特征的农村人居聚落，全岛经济并不发达。

1988年朱家尖旅游区开发启动，经过20余年的开发建设，使朱家尖景区美誉度、知名度得以进一步提升。根据舟山市旅游局统计，2010年朱家尖旅游风景区全年接待旅客309.50万人次，除普陀山旅游景区外，朱家尖领先于舟山群岛其他旅游景区（表3.7）。

表 3.7　2010 年舟山主要景区基本状况表

风景旅游区	本年度累计人数（万人次）	比上年增减（%）
普陀山	478.42	26.4
朱家尖	309.50	39.8
沈家门	224.57	10.2
桃花	136.13	27.9
定海区	381.20	26.1
秀山	54.01	32.9
高亭	108.02	22.8
嵊泗	188.30	18.2

（资料来源：舟山市统计局.舟山统计年鉴.2009）

以朱家尖岛为例，从旅游资源的开发过程可以看到变迁对海岛的人居环境带来的各方面变化：人居环境交通等基础设施改善——朱家尖大桥建成后使朱家尖岛与舟山本岛连成一片，在改善旅游交通条件的同时，也改善了人居交通环境；旅游开发、产业发展有机结合起来，有序推进渔农村住房改造建设，到 2010 年全街道共完成渔农村住房改造 376 户，从而加快了居民住宅升级；由于朱家尖的旅游开发十分注重与文化的结合，旅游产品都有较高的文化含量，旅游产品也促进了所在地人居环境文化含量的提升；随着朱家尖旅游资源开发变迁，使朱家尖原来以捕捞为主的渔村人居聚落和以农耕为主的人居聚落逐渐向以旅游为主的人居聚落变迁。

因此，景观资源的发展促进了舟山群岛交通发生了巨变，舟山跨海大桥的建成，岛际交通由一般的轮渡更新到高速快艇，本岛内公路交通四通八达，临城新城的建成，定海老城区的保护性开发；等等，从而，极大地提升了海岛城市品位，使海岛居民的人居环境得以显著改变。旅游业的发展带动了渔农村以渔（农）家乐为载体的建筑类型的兴起，促进了渔农民的就业，增加了渔农民收入，提高了渔农民的生活品质。旅游业的发展促进了朱家尖、桃花等一批旅游强镇和一批旅游特色村建设，使这些乡镇交通道路、生态环境诸方面得到显著改善，大大地提升了人居环境的品质。（表 3.8）

表 3.8　旅游资源的开发带动居民收入增长表

年份	渔农民人均收（元）	农村经济总收入	旅游为主的第三产业（亿元）	"十一五"期间旅游接待人次年均增长率（%）	"十一五"期间旅游收入年均增长率（%）
2006	7 890	71 809	5	23.75	41.76
2010	12 885	93 485	13.6		

（资料来源：舟山市普陀区朱家尖街道统计中心.朱家尖街道统计手册.2010）

3.2.5 土地资源

1) 舟山土地资源特点

陆域面积大小直接关系到海岛地区人居环境状态。陆域面积是海岛地区人居环境之根本,没有一定的陆域面积谈海岛人居环境那是无源之水,无本之木。全市区域总面积2.22 万 km²,其中海域面积 2.08 万 km²,陆域面积 1 440.12 km²。住人岛 103 个,常住万人以上岛屿 11 个。本书所研究的主要海岛面积的基本情况可见表 3.9。

表 3.9 舟山市主要海岛面积一览表 单位:km²

岛屿名称	总面积	陆地面积	潮间带面积
舟山岛	502.65	476.17	26.48
朱家尖岛	75.84	61.82	14.02
册子岛	14.97	14.20	0.77
普陀山	16.06	11.85	4.21
岱山岛	119.32	104.97	14.35
六横岛	109.40	93.66	15.74
金塘岛	82.11	77.35	4.76
巨山岛	73.57	59.79	13.78
桃花岛	44.43	40.37	4.06
泗礁山	25.88	21.35	4.53
大长涂山	40.62	33.56	7.06
秀山岛	26.33	22.88	3.45
虾峙岛	18.59	17.01	1.58
登步岛	16.72	14.51	2.21
长白岛	14.16	11.10	3.06
小长涂山	13.33	10.92	2.41

(资料来源:舟山市海岛资源综合调查研究报告,1995)

群岛形成之初,海平面较今略高。舟山地处长江口、钱塘江、甬江三江的入海交汇处,每年内陆 20 亿 t 以上泥沙涌向舟山岛屿周围,经长期沉积和补偿使舟山岛屿滩涂面积不断扩大,逐渐形成众多海积平原,这是古代舟山陆域面积不断扩展的主要原因。因此,舟山群岛是大自然的杰作,天造地设,浑然天成。(表 3.10)

古代劳动人民在认识世界过程中,充分发挥人的主观能动性,改造世界,是"沧海变桑田"十分重要的原因。古代舟山岛民人工对滩涂的围垦开发历史悠久,围涂垦地早已有之,元《大德昌国州图志》记载:"海滨涂汛之地,有力之家累土石为堤,以捍水。日月滋久,涂泥遂乾,始得为田或遇风潮暴作,土石有一罅之决,咸水冲入,则田复为涂矣。"到清朝康熙三十四年,缪燧担任定海县令后,在他领导下定海境内各地修建海塘共二万五千五百六十丈。

表 3.10　舟山各县(区)及舟山岛陆域地貌类型表

类型		嵊泗	岱山	定海	普陀	舟山岛
侵蚀剥蚀地貌	高丘陵	花鸟、嵊山、大黄龙等岛	巨山、大小长涂、岱山(东部)等岛	金塘(东部)、册子、长白、大猫、摘箬等岛	东福山、黄兴、普陀山、朱家尖、六横、桃花等岛	中部,占丘陵面积3/4
	低丘陵	分布普遍,以泗礁、枸杞、绿华、大小洋山等岛为主	岱山、秀山、巨山(西部)等岛及各小岛	金塘、册子、长白等岛和各小岛	庙子湖、青浜、湖泥、白沙、登布、虾峙、元山、佛渡等岛	南北两侧
堆积地貌	洪积平原	泗礁山沟谷、山麓地带	较普遍,分布于较大岛屿沟谷、山麓地带	沟谷、山麓地带。金塘、长白两岛较发育	零星分布山麓沟谷内,桃花、六横分布最多	山麓沟谷地带
	海积平原	泗礁山、大洋山两岛为主,其他岛屿少量分布	岛屿滨海地带,岱山岛为最大	岛屿四周	分布最广,以朱家尖、桃花、六横岛为主	南北两侧滨海地带,约占全岛面积一半
	风成沙地	泗礁山为主,花鸟山亦有	岱山岛为主,鼠浪屿、秀山、江南等岛亦有分布		普陀山、朱家尖、桃花等岛	
	洪积冲积平原					呈带状分布于较大沟谷内

(资料来源:舟山市海岛资源综合调查研究报告,1995)

　　根据应赟《筑塘造田话白泉》一文的研究和沈品权《宋元时另有一个沈家门——沈家门历史地理位置及其变迁谈》一文的研究,以及陈鸣雁《七湾八塘话沈港》一文的研究,可以证明舟山群岛现在的陆域面积的平地大部分是自然因素和人工捍卤蓄淡之杰作。

　　现今的白泉镇境内,古代大多为海。白泉皋泄的潮面村离海五六千米,当年就因涨潮时汹涌而来的潮水可至此地而得名。1974年白泉村民挖河时,在水稻田下1 m深处挖出大批木板,经专业人士鉴定,确认这些木板原是一艘古沉船。据考证,该船长约21 m,宽4.5 m,有3道桅杆,沉没时间大约在宋代至明代万历年间。据史料记载,自宋至清,白泉境内共筑有海塘17处,若把这些塘围的土地放置在今白泉镇版图上,可明显发现今天白泉平地的大部分,特别是白泉北部港湾凹处所形成的海积平原,就是先民们围涂造田的功绩。

　　沈家门,本是个航道海门。沈品权在《宋元时另有一个沈家门——沈家门历史地理位置及其变迁谈》一文中指出:南宋时的沈家门是指今芦花孟家庙至沈家坑一带航道的航门。后来被移用到今邵岙、南岙至沈家坑一带居民点作为地名。直到明朝中后期开始,才被确定为今天的沈家门城区区域地名。

　　从以上白泉、宋元时沈家门和现在的沈家门陆域面积历史变迁,可见舟山群岛陆域变迁之巨大,舟山群岛的"沧海桑田"演变可见一斑。可以说,没有围垦就没有舟山的今天。随着工业化、城市化的不断推进和国家海洋经济战略的实施,舟山对土地的需求与日俱增,土地供需矛盾有增无减,加大滩涂围垦力度,为发展拓宽空间,已成为舟山上下的一致共识。

2）普陀东港人居环境变迁

普陀东港新城，没有占用一分耕地，却建造了一个繁华的城市。东港地处著名渔港沈家门，然而，地域的狭小、人口的拥挤使沈家门的城市功能日趋萎缩，不堪重负，20世纪90年代初，通过科学勘查和论证，舟山决定开发与沈家门一山之隔、相距仅2.2 km的东港这片沉睡千年的滩涂。根据规划，围垦滩涂 8 km²，总开发面积 12 km²（舟山史志办公室，2009），相当于 3 个沈家门老城区，整个工程分三期实施；而今，东港已成为普陀区的新中心，基础设施完善，环境优美，人们安居乐业（图 3.12、图 3.13）。

图 3.12 填滩涂造出的东港新城

（图片来源：百度图库）

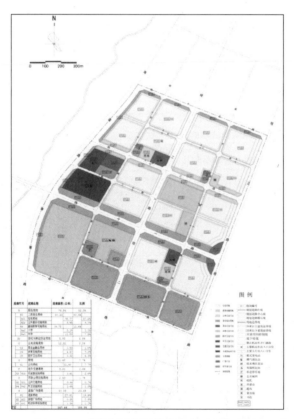

图 3.13 东港新城部分围垦区块规划示意图

（图片来源：http://www.ptjs.gov.cn）

因此,海岛滩涂资源作为海岛特殊的一种土地资源形式,在人类适当的改造下可以作为新的人居环境的载体。而这种载体成型后制约因素少,是海岛新城建造的首选地。在漫长的海岛人居环境建设史中占有举足轻重的地位,过去是,当下是,未来也会是。

3.2.6 水产资源

1) 舟山水产资源和人居环境的变迁

舟山水产资源得海独厚,素以"渔盐之利,舟楫之便"而闻名遐迩。舟山群岛海域内岛礁纵横交错,水下地形平缓,沉积物以粘土质粉砂为主,是鱼类栖息和繁殖的天然屏障。长江和钱塘江等入海径流形成的自北而南的沿岸低盐水体及自南而北的高盐、高温的台湾暖流和北方高盐、低温的黄海冷水团三股水体在舟山海域互相混合消长,从陆地上带来了丰富的营养盐类和有机物,使舟山群岛周围水域水质肥沃,海藻和浮游生物茂盛,为海洋鱼类等多种生物的索饵、繁殖、生长提供了良好的食物条件和栖息场所。舟山渔场水乡资源丰富,有鱼类365 种,虾类 60 种,软体动物 14 种,底栖生物 342 种,浮游动物 228 种,浮游植物 261 种,潮间带生物 586 种。

古代,舟山先民用原始简陋的生产工具,在居住地海湾从事原始的捕捞。唐代以后,岛上人口增多,捕捞工具改进,人们驾船离岛于近海作业,由此产生了以捕捞为主的渔民。宋时,渔业向近海发展,人们已认识渔汛。元时,舟山居民增多。清朝开放"海禁"之后,东南片沿海省区渔民,都来舟山渔场捕捞,同时沿海各地渔民也纷纷来岛定居,来自不同地区的渔农民按照原籍的习俗,一宗一族聚居一岙(村),形成了舟山人居环境聚居的雏形(姜彬等,2005)(图 3.14)。

图 3.14 原生态海洋捕捞性人居聚落环境
(图片来源:百度图库)

新中国建立后,沿海各地来舟山渔场捕鱼的船只日益增加。20 世纪六七十年代,在嵊山渔场捕冬季带鱼的渔船高峰时达上万艘,渔民在 15 万人以上,使舟山渔场达到鼎盛。20世纪 60 年代起,人们对水产资源长达 20 年的强度开发,过度捕捞,到 20 世纪 80 年代前后,舟山渔场水产资源严重衰退,传统的大黄鱼、小黄鱼、带鱼、目鱼,四大支柱鱼类资源,除带鱼还能维持一定产量外,其余的已形不成渔汛。至此,海岛的很多渔村失去产业支撑,渔民转业进入城镇谋生,慢慢渔村聚落呈现萧条衰落的空心化现象。

纵观舟山水产资源开发、变迁的历史,水产资源对舟山的渔民人居聚落形成起了决定性的作用。历史上舟山因渔而兴,一旦水产衰落,对已经形成的捕捞人居聚落生产方式,人居环境等方面产生重大影响。从 2001 年起,10 年左右时间,全市减国内海洋捕捞渔船 5 000 艘,捕捞渔民 3 万人。对其中 62 个渔村在转产转业基础上实施优化整合,即一部分向重点扶持渔村集聚,另一部分转移并迁为非捕捞人居聚落;对其中 44 个渔村实施整体转产转业,建立以非海洋捕捞为主的新的人居聚落点(图 3.15)。

图 3.15 拆村并点后非海洋捕捞性人居聚落环境

(图片来源:百度图库)

2) 实例分析——东沙古渔镇人居环境变迁

东沙古渔镇是舟山群岛历史上的著名渔港,更是清朝、民国时期东部沿海的繁华商埠,古称"东沙角"。由于东沙濒临盛产大黄鱼的岱衢洋,渔业捕捞与加工业的发达造就了东沙的繁荣,建成了渔业重镇,繁华景象从清朝一直延续到 20 世纪六七十年代,新中国成立初期是岱山县的政治、经济中心(图 3.16)。一业兴带百业旺,清朝文人王希程曾这样描述当时横街鱼市的繁华景象:"海滨生长足生涯,出水鲜鳞处处皆,才见喧闹朝市散,晚潮争集又横街。"

图 3.16 东沙渔镇鼎盛时期的规模

(图片来源:百度图库)

20 世纪 70 年代末以来,随着大黄鱼等鱼类资源的严重衰退,作为濒临大黄鱼主产区的东沙镇受到巨大冲击,人居聚落不再似当年那样繁荣,没有大黄鱼资源也就不会有渔汛旺发时的 8 万流动人口,没有如此庞大的流动人口也就不会有与之配套服务的产业和相关产业人口,并且对常住人口产生严重影响,根据第五次人口普查,居民 3 148 户,总人口 7 486 人,这与高峰期光是东沙角就有 2 万之众的常住人口相差甚远。人口的锐减,对商贸诸业及社会、文化、教育带来影响。以渔业而兴,以渔业而建的东沙古镇,其鲜明的渔业特色的人居环境已成为历史(图 3.17)。

图 3.17　东沙渔镇现在空心化街巷的时代定格
(图片来源:作者自摄)

因此,水产资源最直接的使人居聚落产生,水产资源的兴衰很大程度上决定渔村聚落的规模,并且赋予人居聚落很不一样的空间场所特征(图 3.18)。

海滨水产冷库　　　　　　　　　　　　　　海坝上织网
图 3.18　水产资源带来的空间特色场所
(图片来源:作者自摄)

3.2.7　能源资源

能源对舟山群岛人居环境的影响越来越大。传统的海岛聚落对能源的使用和依赖都很少,近代以来从机帆船动力捕鱼开始到现代产业和生活方式,全部离不开电力石油等能源。海岛能源的短缺和互通的不易,越来越成为阻碍海岛人居环境进步的主要因素。

至 2008 年年底,舟山电网共拥有电源装机容量 41.93 万 kW(其中 6 000 kW 以上装机37.544 4 万 kW),其中装机容量较大的电厂有舟山电厂(12.5 万 kW+13.5 万 kW)、定海电厂(6.1 万 kW)、岱山电厂(2.4 万 kW)、泗礁电厂(1.55 万 kW)。除舟山电厂与定海电厂以110 kV 电压等级上网外,其余电厂均以 35 kV 及以下电压等级上网。

表 3.11　2008 年舟山电源概况

2008 年	装机容量(万 kW)	发电量(亿 kW・h)
舟山主网	38.85	22.88
其中:舟山电厂	26	19.20
定海电厂	6.1	3.51
岱山电厂	2.4	0.15
舟山主网其他装机	4.35	0.02
嵊泗电网	3.08	0.07
其中:泗礁电厂	1.55	0.02
嵊山电厂	0.5	0.02
洋山电厂	0.38	0.01
嵊泗电网其他装机	0.65	0.02
全市合计	41.93	22.95

(资料来源:作者自制)

随着舟山电网负荷的迅猛增长,其电力负荷重载的现象较为普遍,在夏季高峰期间,普陀变、城西变和秀山变的最高负载率均超过了 80%,难以满足主变"N−1"的要求。此外,部分海岛电网孤立分散,经济效益与供电可靠性较差。舟山市部分边远岛屿电网孤立分散,目前仍采用柴油机组发电,设备陈旧、能耗大、成本高,经济效益与供电可靠性均较差,影响海岛的经济发展。根据实际情况,需逐步实现岛屿间联网,实行集中统一供电,以提高经济性与可靠性。

但是,展望未来,海岛地区又有丰富的新能源开发潜力。本区岛屿密集,往往成列分布,港湾众多,离陆较远,海面风大浪高,蕴藏着巨大的波浪能。交叉纵横的水道和海峡集聚了丰富的潮流能;而海岛沿岸大小港湾内则因其有较大的潮差与足够的纳潮库容而蕴藏着丰富的潮汐能。据不完全统计,舟山群岛的潮汐能达 75 万 kW,可开发点有 170 处,潮流资源可开发点共有 42 处。波浪能富集的海域主要分布在绿华、嵊山、浪岗、东福山等海区。

3.3 单元构建的人文与传统因素

社会经济的积淀在一个地区会深深地影响人居环境的方方面面。在舟山这样一个特殊的地区人居环境，可以从政治军事、风水礼制、宗族族群等方面去理解体会。

3.3.1 政治军事

舟山群岛位于中国大陆海岸线中部，长江口南侧，杭州湾外缘的东海洋面上。背靠沪、杭、甬长三角辽阔腹地，面向浩瀚的太平洋，是长江流域地区通向世界的海上门户，是长江流域与海上交通联结之枢纽。舟山群岛又恰好处于北京、广东之间，占领舟山即可切断中国南北的海上交通，北上可威胁京津，南可取广东；舟山绵长的海岸线和众多天然深水良港，不仅是良好的安全的船舶锚地，而且还可防御和阻遏军队的进攻，因之，舟山历来为海防要塞、兵家必争之地。舟山群岛特殊的地理位置，使得这一地区不仅历来受到国内各类政治集团的关注，而且也是外国列强、政治集团觊觎之地，这是其外敌入侵不断，国内战乱屡遭其列的原因。

1) 舟山发生过的战争

舟山独特的地域环境，对用兵者而言，无论从内陆败退入海，或由外海进攻内陆，都将舟山作为军事跳板。西周时期徐偃王率兵退守舟山，抵抗周穆王暴政，在定海临城筑城，将舟山作为根据地。东晋时期，山东人孙恩发动农民起义失败后，退守舟山。唐代台州人袁晃揭竿起义，在舟山建立水军反抗官府统治，直接导致翁山县被废。到了宋代建炎三年(1129年)冬，金兵攻明州，知州李邺投降，赵构等人于是年十二月逃到昌国(今定海)，隐居在城西紫皮岙。元至正十五年(1355年)，方国珍攻占昌国州，将海岛作为其根据地。明代嘉靖年间，倭寇和海盗肆行，舟山又经历了一次长达近 20 年的抗倭战争。经过戚继光、张四维、俞大猷、卢镗等将领奋力围剿，与倭寇战斗数十次，才肃清舟山境内的寇患。明末清初，明末遗臣拥戴鲁王朱以海为监国，于清顺治六年(1649年)，与清军展开一场攻守战。这场战争延续了十余年，到康熙初年才使明末遗臣彻底以失败而告终。近代鸦片战争期间，定海两次被英国侵略军占领，舟山成为鸦片战争主战场之一，定海保卫战是中国军队在鸦片战争中抵抗最惨烈的一战。抗日战争时期，东海抗日游击队及人民群众与日寇展开斗争。解放战争末期，国民党 10 万大军败退舟山，1950 年 5 月 17 日，中国人民解放军第三野战军浙东前线部队，渡海登陆舟山群岛，历时一年的舟山群岛解放战胜利结束。

2) 舟山群岛战争发生的原因

首先，舟山在古代社会具有作为"根据地"的特质。舟山地处边远海岛，又与大陆存在大海阻隔，在古代社会，海上交通工具不发达，大海阻隔使海岛成为易守难攻的基地，农民战争或对抗政治集团将舟山作为根据地。

其次，舟山优越的地理位置和优良的港口为侵略者所觊觎。英军把侵占舟山，作为其在中国尤其是长江三角洲地区和长江流域进行经济掠夺的重要据点。《鸦片战争在舟山史料选编》载,清道光十九年(1839年)十一月四日,侵华战争策划者巴麦尊子爵致海军勋爵专员们一封信中呈报:"女王陛下已经同意派遣海陆军前往中国沿海。""女王陛下政府的打算是:这支远征军一旦到达中国海,就必须占领中国沿海的某个岛屿作为集结地和行动基地……能提供良好而安全的船舶锚地,能防御中国方面的进攻,能根据形势需要加以永久占领,女王陛下政府认为舟山群岛的某个岛屿很适合此目的。舟山群岛的位置处于广州与北京的中段,接近几条通航的大河河口,从许多方面来看,能给远征军设立司令部提供一个合适的据点。""舟山群岛良港众多,靠近也许是世上最富有的地区……在大不列颠军队的保护下……贸易不久必将发达,不仅与这个帝国的中心地区进行贸易,而且很快就能开拓与日本的贸易……大不列颠将会得到巨大的利益。""如果说扬子江、大运河以及舟山群岛对面那些最富裕地区的内陆航运贸易等于全欧洲贸易的三分之一……中国的国内贸易等于全欧洲的贸易……在扬子江两岸,上至南京,密布着繁华的大城市。如果在200英里范围内,拥有这些城市、河流和运河,在安全的军事基地上建立一个大不列颠商业中心,其价值是不可估量的。"英国侵华战争中的"首席指挥官"、海军上校义律,清道光二十年(1840年)二月二十一日,在其致海军少将梅特兰信中的这段话,进一步道出了侵略者将侵略中国先侵占舟山作为首要目标的原因所在。

3)频繁的战乱对舟山群岛人居环境的影响

舟山群岛在各个历史时期频繁的战乱发生,严重地摧残了社会生产力,社会经济各方面遭到极大的破坏。尤其是晚清以来的倭患,明末清初"辛卯之难"屠城和两次鸦片战争,破城掠地,大批岛民将士遭到屠杀和洗劫,尸野遍地、田野荒芜。战争导致劳动人口急剧减少、土地荒芜、海岛废弃、水利失守。这些战争导致的直接后果是经济衰落、社会倒退,人居环境受到毁灭性破坏。

4)封建国家政策对舟山群岛发展的影响

舟山群岛的兴衰与中央政府所采取的政策措施有着直接和必然的联系。舟山群岛历史发展显示,凡是中央政府重视海岛,采取积极有效的政策,舟山群岛就能休养生息,经济和社会能得以稳定发展,岛民就有安居乐业的人居环境;反之,中央政府出台的政策、措施不利于舟山群岛的发展,甚至置岛民的生命财产于不顾,舟山群岛就会受到毁灭性的破坏,并且要用相当长的时间才能恢复到原有的发展水平。

在漫长的古代岁月中,万里海疆犹如万里长城,基本没有外敌入侵,海岛被视作化外之地,因之,早期的中央政权忽略边缘海岛,随着生产力的发展,宋代之后经济重心南移,直到晚清时期,海疆受到严重威胁,中央政权对海岛的重视程度不断提高,中央政权统治海疆的政策不断出台,其内容不断增加。海疆政策主要内容有:政治上的海禁政策、海岛移民政策、海岛治理机构设置政策;军事上的防御政策;经济上税收政策、贸易政策;等等。

下面从舟山的实际情况来分析中央政权在海岛政策实施过程,对舟山群岛发展带来两个方面的负面影响:

(1)海禁与内徙政策

明太祖以"禁民入海捕鱼以防倭也"(《明太祖实录》第159卷第5页)为由,"寸板不许下海",并迁岛民到内地实行虚岛政策。舟山群岛曾"沃土万家烟火输赋","明初议遣徙富都一乡,以乡民王国祚、国祯兄弟诣阙画陈不可徙之状得存。在城分定、昌国二里,在部分富都四里"。(《定海厅志》卷十四,志一第62页)安期乡、金塘乡、蓬莱乡,徙民入内地,乡废。四乡仅剩一乡。海禁迁民将众多岛屿和乡村废弃为荒岛、野村,成为海盗巢穴。

到了清代前期,清军海上力量不足,为对付雄居东南的郑氏集团,出台的海禁政策与明朝相比,则有过之而无不及,不仅迁岛民,而且东南数省海岸线内三十里居民全部内迁。据《普陀县志》:"顺治十三年(1656年),十月,宁海大将军伊尔德迁舟山海岛居民入内地,勒限严迫,人众船少,又遇大风陡发,覆溺甚众。"桎齿裡(今舟山岑港、烟墩一带)一居家谱《遣復记》载:"顺治丙申(1656年,顺治十三年),诏徙居民入内地。其时限迫近,船不及载,且遇飓风而淹没者,所在多。有其幸全者,船一到镇,促迫上岸,满目无亲,伥伥何之。兼之桃符换旧,各拜春王。回念风景,殊难再得。其不至,望海号泣者幾希矣。"上述记载,充分反映了当时清朝统治者及其军队,对舟山岛民实施强迫迁移时不顾百姓死活,致使许多生灵船沉人亡,这样一场骇人听闻的暴行,以及被迫迁移的岛民到大陆后,举目无亲,遥望故乡哭泣的悲惨境况。

海禁与内徙政策对舟山群岛带来的负面影响可以说是毁灭性的,人口锐减,甚至一度时期不允许岛民留在海岛,大量田地荒芜,捕鱼业、盐业基本停止,城镇乡村废弃,海塘水利失修,曾经繁荣的群岛成为荒无人烟的荒岛。

(2)海防政策与行政管理机构政策

我国历史上的防御重心在西北,万里长城的修建是为防御西北少数民族,宋以后经济重心南移,到明清随着形势的变化,防御重心南移。但到明朝,自给自足的自然经济和中央集权体制相结合,形成了一种相对封闭的、内向的、安土重迁的心理定势,这种不求向外扩张的心理构成了传统海防思想的基础。(卢建一,2011)

舟山群岛海防战略位置十分重要,"南北两洋扼要之区,舟山最冲险地,宜设重兵以守之……夫定邑为宁郡咽喉,而舟山为定邑门户,攘外正所以安内,舟山固则定邑固,定邑固则宁郡以达绍郡俱固"。(《舟山志》卷之一,舆地)"舟山田产虽少,颇称沃壤,可供十万余人之食,使为寇据,则十万余寇饱其食以与内地为难者无穷也……资盗粮数十万以扰边海也"。(《定海厅志》卷二十,志五下,军政)因此,驻兵可追溯至宋、元,"建炎,立寨兵,一为三姑、一为岱山……(元)昌国州弓兵一百六十名,捕盗司三十名,岑江巡检司二十名,岱山巡检司三十名,三姑巡检司二十名"。(《定海厅志》卷十九志五上,军政)

明初舟山群岛驻军二所四巡检司,计兵力近三千名。其指挥机构昌国卫起初设置昌国(今定海),后迁至象山,置中中、中左二所,附隶定海区(今镇海)。毋庸置疑,指挥机关向大陆迁移,以及舟山作为倭寇来犯的首冲之地,兵员配置的不足,这对舟山的防务带来较大的负面影响,使倭寇侵扰舟山群岛屡屡得手,并占据金塘、沥港、普陀山等地作为其巢穴,给岛民的生命财产带来了严重的损失。

唐开元年间(738年)舟山设县治,对舟山的经济社会发展的作用是历史性的,治的设置为舟山宋元时期的繁荣鼎盛起到了重要的作用,后因唐朝袁晁起义在舟山建根据地县治被废。元朝昌国县升格为昌国州,进一步体现了元朝中央政府对舟山的重视程度,以及舟山的经济社会发展实力。然而,到了明朝(1369年),将昌国州改为县,1387年6月,又废昌国县而为乡,且将军事指挥机构昌国卫徙往象山,以后又将昌国卫并入到定海卫(今镇海)。县治直到康熙二十三年(1684年)颁布展海令后才恢复。县治的几次废弃,对舟山群岛的经济社会发展带来的消极影响是极其严重的。

3.3.2 风水礼制

1) 风水理念的影响

风水学是人们对环境的优选学,它是一门集天文学、地理学、环境学、建筑学、美学、心理学、伦理学等于一体的古老科学,风水是我国传统的村镇城市选址和规划设计的理论,负阴抱阳,背山面水是风水论中基地选址的基本原则。所谓负阴抱阳,即基地后面有主峰来龙山,或曰玄武,左右有次峰青龙、白虎左辅右弼山;前面有弯曲的水流(村镇、城市)或月牙形池塘(宅、村),水的对面有一个对景山案山,远处有朝山;轴线方向最好是坐北朝南。如符合这套格局,地势平坦而且有一定坡度,在这样一个总格局下选址建造,很有利于形成良好的生态和良好的局部小气候。背山可以屏挡冬日北来寒流;面水可以迎接夏日南来凉风;朝阳可以有良好日照;近水即可以取得方便的水运交通,也可以便利生活、浇灌;缓坡有利于避淹涝灾害。(于希贤等,2005)

无论是风水理论还是人们的居住环境实践,就风水格局的空间构成而言,都采用封闭的空间形式,为了加强封闭性,还往往采用多重封闭的方法,如四合院就是一个围合的封闭空间。作为城市也一样,从城市中央的衙署院到内城再到廓城,是环环相套的多重封闭空间。村镇、城市的外围,按照风水格局,基地后面是以主山为屏障,山势左右延伸到青龙白虎山,成左右肩臂环绕之势,遂将后面及左右围合,基址前方有案山遮挡,逐同左右山脉,将前方封闭,形成第一道封闭圈。主山后的少祖山、祖山、青龙、白虎之侧的护山八案山之外的朝山又形成了第二道封闭圈。所以,论风水格局是在封闭的人造建筑环境之外的天然的封闭环境。

海岛村镇城市选址基本采用了上述原则,但是由于海岛与大陆地域割裂,缺少绵绵不断的山脉,地域空间相对狭小,河流短小,再加上海岛对外交通及捕捞产业需要方便的渡口,为避免台风海潮灾害天气,又需要可以挡风避大海潮的港湾。海岛地理环境及气候特点决定其风水理念在海岛实践运用过程中有其自身特点。

2) 海山景观与风水的有机结合——定海城

定海城无论老城的位置,还是今天扩展后的城区都已符合"负阴抱阳,背山面水"的风水基本原则。历史上定海城几经废除,又几经重建,都是在原址上进行,根本原因是"负阴抱阳,背山面水"的风水基本原则所决定。根据史书记载:唐朝建县城的原地址迁在叉河,因叉河土轻,而移至镇鳌山下。风水中有关土质的原则是:以"土细而不松,油润而不燥,鲜明而不暗"为佳,盖为"生气之土"。称土法为"入土一斗,称之,六七斤为凶。八九斤为吉,十斤以上大吉"。以此来推判土壤的密实性和地基承载力,可见定海城选址"称土"后由叉河移到镇鳌山下,有一定的科学道理。

定海古城选址也在负阴抱阳,依山傍水的地方,作为造城地址的"吉地",就是生气出露于地表并被藏蓄起来的地方。必须由山环抱,以免遭风吹散,即所谓的"藏风之地"其具体的就是:一是背靠的山有来路即龙脉,风水穴位于当中之主峰的山脚下,周围山体有青龙、白虎、朱雀和玄武四神砂,分列于东西南北四个方位。尽管舟山海岛与大陆因大海隔绝缺少来脉悠远,生气连贯之势,然而从卫星地形图上可见,定海古城与舟山本岛的山脉连贯仍是气势强大,蜿蜒而来的山脉有生气。定海古城呈现出中轴对称的景观:主山(镇鳌山)——基址(古城)——案山(关山)——朝山(五奎山)。定海古城的背山是镇鳌山(又名锁山),镇鳌山由县治主山——双髻山的主峰,延绵下来,脉络清晰。定海古城的北面紧靠镇鳌山;西面有白虎山,逶迤到海口的竹山;东面有长岗山延绵到海口的青垒山,遥遥相抱;"近而小者,案山也,远而高者,朝山也",南面码头内关山,即定海的案山,码头外的小岛五奎山即为定海城的朝山。老城的西北部把镇鳌山一块围入城中。山环挡风,气不散,定海西北部和北部的山脉形成了城市北部的层次深远而高大雄伟的天然屏障,阻挡着北部的寒风;有水为界,气为止,定海古城南面海湾的暖湿气流和南部的阳光源源不断静如居民区,形成回环的气旋,使定海古城具有微风、和风、暖风和回环清新的气候、充足的阳光、充分的水离子的优良环境,形成最佳人居环境。在景观上,主山衬托着城市,以其秀峰层集,景象深远,林木葱郁,霞披云绵,阳光返照,四时不同,光色变幻,多姿多彩,使城市北部天际远景有悦目的收束。定海南面的小岛五奎山和诸多岛屿犹如颗颗璀璨明珠镶嵌在海面上,使开阔平远的视野增加了丰富性、立体感。隔水瞻望,波光水影,轻舟移动,形成绚丽多姿的画卷。以五奎山为荃址的对景、借景和海湾中多姿多彩的船舶使基址前方远景增添了丰富性和多样性。古城"四神砂"及其余脉,为老城封成了一道自然的封闭圈,再加上基址南面朝山及朝山的周围的西蟹峙、盘山峙,长峙岛岛链,又为定海老城南面在大海形成了一道天然屏障,为定海老城营造了优良的港口。(图3.19)

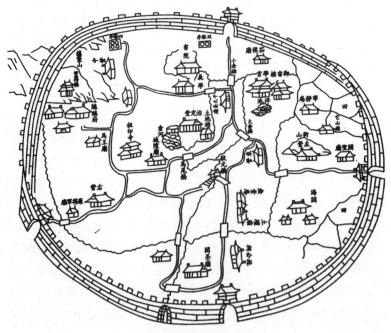

图 3.19　定海古城图

(图片来源:作者自绘)

风水理论认为"吉地不可无水",所以,"寻龙择地须仔细,先须观水势""地理之道,山水而已"。《古本葬经》:风水之法,得水为上,藏风次之。凡农耕、渔猎、饮用、舟楫之利,以及小气候的调节和环境净化都离不开水。定海老城陆上三面环水,城墙北面的东段,东面南面的整段,西面的南段外边都有河流环绕。民国《定海县志》对定海老城的水流这样记载:"西北条,自城北普慈寺南流入城东南折经缪公祠,又东南分二支,一支南过登龙桥经景行书院西折,经厅署历平政桥而西会龙首桥下水,北潴于县仓西,为县仓河。一支东过小余桥迤南经学宫,又东折历置云桥登瀛桥与东喉水会,更南分二支,南支经带月桥西折至解元桥,与状元桥下水会。西支经大余桥西南行,复分西南二流,西流过龙首桥而北与平政桥下水会,亦潴于县仓河。南流过状元桥直南,与解元桥下水会,又会西北花园底诸水,南出水门入濠河。濠河北起北教场,迤东而南经东教场复迤南,分一支入东喉,与城中诸水通……"定海老城在丰富水源及多支河流的会聚,使老城呈典型的"小桥流水人家"人居环境。在中国古代不存在今天这样公路发达的条件,交通运输主要靠水运,因交通带来了便利,促进了定海古城商贸的繁荣。《水龙经》曰:"后有河兜,荣华之宅;前逢池沼,富贵之家;左右环抱有情,堆金积玉。"定海老城不仅是陆上河流"金带环绕",盘桓有情,而且案山(关山)与朝山(五奎山)之间的海水,形成了开阔平远的视野。当盛夏,定海老城南面广阔的大海又为老城带来了阵阵凉风,消去老城的暑气,形成优良的海岛老城小气候,为老城居民提供了优质的人居气候环境。案山(关山)与朝山(五奎山)之间的海上廊道,是舟山最早的渡口——舟山渡,成为定海与周围各岛及远航大岛相关港口的主要渡口,又是渔船商船靠埠码头。每当台风时节,由于有五奎山等小岛挡风浪,渔船纷纷到此避风,以保船只安全。

古代城市一经出现,就面临军事防卫问题,《淮南子·原道训》记载:"鲧(禹的父亲)筑城以卫(护)君,造郭(外城)以居人,此城郭之始也。"《管子。枢言》谓:国有宝,有器,有用城郭,险阻,蓄藏,宝也。"国必依山川",除前述生态环境之利外,为设险守国之用。定海老城充分利用了城西的竹山,城南五奎山等作为军事屏障,在两次鸦片战争中发挥了重要作用,城北主山和少祖山,城东的长岗山等山脉又为老城北向、东向开成了天然屏障。

3) 尊卑有序礼制影响

中华传统文化儒家伦理占重要地位。自汉代以后,儒家思想广泛渗透到精神文化与物质文化的各个领域,中国传统建筑作为传统文化的重要组成部分,从一个侧面反映和表达了儒家伦理的理念和要求,传统建筑的整体布局与群体组合、形态与结构特征、空间序列与功能使用、装饰细部与器具陈设等方面浸透着儒家伦理的种种特征。这其中,严格而明确规定尊卑贵贱秩序的"礼"的观念……(单德启,2009)

汉民族建筑有严格的建筑等级制度,民居布局所构建的封闭的空间秩序,与儒家礼制的"男女有别""内外有别""尊卑有别"伦理秩序形成了同构对应现象,传统民居是礼制等级制度在建筑中的外在表现,"作为儒家基本伦理的五伦中的三伦——父子、夫妇、兄弟都在家院的围墙内表现出来"。(白馥兰,2006)

舟山海岛古村南岙,该村的里新屋聚居点20世纪70年代尚保留的南岙张氏第十二代世祖张文照住宅空间布局和住宅安排,突出了儒家尊卑有序的人伦等级观念。

十二代世祖在里新屋聚居点共有二处住宅,一处呈"L"形宅园,另一处在相距约20 m处四合院,计 16 间。十二代世祖共有五个儿子,分别为恭房(大儿子)、宽房(二儿子)、信房(三儿子)、明房(四儿子)、惠房(五儿子)。房子的使用安排如下:

长子恭房单独一处"L"形宅院,其分配使用的房子最多且独成体系,这与中国传统文化中长子的突出地位相关。

四合院的分配使用,按照"北屋为尊,两厢次之,右首为大"原则进行分配,象征并强调了尊卑、长幼秩序。四合院中间的厅堂不住人,是全家最重要、最中心的核心空间,专为家庭婚丧、寿庆祭祀等大事用之。"住宅中必然有一个这样公共的、代表全体居住者的空间,以表现这种整体性。厅堂的功能,就是适合人与人之间关系的礼节与团体生活形式发展而设定的,是约束个人而成就团体秩序的(王其钧,2005)。"

在厅堂中,中间祖宗牌位的设置、祖宗画像的悬挂。厅堂右首的正间及库头分给宽房二儿子,厅堂左首的正间及库头分给信房三儿子,右首库头外侧三间分给明房四儿子,左首库头外侧三间分给惠房五儿子。这种分配方式充分体现了尊卑、长幼制序。

3.3.3　宗族族群

1) 宗族族群在渔农村中不同的影响力

海岛地区缺少广阔的平原和绵绵不断的高山峻岭,仅有丘陵和面积不大的小海积原,由此形成了众多的山岙,各个山岙人居之后成为一个个自然村,这些山岙中的自然村基本为"一岙一姓",这应该是海岛地区族群聚落的一大特点。它既是一种区域建筑及文化现象,又是海岛地区人居空间分布的现状。

舟山的人口历史上都是宁波、温州、台州等地迁徙而来,但是人口集聚与繁衍的方式本岛与小岛,农村与渔村是有区别的,农村是以宗族血缘为主体建立聚居点,渔村则是以某一地区的族群为主体建立聚居点。

舟山群岛第一大岛——舟山本岛和一些较大岛屿如六横、岱山等陆域面积相对广阔,历史上随着海平面的下降和泥沙的淤积,陆域面积进一步增大,出现大批海积平原,成为可开发的盐场和可开垦的农田,这客观上为先民们提供了晒盐和农耕的物质条件。舟山早期的先民是由大陆迁徙而来的,他们来到舟山后,找到宜居的山岙按血缘定居下来,经几百年的繁衍和发展,每个山岙成为近千人或几千人的自然村,这些自然村基本为同一血缘的族群,因此,基本为"一岙一姓"。其发展过程,族群、宗族起到了主导作用。下面以普陀区东港街道南岙村为例进行分析。

而主要从事渔业的小岛渔村聚落人口起源,往往是从邻近的大陆某一区域集体迁徙过来,是以一个地区的族群为主体的。至今在舟山市嵊泗县的小岛上还有使用温州方言的渔村。

2) 宗族聚落南岙村概况

根据史料记载,唐开元二十六年(738 年),析鄮县为翁山等四县,翁山县置富都等三乡,南岙属富都乡地。宋端拱二年(989 年),置芦花盐场管理盐税,生产和收购,南岙灶户属之。熙宁六年(1073 年),析鄞县旧翁山县地置昌国县,设富都等三乡,南岙属富都乡鼓吹里。明初海禁徙民荒废。根据口传：明嘉靖年间，南岙张族由河南中洲府杏花村右旗侧张氏迁镇海霞浦，后有三兄弟东渡定海，分居展茅、南岙、邵岙。这三岙张族春节互拜、节庆往来，有近二百年历史，且后代排行相同。这也从一定角度印证了口传张族渊源。

　　南岙村坐落在舟山本岛东部丘陵地带。东靠中南山；南绵西岙岭、岱浦缪岭与舵岙，岱浦缪交界；西通临城勾山小平原，与芦花村接壤；北依狮子山，倭巢岗，跨山岗与赵家岙，邵岙，塔岭下村相邻。地势由东向西倾斜，东部宽，西略窄。南、东、北三面环山，连成畚斗形村落——岙。西部和中部冲积小平地如这畚斗开口处，平展着近千亩水田。村境东西长约2.8 km，南北宽1.2 km。总面积2.53 km。2000 年统计总人口 1 421 人（邬永昌等，2003）（图 3.20）。

图 3.20　古南岙村地图

（图片来源：作者自绘）

3）南岙村一个中心，多点扩展的人居聚落演变

　　从前所述，在南岙张氏宗族的核心家庭的血缘传统过程中，每一代人都有独立建造新屋的强烈愿望，一旦经济条件许可，就会于老屋分居重新造房，营造一处属于自己核心家庭的"大屋"。由此可见，这种宗族文化传统对人居环境影响之大。

　　河南张氏因避乱逃离本土，几经周折，于明嘉靖初至南岙老屋定居。老屋成为张氏定居中心至今已有 18 代，以后由老屋这个中心分居出仍在南岙地缘范围内的小聚落有三和、三房、高地里、中心北、中段里、园里、四份头、五房、柏三、半山、西岙岭下、里新屋、外新屋、鲁家园等14 个。并先后建有祠堂：椒衍堂、复裕堂、务本堂、垂裕堂、宽裕堂、宁裕堂。"祠堂不仅是祖先的象征，也是宗族组织的象征。"因此，家族准备建筑房屋时，首先要考虑建祠堂（王其钧，2005）。

　　据南岙村志记载：南岙张氏先祖于明嘉靖初至老屋定居，此地名亦是"由最早定居的张姓祖先居住的房子得名"。（《普陀县地名志》）老屋坐北朝南，冬暖夏凉。先祖在老屋建张氏最早祠堂——椒衍堂。椒衍堂位于老屋仓后山麓，明嘉靖年间（1522—1566 年）南岙张氏先祖创建。原由正堂和左右厢房组成，呈三合院。正堂三开间，七架前后双步，单檐硬山顶。厢房设会客厅、厨房等,明堂设有花坛,清初改为公堂屋,民国二十五年(1936年)改作"私立南众小学"。

从南岙村张氏宗族近500年的历史发展看,老屋是张氏宗族的中心,也是张氏宗族最早的聚居点。以后南岙村的张氏族群随着人口的增加,逐渐向南岙村其他小自然村扩展,形成新的张氏聚居点。这里较为典型的有以下几个张氏族群聚居点:

三房聚居点。三房位于南岙村东北面,东以里湾蛟为界;过蛟即邵岙村;南接面前山;西连老屋,北靠狮子山。聚落沿山边呈块状。清康熙二十九年(1690年),南岙第四代先祖张复中第三子张君惺孙张公美(第七代)在此建造三房祠堂——务本堂及楼房15间故得名。

位于三房狮子山南麓的宽裕堂,坐北朝南,于清乾隆三十年(1765年)前后,南岙第九代先祖张廷琇建。属张氏垂裕堂第二房下叔、季两房祠堂。始建宽裕堂在18间楼房内,傍还有6幢楼房。

鲁家园聚居点。鲁家园又名外新屋。位于南岙村西南面。三面环山,一面临田,坐南朝北。东接里新屋,南靠凉岩岗,西依丁家山,北临南岙河。聚落沿山边呈块状。清乾隆三十五年(1770年)南岙张氏第10代先祖张志渊在此建宁裕堂和24间走马楼,建筑面积2 800 m²,占地约3 300 m²。走马楼是典型江南四合院楼房,由一排正堂、一排前厅和左右厢房及8部楼梯等围成一个四方形。面广宽35 m,进深38 m。内外四坡二层楼。中间有一个150 m²天井,正堂屋后有一个小花园,前厅屋前有一个道地,道地东西设有墙门,东西厢房外各有侧屋,与厢房隔着小天井。西边小天井南北各设小门。正堂、前门均为三开间。库头与正屋、厢房之间均为楼梯,楼上楼下设廊檐,正屋与厢房廊檐相连,楼廊四面相通,意可遛马,故名"走马楼"。正堂中间即为宁裕堂。廊檐建筑精美,内檐配落地式格扇门,廊顶皆用拱形骨橡,门楣和柱头雕饰花鸟禽兽,镂门饰窗。雨天不需过湿地。整座楼房除下层窗腰以下用条石或石板砌筑外,其余墙体只用杉木板壁代替,故抗风努力差。清末,因遭台风侵袭,走马楼东首厢房到圮,西南首楼房及东南首正堂楼房后由于人口走增加拆至外围改建。原址只剩改建后宁裕堂。

里新屋聚居点。里新屋位于南岙村南面,坐南朝北。东与西岙岭下自然村相连;南依美女山,与舵岙村接界;西通鲁家园,北与中段里相接。聚落沿山边呈块状。里新屋原有24间走马楼,清乾隆三十七年(1772年)南岙第九代先祖张廷璋次子由老屋析居兴建。因该楼处于鲁家园走马楼里边,又是新建走马楼,故名里新屋。走马楼由一排正堂,一排前厅和左右厢房及8部楼梯等围成一个四方形,中间设天井,前后设道地和小花园,其建筑形式与鲁家园走马楼相似。整座建筑上下贯通,共有二层楼房24间,建筑面积约2 000 m²,占地面积约2 500 m²。惜于清光绪十七年(1891年)前后毁于火灾。

五房聚居点。五房位于南岙村东北面。东依南中山与陈家后村交界;南与柏三相连;西接鳓鱼山嘴,北靠倭巢岗。聚落沿山边呈条状。清康熙年间,张朝卿第五子在此建房而得名。清康熙年间从老屋析居。

柏三聚居点。柏三又名伯三、佰山。位于南岙村东面,东依半山,南接荒地湾,西临南岙水库,北连五房。聚落沿山边呈块状。《普陀县地名志》载:"由张姓祖先的户(房)名'柏(伯)三房'定名。"清乾隆五十年(1785年)从老屋析居。

高地里聚居点。位于三房东南边,坐东朝西,面临面前山,背依倭巢岗。清康熙年间

(1662—1722 年)南岙张氏振字辈先祖兴建。四合院一排正堂、一排穿堂、一排前厅和左右厢房等一排侧房组成,计有平房 30 间。清末遭台风侵袭后逐渐倒坍,至 20 世纪 40 年代全部拆除。今遗址上建有楼房平房 20 余间(邬永昌等,2003)。

3.4　群岛人居单元运转规律

3.4.1　群岛人居单元运转的动因

随着海岛经济的发展、社会的进步,海岛特色资源的开发对人居聚落、人居环境的变迁的作用愈来愈大,两者在变迁中互相联系、互相渗透、互相促进。港口与渔业资源变迁产生了古代渔镇和当代千岛新城;滩涂、海岸线资源变迁拓宽了海岛居民生存环境和生存空间,孕育了临港工业,促成了新兴工业人居聚落和临港工业城区;海岛旅游资源变迁为海岛带来了大量人流的同时,使海岛渔村人居聚落逐步向旅游人居聚落发展。海岛资源催生了海岛人居聚落,改变了海岛人居环境,海岛人居聚落、人居环境又促成了海岛特色资源的开发与变迁。资源对人居环境变迁的影响具体可归纳为四点:

海岛人居环境聚落性质发生了变化:随着渔业资源的衰退,朱家尖等旅游资源的开发,使原来以捕捞、农耕为主的人居聚落向以城镇和旅游三产为主的人居聚落变迁。

海岛人居环境交通等基础设施发生重大变化:海岛与大陆、海岛之间各类大桥的新建,使很多海岛资源(例如旅游资源)的开发更加方便,同时也很大地改善了海岛的交通等基础设施环境。

海岛人居环境城镇化进程和村庄示范整治步伐加快:按照人口产业集聚,资源集约利用的要求,完善了城乡一体的空间布局规划体系,加快城区住宅小区建设,以及城区相关配套工程建设。将渔农村住房改造建设与中心村和村庄整治建设、资源开发、产业发展有机结合起来。

海岛人居环境软条件显著改善:在各种资源得到开发利用的同时,海岛文化体育事业也得到大力发展,加强了海岛基层文体设施、活动阵地和文化队伍建设。

海岛特色资源与人居环境的作用是个相互影响的过程,既主要表现为资源对人居环境的正向作用,也包含人居环境对资源的逆向作用。

1) 海岛资源对海岛人居环境的正向作用

海岛资源为海岛人居环境变迁提供物质基础和动力源泉。人居聚落的形成依赖于一定的物质条件,作为海岛人居聚落的形成,丰富的海洋鱼类资源是渔猎人居聚落形成的首要条件。海岛人居环境的改变与品位的提高更离不开港口资源和滩涂岸线等资源。只有港口资源变迁,才能使交通便利发达;只有滩涂资源开发,才能使海岛土地资源增加;只有岸线资源开发,才能使产业发展。反之,人居环境就没有物质支撑,人居环境将是无土之木,无源之水。

2) 海岛人居环境对海岛资源变迁的逆向作用

同时,必须清醒地认识到海岛资源并不是取之不尽、用之不竭的。海岛人居环境的过度

"发达"，生活和生产方式超过了某些资源的承载力之后，资源就会萎缩乃至消耗殆尽，一些鱼类资源的消失就是明证。

因此，海岛特色资源的开发促成了海岛人居单元的形成，造就了海岛人居环境。海岛人居环境始终处于动态的过程中，其重要原因是海岛资源不断变迁的结果。开发、利用资源必须从长远考虑，不仅要考虑当代人需求，更应为子孙后代着想，从而使人居环境的变迁世世代代有海岛资源作为支撑。

3.4.2　群岛人居单元运转的机理

舟山群岛人居单元生态环境脆弱，社会经济单调，这些不利因素相互联系、相互影响，制约着人居环境的可持续发展，因此，仅单纯地强调物质环境规划将难以取得效果，必须具有共生系统的整体观念。

首先，舟山群岛人居单元是一个系统，遵循系统存在、发展和演化的规律。系统方法是结构方法、功能方法和历史方法的辩证统一。结构方法是向内的研究方法，它可以揭示舟山群岛人居单元作为一个系统的统一体及其统一性保持不变情况下的系统内在规律。功能方法是向外的研究方法，它把系统当作"黑箱"，以系统对环境的作用来研究系统的行为。历史方法是基于时间单向性原理基础上的研究方法，认为一切结构和功能都是历史的存在，从而揭示系统的结构形式和功能随时间变化的规律，因此只有结构方法、功能方法和历史方法的有机统一才能完整地揭示人居环境系统的存在、发展和转化规律。任何系统都有层次结构关系。舟山群岛人居单元地域广大，面对这一复杂的人居环境系统，只有从系统论的角度着手，才能使复杂系统结构层次化。层次是系统在结构、运动、信息、时空中的级别结构和梯度功能。从系统论的层次性观点出发，就是要采用"庖丁解牛"的方法研究系统结构的空间层次。如果高低层次不分，就不能把精力集中到整体最佳效果。

其次，舟山群岛人居单元是一个自然——社会——经济共生的复杂系统，遵循复杂生态系统演化的规律，具有生态、生活、生产三大功能。自然生态亚系统由舟山群岛人居单元生物结构和物理结构组成。其中绿色植物、动物、微生物等与区域环境系统所建立起来的营养关系构成了自然生态亚系统的营养结构。人工设施及人文景观构成了主要物理结构。该系统以生物与环境的协同共存以及环境对人类活动的支持、容纳、缓冲及净化为特征，发挥着重要的生态功能，包括资源的持续供给能力、环境的持续容纳能力、自然的持续缓冲能力以及人类社会的自组织与自调节活力。社会生活亚系统以区域范围内的人为中心，包括城镇人口和渔农业人口等，以满足城乡居民的就业、居住、交通、供给、文娱、医疗、教育及生活环境等需求为目标，并为经济系统提供劳力和智力。该系统以高密度的人口和高强度的生活消费为基本特征，发挥着重要的生活消费功能，不仅包括商品的消费和基础设施的占用，也包括无劳动价值的资源与环境消费、时间与空间的耗费、信息以及作为社会属性的人的心灵和情感耗费。经济生产亚系统以区域范围内的资源为中心，由第一、二、三产业组成。它以物资从分散向集中的高密度运转、能量从低质向高质的高强度集聚、信息从低序向高序的连续积累为特征，发挥着重要的生产功能，包括物质和精神产品的生产，也包括人类自身的生产，包括产品的生产，也包括废弃物的生产。（于汉学，2007）

3.4.3 群岛人居单元运转的框架与结构

虽然,以单个海岛人居单元为营建对象是群岛地区规划设计最合理的载体,因为它具有明确的边界和载体。但是,只研究单元层面营建体系不能够深入理解舟山群岛人居环境整体运行的机理。在群岛这样的特殊环境下,岛屿单元以上层面的群岛格局环境和岛屿单元以下层面的岛屿内部住区环境都会成为人居单元形态的引导因素。舟山群岛人居单元的构建实际上是系统方法和共生单元理论具体应用的过程,群岛人居单元应被看作是一种结构功能布局和发展各种复杂体系的方法论基础。因此从系统论角度考虑,应把协调单元看成是一个系统。

因此,舟山群岛人居单元框架是由整体尺度(区域单元)和建设尺度(聚落建筑)两大层次以及自然生态系统、社会生活系统、经济生产系统三大亚系统构成的一个相互交织、相互影响、相互制约的综合体系。若将其置于一个坐标系中,这一有机整体是由垂直层面和水平层面组成的网络结构(图 3.21)。在垂直层面上包括区域单元和聚落建筑两大层次,它们在不同的空间尺度形成了不同层次的人居环境实体,各层面的研究重点有所区别。在水平层面上包括自然生态亚系统、社会生活亚系统、经济生产亚系统三个系统,构成这些亚系统的主要因素就是前文所述的自然资源因素和社会经济因素。

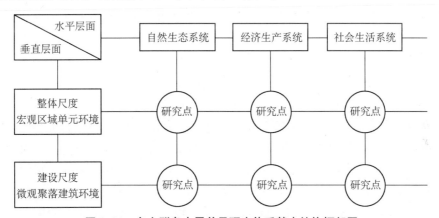

图 3.21 舟山群岛人居单元研究体系基本结构框架图

(图片来源:作者自绘)

1)垂直层面

(1)整体尺度——宏观区域单元环境

整体尺度的宏观区域单元环境是舟山群岛人居单元框架中所涉及的高级层次。由区域单元自然系统、区域单元社会系统、区域单元经济系统组成。具体的群岛人居单元是区域人居环境的主要载体。

区域单元层面人居环境由于涉及范围大、内容多,因此是多学科、综合性的研究领域。在这一层次中,人文地理学的区域观念及其所揭示的思想方法可提供了重要启示:即从普遍联系的观点出发,依据人文地理现象的差异性将"统一的地表"划分为若干单元,在不同的单元范围内探讨人居环境与自然环境之间的关系,总结出单元人地关系特点,进而通过比较研究,区分类型,找出共同点,是科学的人地关系研究所遵循的思路和方法,这一思路包含三点认识:一是只有一定区域单元的人地关系才能成为科学研究的对象;二是由特定单元人地关系研究所得出的认识,不能不加限制地上升为普遍性规律;三是只有从区域的观念出发研究人地关系,在大量的单元个案研究的基础上,才谈得上比较研究,只有通过比较研究才总结出人地关系的某些共性,得出一些带规律性的认识。这意味着:① 人居活动与地理环境之间的关系,在每一个不同的单元,都可能表现出不同的形态,具有不同的内涵。② 一个单元的人地关系有一个不断演进的动态过程,其模式不是固定不变的,即有时自然环境对人类活动的某些方面,可能是其主要方面,起决定性作用,有时人类对自然环境的"适应"是人地关系的主要方面,有时人类对自然环境的改造又是主要方面;而更多的时候二者则表现为一种互为因果、互相影响、互相牵制又互相促进的复杂关系,不能一概而论。

在群岛人居单元整体研究过程中,明确了群岛人居单元的构建框架,就需要分层分块的加以解析。所谓的整体尺度,包含:

① 舟山群岛整体区域范围内的景观格局特征分析。

② 群岛单元能源与水源体系组织结构及其相互作用机制分析。

③ 以生态学理论和方法指导的单元道路体系。

这个层面的研究最小落脚点是单个的群岛人居单元。例如,对单个单元整体的道路、能源、水源的解决方案。不深入涉及单元内部的分聚落或建筑的相关系统的营建研究。

(2)建设尺度——微观聚落建筑环境

建设尺度的微观聚落建筑环境是舟山群岛人居单元框架中涉及的基础层次。由聚落建筑自然系统、聚落建筑社会系统、聚落建筑经济系统组成。不同类型的聚落住区和建筑单体是微观聚落建筑环境的主要载体。

一般而言,聚落主要包括城镇聚落和乡村聚落。聚落是连接岛屿单元与建筑的中间层次。长期以来,由于传统的渔农业生产方式,这些村落多聚族而居形成了以宗族、亲缘为纽带,与人们家庭生活居住关系密切的社会单元,具有人口少,环境容量大,自净能力强的特点。在舟山群岛人居单元随着城镇化进程的加快,聚落规模越来越大,给海岛环境带来更多的压力。对于海岛聚落的发展来说,更应注重资源和生态环境保护,否则会因自然资源破坏而使经济发展受阻,因此将聚落纳入人居环境研究体系中,通过引入生态学方法进行生态营建,建设生态聚落已成为改善海岛人居环境质量的有效措施。

建筑主要包括与人们家居生活密切相关的量大面广的居住建筑,是人生中居留时间比重最大的人居环境,也是人居环境中感受最切身的环境。在建筑人居环境的生态化中,无论是节能节地、节水、节材,还是住宅建设的合理标准等都与整体关系密切,因此仅有单一的建筑概念,没有聚居概念是不能完整解释城市建设中建筑发展现象和人类对环境建设的重大要求。建筑层面人居环境生态设计内容主要包括运用传统和现代适宜技术进行建筑的节能、节地、节水、节材设计等。

所谓的建设尺度,就是深入群岛单元内部的聚落住区营建和单体的建筑的营建体系。内容主要包括:

① 群岛聚落和建筑的类型。

② 群岛聚落建筑的困境与机遇。

③ 群岛聚落建筑发展的适宜性途径。

④ 群岛聚落建筑营建体系的分层多元形态模型等。

这个层面的最小落脚点是单体建筑,最大的研究范围是聚落住区。都是群岛单元内部的包含元素。不会上升到单元整体或单元之间的研究广度。

以上整体尺度和建设尺度两个层次的人居环境,自上而下构成了舟山群岛人居单元的垂直结构,两个层次都具有其特定的内涵和内容,层次之间相互联系、相互依存。传统的规划设计由于过分强调专业分工,往往倾向于只针对某一个层次进行孤立的研究,其结果是整体性被忽视了。群岛人居单元环境垂直结构的建立,有助于我们自觉地重视人居环境整体性特征,把区域单元和聚落建筑的关键问题、关键部位等方面加以整合,因此,以整体的思想对待不同层次的问题是人居环境框架区别于传统框架的核心所在。

2) 水平层面

(1) 自然生态系统

自然生态系统是人居环境的"生存支持系统",包括区域单元自然系统、聚落建筑自然系统。

该系统以资源为中心,构成了人居环境可持续发展的自然基础。涉及非生物要素(地貌、水体、土壤等)和生物要素(动植物、微生物等)。以供养人口并保证其生存延续为标识。任何社会形态或社会形态的不同发展阶段,如果不能提供这个最基础的支持系统,也就谈不上去满足人类更高的需求。在逻辑关系上,当"生存支持系统"被基本满足后,就具备了启动和加速发展的前提。在舟山群岛人居单元,该系统以资源持续利用为基本内容。生态保护与人居环境发展之间的平衡是衡量人居环境可持续发展的重要指标。

自然生态系统的非生物要素和生物要素都不同程度地影响着城镇体系组织结构、城镇空间格局、结构形态和发展趋势。在什么地方配置什么样的城镇,通常取决于资源的空间分布、交通条件和土地适宜状况等。

(2) 经济生产系统

经济生产系统以资源利用为核心,构成了人居环境可持续发展的经济基础。包括区域单元经济系统、聚落建筑经济系统。

该系统主要由第一、二、三产业组成,涉及生产、分配、流通和消费各个环节。它以资源从分散向集中的高密度流动、能量由低质向高质的高强度集聚、信息由低序向高序的积累为特征,使经济再生产过程成为城镇生态系统的中心环节,经济结构也成为城镇生态系统的主要营养结构。该系统以产业结构作为基本内容。产业结构优化与人居环境发展之间的平衡是衡量人居环境可持续发展的重要指标。

(3) 社会生活系统

社会生活系统既包括物质环境建设的主体,也包含人类及其自身活动所形成的非物质性生活的组合。包括区域单元社会系统、聚落建筑社会系统。

物质环境建设系统包括区域单元人居系统、聚落建筑人居系统。涉及人类及其人类在自然环境基础上建设发展起来的一类以人为核心的人工生态系统,包括人工建造的人工环境,如城镇、道路、建筑、社区设施等。

非物质性生活系统以人口为中心,构成了人居环境可持续发展的社会基础。涉及人及其关系,意识形态和上层建筑等领域。包括人口、人口分布变动趋势、文化、艺术、教育、道德、宗教、法律、政治以及人的精神状况等,以满足就业、居住、供给、文娱、医疗等需求为目标,并为经济系统提供劳力和智力支持。该系统以高密度的人口和高强度的生活消费为基本特征。在人居环境可持续发展的社会学研究,该系统以社会发展、社会分工和利益均衡等作为基本内容。社会公平和城乡共同发展是衡量人居环境可持续发展的重要指标。

以上自然系统、经济系统、社会系统三个系统构成了舟山群岛人居单元环境框架的水平结构。自然系统是基础,对社会系统和经济系统起着根本的支撑作用,经济系统是社会联系自然的中介,社会系统则对系统起着导向作用。社会系统、经济系统是以自然系统为基础的,其发展受到自然基本规律的制约。各系统不是简单叠加,而是强调复合系统整体性大于三个系统各要素属性之和。

传统的规划设计由于强调专业分工,往往只针对某一个系统进行孤立的研究,生态学家埋头于生态治理,建筑师和规划师侧重于物质环境规划。人居环境水平结构的建立有助于我们自觉地重视系统整体性,把生态、经济、社会三个系统的关键问题加以整合,因此,以整体思想对待不同系统的问题是人居环境框架区别于传统框架的又一个核心所在。

3.5　本章小结

综合可见,在这一结构框架中每一个不同的研究层次均有各自的定位,形成上下之间、左右之间相互联系、相互制约的有机整体。但必须说明的是,这些系统和层次的划分并非有意将系统整体分割开来,只是为了研究和讨论问题的便利,更重要的是使研究便于操作。在下列的几个章节,会对不同层面和不同亚系统因素下的群岛人居单元营建体系加以阐述。

4　群岛人居单元整体尺度营建体系

在群岛人居单元整体研究过程中,明确了群岛人居单元的构建框架,就需要分层分块的加以解析。所谓的整体尺度,包含:

- 舟山群岛整体区域范围内的景观格局特征分析。
- 群岛单元能源与水源体系组织结构及其相互作用机制分析。
- 以生态学理论和方法指导的单元道路体系。

这个层面的研究最小落脚点是单个的群岛人居单元。例如,对单个单元整体的道路、能源、水源的解决方案等,但不深入涉及单元内部的分聚落或建筑的相关系统的营建研究。

4.1　群岛人居单元形态结构与空间格局

群岛人居单元整体尺度的人居环境营建体系主要由区域整体自然生态系统、区域整体社会生活系统、区域整体社会生产系统组成,具体的又可落实到单元格局体系、单元道路体系、单元能源体系、单元水源体系等。群岛人居单元是整体尺度人居环境的主要载体。

群岛人居单元整体尺度人居环境由于涉及范围大、内容多,因此是多学科、综合性的研究领域。区域单元层面的人居环境营建体系内容主要包括:① 景观生态学理论指导下的,群岛区域格局特征分析;② 群岛单元能源与水源体系组织结构及其相互作用机制分析;③ 单元道路体系;④ 依据自然环境的内在规定性、社会经济客观要求、单元生态功能区区划,提出因地制宜的单元聚落分布组织结构模式等。(图 4.1)

4.1.1　群岛格局的基本因子

群岛型地区人文及地理等构成有其典型的格局,这种格局对海岛人居环境的形成发展有着决定作用。因此,通过对舟山群岛人

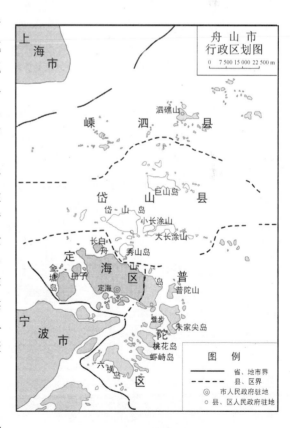

图 4.1　舟山市行政区划图
(图片来源:舟山市政府官方网站)

居环境格局影响因子的逐个解析,能帮助我们更好地了解海岛人居环境的生成与组合机理。

可以将影响群岛人居环境的地理格局概括为"岛境——廊道——基质——陆域"四个主要因子。岛境是指不同于周围海洋背景的各个人居海岛;廊道是群岛格局中两岛间夹隔的海面;基质是群岛周边的海洋环境;陆域是群岛周边的大陆区域。

四个因子间有着密切、复杂的能量、物质、信息等的交流关系,人居环境的具体形式存在于岛境上,因此岛境为核心载体因素。廊道、基质、陆域都会对岛境中的人居环境产生决定性的影响,共同构成独特的海岛人居环境系统。

1) 岛境

岛境是指不同于周围海洋基质背景的各个人居海岛,常年在潮位线之上部分,是构成群岛人居环境的基本结构和地理单元。从地理学与生态学的角度,海岛是海洋生态系统的重要组成部分,每个海岛都是一个独立而完整的生态环境地域系统(刘容子等,2006)。

岛境一般通过其生态属性来改变群岛格局:岛境的大小可以影响单位面积的人口量、生产力、人居环境级别、人居环境多样性,以及内部种的移动和外来种的数量;岛境形状能够影响人居环境的发育、扩展、种类和性质;岛境的密度可以影响通过岛群人居环境的簇集发展作用。

舟山群岛是浙东天台山脉向海延伸的余脉。整个群岛属于低山丘陵地貌类型。海平面的升降,长期的海浪冲蚀,群岛发育着海蚀阶地、洞穴。潮流像一个大搬运工一样把大量泥沙搬运到群岛的隐蔽地带沉积,把几个海岛连接起来,形成岛上的堆积平原。舟山岛、朱家尖、岱山岛都是由于海积平原的扩展形成的大岛。

丘陵、海蚀、海积这几种岛境起源因素也直接促成了岛境人居环境的结构特征——人口聚居密度最大的是在海积平原上,但是由于海积平原的稀缺,还有部分人居是位于丘陵甚至海蚀的环境下,从而产生出了更有特色的人居景观(图4.2)。

2) 廊道

这里的廊道基质的一种特殊形式(有别于景观生态学的廊道概念),是群岛格局中两岛间夹隔的海面,是不同于两侧相邻土地的一种特殊的带状要素,多呈长条廊状。廊道是海洋基质的组成部分。在舟山群岛范围内比较典型的廊道有普陀沈家门港、岱山长涂港、定海定海港(图4.3)。

廊道一方面将岛屿岛群的不同部分隔开,另一方面又充分保留了廊道两岸的联系性(例如产业互动、人居互动),形成了一个海洋基质的交通性灰空间。廊道可以分为三类:现状廊道、带状廊道以及河流廊道。

总结起来廊道有3种较为重要的功能:(1)作为一些交通物流的停留地;(2)作为岛境与海洋物资交流的对接口,促进廊道两翼的人居发展;(3)对两侧岛境的人居环境交流起到屏障或过滤作用。

廊道有优质的水文条件,在海岛发展历程中往往形成渔船集聚的港口,比内凹型的港口更加有利。而且,廊道有双向的边缘效应,外加依托港口的优势,舟山群岛的很多人居环境核心是沿廊道而起。例如,定海城(对应于定海港)、沈家门(对应于沈家门港)、岱山的长涂镇(对应于长涂港)等(图4.4)。

丘陵海蚀环境下的人居风貌

海积平原上的人居风貌

图 4.2　人居风貌图

（图片来源：百度图库）

图 4.3　典型的廊道风貌

（图片来源：百度图库）

图 4.4　舟山群岛典型的廊道地理格局

(图片来源：Google Earth 截图)

3) 基质

　　基质是指群岛周边的海洋环境，是海岛人居环境的自然基础，是岛屿镶嵌的背景生态系统，具有面积大、连接度好和对岛屿人居生态功能（能量流、物质流和物种流）具有控制主导作用。以海洋为基础的海岛周边环境支撑着海岛人类的生产和生活，它们供给人类基本的必需品、食物、纤维、水，它们净化空气和水、控制气候、营养循环和生成土壤；它们陶冶人们的情操，为人们提供生活、审美和娱乐场所。如果离开对海洋基质要素的分析，那么对海岛人居的研究便成为脱离大环境的虚构研究。

　　本书研究对象舟山群岛所在的东海，是中国海的一部分、中国三大边缘海之一。它北起中国长江口北岸到韩国济州岛一线，与黄海毗邻，东北面以济州岛、五岛列岛、长崎一线为界，南以广东省南澳岛到台湾省本岛南端（一作经澎湖到台湾东石港）一线同南海为界，东至日本琉球群岛。位于中国大陆和中国台湾岛、日本琉球群岛和九州岛之间。并经对马海峡与日本海相连，濒临中国的沪、浙、闽、台 4 省市，面积约 77 万 km^2，多为水深 200 m 以内的大陆架（图 4.5）。

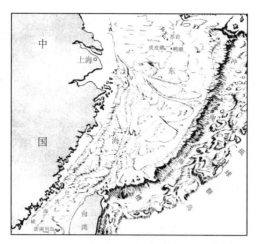

图 4.5　舟山群岛所在的海洋基质大环境示意图

(图片来源:百度图库)

4)陆域

陆域是群岛周边的大陆区域。千百年来,人类以陆地作为生活、生产的主要场所,陆域经济得到了充分的发展,奠定了雄厚的物质基础,相应的陆域许多产业的发展也进入了成熟阶段。科学技术的迅猛发展为人类开发海洋提供了有力支持,使得陆域成熟人居环境不断向海洋延伸。从产业结构划分的角度来看,海陆产业是基本对应的,这种对应性在第一、第二及第三产业上都有充分体现。

海洋海岛人居系统与陆域人居系统并不是彼此孤立的,而是两者共同存在于沿海人居巨系统之中,共同构成区域经济发展的两个重要支柱。这种共存关系主要体现在以下两个方面:第一,海陆人居系统共存于时间的横断面上,在时间上具有对等性;第二,在空间布局上,海陆人居系统的布局也不是各自为政,互不相关的,在目前的技术水平条件下,海洋产业系统中各个具体产业的布局还是落在沿海陆域,即使是在海洋完成生产的海洋捕捞、海洋运输、海上石油等产业也需要建立相应的大陆上的基地。综上所述,不论在时间上还是在空间上,海陆人居系统都是共同存在的,两者之间存在着很强的共存关系。因此,舟山群岛临近的大陆地区——宁波、台州、杭州、上海等长三角地区都是会对舟山群岛人居格局产生很大影响的陆域。

4.1.2　群岛区域格局效应

岛境、廊道、基质、陆域四大要素构成了群岛人居环境的地理格局。这种地理格局,随着四大要素间相互作用会产生对人居环境起直接影响的各种现象效应。最主要的体现在四种格局效应——承载效应、体形效应、边缘效应、距离效应。承载效应是岛境与岛境之间的面积差异而生成不同人居环境等级的现象;体形效应是不同形状的岛境因为基质的作用而产生不同人居环境的现象;边缘效应是岛境与基质间的作用关系,廊道为其表现形式之一;距离效应是岛境与陆域间的作用关系(图 4.6)。

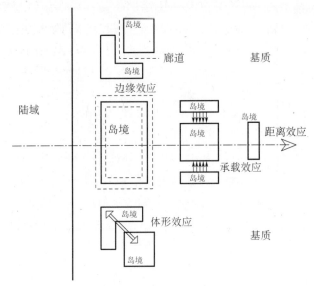

图 4.6　海岛因子间的相互作用关系图

(图片来源:作者自绘)

1) 承载效应

承载效应——海岛人居环境系统的高级程度取决于岛境的面积和资源所能承载的能力。即面积越大,资源越充足,岛境(海岛人居环境)要素越齐备丰富,反之越简单贫乏。

根据海岛地貌发育的历史,一般来讲,面积在 10 km² 以上的海岛,其礁滩、滨海平地、沟谷地、丘陵、低山等地貌类型较为完备,并且不同的地貌类型其地面坡度、土层厚度、土壤质地、地温、有效水溶量、植被生物量等均不相同,根据降水与集水状况,现有水源条件大致可保证一定数量的人口在海岛上进行经济开发活动。

海岛面积在 10 km² 以下,1.0 km² 以上者,地貌类型也较完备。海岛面积在 1.0 km² 以下者地貌类型相应简单,但从水源条件看,也可开展少量人类经济活动,但土地利用开发程度和土地利用类型相对简单。

海岛面积在 0.1 km² 以下者,人类群居将会有一定困难。

就海岛的人居环境空间规模与层次而言,涉及居住空间、生产空间、商业文化空间等不同产业层次的人居要素。人居空间丰富度随着海岛面积和承载力的增大而呈增加趋势。例如:最小的海岛人居系统简单到只有一两个村落的居住空间为主及简易的第一产业作业空间;面积较大的岛境有足够的土地和人力对第一产业的产出进行深加工和贮藏运输等第二产业运作;最后人居形式完备的海岛具备进一步产生对第一、第二产业进行配套的第三产业运作空间,例如学校、文化娱乐中心,以及独立自给的能源中心等高级人居空间形态的出现。只有具备丰富的一、二、三产业人居形态的海岛,才能视为完备态的海岛人居环境。

大、小岛境之间差异明显,这种差异性直接影响到人居环境的级别。大的海岛相对有较强的对复杂人居环境的承载力;而小海岛由于资源面积的原因定居人口很少,所发展的人居环境也会相对简易。

　　下图舟山本岛面积 476.165 3 km²，是舟山面积最大、人口最多的岛，是市政府和定海、普陀两个主要区的政府所在地。具有最完备的人居要素，是承载效应的一级。

　　葫芦岛面积很小，只能承载葫芦乡一个聚落的人居环境，无独立的能源、学校等高级人居要素空间（图 4.7）。

舟山本岛　　　　　　　　　　　　　　　　　　葫芦岛

图 4.7　舟山本岛和葫芦岛承载力差异

（图片来源：Google Earth 截图）

　　人居空额：在承载效应的背景下，提出岛境人居空额的概念。即一个特定海岛的岛境人居空额是有限的——岛境人居环境的现状完备度越高，新建的人居功能空间能够成功维持的可能性越小，而任一人居功能空间的消亡率越大。根据承载效应可知，海岛人居要素的完备度取决于岛境的面积和资源所能承载的能力。而在承载力饱和或者各要素整体稳定的状态下，某个人居空间要素的增强或者减弱都是不可持续的——例如某个资源、人口、产业相对稳定的人居岛境中，对人居文化空间要素进行增强，设立多于实际需求数的学校，将会加大人居环境中文化系统的竞争内耗，最终导致重复建设，部分教育集团和相关建筑空间将会废弃。因此，对面积承载效应的深刻理解，能杜绝海岛人居环境演化中重复建设的行为，对各种资源稀缺的海岛地区尤为重要。

　　簇集效应：簇集效应是指在群岛内部相对独立次级海岛群当中面积或者资源最优者往往能形成该次级海岛群的人居核心，周边弱势海岛的资源会向其集中为其利用。簇集效应可以看作是对承载效应的一个补充，能从局部起到反面积效应的作用，但在本质上是相同的内涵。例如，岱山县的秀山岛面积 26.33 km²，承载了 7 600 人，人口密度 292 人/km²，无高级中学等高级人居公共物品供给；嵊泗县的嵊泗本岛面积 25.88 km²，承载了 37 535 人，人口密度 1 450 人/km²，是嵊泗县的行政中心，有高级中学等高级人居公共物品供给。之所以有这样的差距，是因为秀山岛紧邻岱山县的簇集效应中心岱山岛，而嵊泗本岛则是嵊泗县为单位的次级海岛群的簇集效应中心。（表 4.1）

表 4.1 舟山群岛主要海岛面积与人居环境发展层级相关指标的关系

人居环境发展层级相关指标 海岛名称(面积)	人口数(人)	从业人员人数(人)	乡镇企业个数(个)	居民储蓄余额(万元)	普通高中数/大专院校数(所)	是否为县级行政中心所在地	是否为次级海岛群簇集效应核心
舟山本岛(502 km²)	471 413	329 989	2 896	1 539 613	8/2	是(市政府所在地)	是(群岛整体簇集效应核心)
岱山岛(119 km²)	107 530	74 327	322	351 188	2/0	是	是
六横岛(109 km²)	57 821	40 447	735	90 327	1/0	否	是
金塘岛(82 km²)	40 113	29 333	642	124 350	1/0	否	否
衢山岛(74 km²)	51 666	29 814	44	91 300	1/0	否	否
桃花岛(44 km²)	17 419	10 039	116	34 922	N/0	否	否
秀山岛(26 km²)	8 406	4 251	58	19 200	N/0	否	否
嵊泗本岛(26 km²)	33 060	26 142	136	73 390	1/0	是	是
虾峙岛(19 km²)	19 530	9 308	127	12 536	N/0	否	否
登步岛(19 km²)	5 839	3 280	100	2 765	N/0	否	否
长白岛(14 km²)	5 203	2 809	12	3 800	N/0	否	否

(资料来源:舟山市统计局.舟山统计年鉴 2009[M].北京:海洋出版社,2009:363-377)

簇集效应从某种程度上印证了舟山群岛人居环境最终会向几个核心海岛上集中,一种有群岛特色的人居城市化道路(大岛建小岛迁),一种拆村并点形式的新农村建设在渔村海岛地区的表现。

2)体形效应

体形效应——在面积一定的情况下,不同的岛境体形形状也能造成不同的人居形制的现象。

在现有海岛地形状况、山脉走向、海蚀与海积等地貌因素和填海造地、筑港围海、修建盐田、道路、桥梁以及旅游景观的改变等人文因素的共同积累下,海岛的形状特征千变万化。

各个海岛之间只有相似的形状,没有相同的形状,每个岛屿都有自己的形状,形状系数只有相近,没有绝对相等,形状率可以近似,各式各样都有。海岛边界(岸线)受地形条件的影响,与岸线弯曲程度有关,面积相近的海岛,由于岸线曲折程度不同,因此,延伸率和海岸系数不一样。

可以将舟山群岛较大的海岛形状大致分为团状和带状两类。团状的海岛"边长/面积"的体形系数小,相对受到海洋基质的影响小,往往有腹地的山村、农村等多种人居形制。而带状海岛体形系数大,相对受到海洋基质的影响大,对基质依赖性强,也没有腹地供农作物规模种植,土地规模化程度低,因此基本是以渔村、临港工业等海洋性人居形制为主(图 4.8)。

另,小型的海岛都具有带状海岛的特性。两者分类没有绝对的界线,但是可以通过部分数理指标来测度。

团状海岛腹地景观

带状海岛边缘景观

图 4.8 海岛景观

(图片来源:作者自摄)

(1) 形状率

表达式为:
$$F_r = A/L^2$$
式中:A 是海岛面积;L 是海岛最长轴的长度。

一个正方形的海岛,形状率为:
$$F_r = a^2/(\sqrt{2}a)^2 = \frac{1}{2}$$
式中:a 是正方形海岛的边长。

一个圆形海岛,其形状率为:
$$F_r = \pi a^2/(2a)^2 = \frac{\pi}{4}$$
式中:a 是圆的半径。

显然,当形状率 $\pi/4 \leqslant F_r > \frac{1}{2}$ 时,海岛形状比较紧凑,海岛内部各部分之间联系比较便捷;带状或长带状的海岛,$F_r \ll \frac{1}{2}$,没有中心吸引趋势,而呈现两极吸引趋势。

(2) 紧凑度

表达式为:
$$C_r = 2\sqrt{\pi A a}/P$$
式中:A 是海岛面积;P 是海岸线长(海岛周长)。

当海岛为圆形时:
$$C_r = 2\sqrt{\pi \cdot \pi R^2}/2\pi R = 1$$
式中:R 是圆的半径。带状、长带状的海岛 $C_r \ll 1$。

紧凑度以单位圆作为衡量海岛形状的标准,便于不同形状之间的比较分析。

(3) 延伸率

表达式为:
$$E_r = L/L_1$$
式中:L 是海岛长轴长度;L_1 是海岛短轴长度。

短轴长度 L_1 是垂直于长轴 L 的边界上两点之间最长的直线距离。

延伸率也以圆形为标准，即圆形的延伸率 $E_r = l$；但与紧凑度 C_r 相反，带状、长带状海岛的延伸率 $E \gg 1$。

从舟山海岛形状率计算的三个参数（F_r、E_r、C_r），基本上可以看出：如果 F_r 从小到大排列，则 E_r 具有相对应的从大到小递减。如登步岛在诸多岛屿计算中，F_r 最大，达 0.619 5，而 E_r 为最小，为 1.08。大长涂岛 F_r 为 0.197 8，而 E_r 为 5.63。C_r 值利用岸线（周长），由于岸线受弯曲程度影响，其值虽也反映一定规律，但其规律性不如 F_r 和 E_r 明显。（图 4.9）

根据计算的形状参数对照各岛形状，可以看出舟山海岛的形状，多数以不同方位的狭长形居多，因而其 F_r 值均小于 1，即使是登步岛，长短轴接近，F_r 也只有 0.619 5，远小于圆形为 1.0 的形状率。

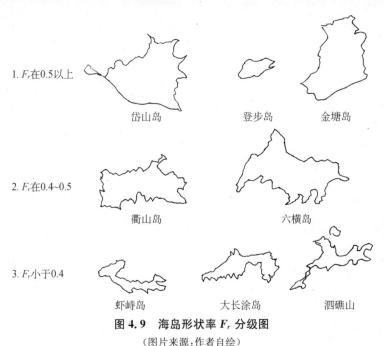

1. F_r 在0.5以上

岱山岛　　　　登步岛　　　　金塘岛

2. F_r 在0.4~0.5

衢山岛　　　　六横岛

3. F_r 小于0.4

虾峙岛　　　　大长涂岛　　　　泗礁山

图 4.9　海岛形状率 F_r 分级图

（图片来源：作者自绘）

以虾峙岛和登步岛为比较例子。

虾峙镇，位于舟山群岛南部，虾峙岛面积为 19 km²。东北隔虾峙门国际航道与桃花岛相邻。虾峙岛岛形狭长，岛岸曲折，岙口环列，形似浮于海上的大虾。在产业结构上，虾峙镇推进"渔业稳镇、海运强镇、港口兴镇"的发展规划，积极发展海洋旅游业和港口服务业。海洋渔业是虾峙镇的基础产业，全镇远洋渔业稳步发展，成为了全国最大的群众远洋渔业基地。海运业是虾峙镇的支柱产业之一。临港工业是虾峙镇着力打造的主导产业。虾峙岛带状狭长，有较多的天然港湾可停靠渔船和海港作业，因此渔业在国民经济中占主导地位，其工业、渔业、农业的产值比为 96 : 128 : 1——渔业产值大于工业和农业之和，农业近乎为零。

登步乡，位于舟山群岛东南部海域，以登步岛为主体，尚有西闪住人岛及一批无人岛、礁组成。乡境东北与朱家尖岛、西南与桃花岛隔港相邻，面积 19 km²。在产业结构上全乡经济以渔业为主，多业并存，确立"以养兴乡、以工富乡、以农稳乡"的发展方针，着力培育了几种特色经济品种：① 以"白帆"虾皮为代表的水产加工业；② 以登步黄金瓜为代表的特色生态农业；③ 以普陀模具一厂为龙头的制造业。登步岛团状有腹地，相对更能适应农业、工业等产业人居形式的成长，其工业、渔业、农业的产值比为 12∶7∶1——三种产业比例相对均衡，工业反而为该海岛核心产业。

可以看出，在两岛两乡镇面积相差很小、其他条件差不多的情况下，由于岛境形状的差异，分别影响了两乡镇的产业结构和发展方向。虾峙镇基本以海洋相关产业为主——渔业、海运、海港相关产业；而登步乡渔业相关产业虽然也占很大比例，但是同时根据腹地提供的资源，发展出了和海洋关联度小的磨具制造业和生态特色农业，并把自己定位在了普陀区菜篮子这样一个位置上（图 4.10）。

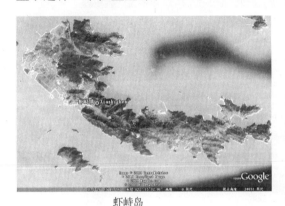

虾峙岛　　　　　　　　　　　　　　　　　登步岛

图 4.10　虾峙岛和登步岛体形差异

（图片来源：Google Earth 截图）

正因为有这样的海岛体形效应的差异，导致产生了不同的产业结构，进而影响海岛的人居环境空间的布局。比较两岛的人居聚落坐落的空间位置：虾峙岛绝大多数村落全部沿绵长海岸边缘坐落，而登步岛有更多的人居聚落坐落在海岛腹地，以丘陵山村和农村的形象出现（如俞谢村、陆家岙、陈家岙等）。

由此可知，因为岛境的体形产生的产业机构发展条件的差异，从而会直接影响到不同海岛的人居环境结构。因此，岛境的体形效应会在源头上很大程度的影响海岛人居环境的缘起和发展。

3）边缘效应

边缘效应——岛境和基质两种系统的交互作用处产生的特殊的人居形制的现象。具体体现在海岛主要人居空间节点的沿海岸布置，人居生活与生产沿海岸展开的现象。

应用到群岛人居环境格局中来，海岛边缘范围可定义为包含环岛浅海、潮间带、岛境边缘三部分，对岛陆和海洋都会产生很大影响的岛境和海洋基质的衔接地带。边缘效应范围内的基质岛境衔接部分往往是人居环境最发达最复杂的区域，典型的有港口码头、滨海工业带、沿海居住区、滨海沙滩湿地等各种人文自然的空间形式。很多重要的城镇、人居核心都坐落在岛境沿海的外围边缘。因此，边缘效应可以说是岛境和外界环境进行质能交换的可呼吸性表皮（图 4.11）。

海堤上的渔具修补

海边滩涂养殖

图 4.11　海岛边缘人居环境的两种典型形态

(图片来源:作者自摄)

海岛的海岸系数

关于海岛的面积和边长(海岸线长度),这两个参数是每个海岛必须测定的。海岛面积大小,影响单位面积的生物量,生产力和养分贮量以及物种组成的多样性。

海岛边长反映了与海接触的关系,海岸线弯曲度小,接触关系小,海岸线曲折度大,与海接触关系大,通过海岸系数来反映海岸线的发育程度。

$$S=P/A$$

式中:S 为海岛海岸系数,P 为边长(海岸线),A 为海岛面积。

以边长和面积比表示海岛的边界效应。如果两个海岛,其面积相近,但岸线长度不一,则海岸系数有大小。

海岸曲折与港湾有关,岸线曲折,海岸系数大,具备建港条件;海岸系数小,岸线平直则不利于港口建设。

在群岛人居环境中,群岛与基质间的边缘效应是经过一定人居演化过程稳定下来,其环境因子、人居种类组成和空间群落结构都处于相对稳定的状态。在群岛人居环境系统中,人类涉及的环境领域和范围在迅速发展和扩大,在局部空间建立了许多新的人居系统,在不同的范围与原自然基质系统产生新的边缘。

边缘效应具有两向性：即边缘效应不能光从岛境上人类的角度考虑这个边缘带对人类居住空间这面的单向性作用，还要考虑边缘地带的对海洋基质的反作用。边缘是海洋基质和人居岛境两个系统的交融处，对两个系统有双向的深刻影响，并不是只片面的为人类人居系统服务。

在海岛建设过程中常涉及围海造田、连岛筑坝等改变海岛边缘形态的工程，进而会产生新的边缘地带。从生态学角度讲，在许多新的边缘存在的情况下，必然带来新的边缘效应，并使其环境暂时处于一种不稳定状态。其变化或是向良性状态方向发展；或是向恶化状态方向进行。特别是在人类的生产活动、居住活动较为强烈的岛境人居系统创造着许多类型和大量的边缘，从而产生极不稳定的边缘效应，很多时候会对海洋基质产生很大的副作用。

4）距离效应

距离效应——海岛岛境人居环境受到来自周边大陆陆域人居环境的影响，并因为距离的远近而受到影响程度不同的现象。

海岛的人居环境是大陆沿海人居环境的子系统，会在建筑的形式、材料，居住的文化习俗等各个方面受到大陆沿海人居环境的影响，具备上级系统的部分基本特征。因此，舟山群岛的人居环境离不开周边长江三角洲浙、沪两地的人居环境的影响。但是这种影响会受到海岛离长三角核心人居圈的距离，偏远海岛离舟山本岛的距离，以及自身部分因素的抵消。本书的距离是广义的概念，即在二维距离的基础上，综合两点间联系的方便程度，人文的渊源程度等综合距离指数。

距离效应对人居环境的影响主要体现在人居环境中建筑的形式和材料两个方面。

人居环境的建筑形式：尤其是在传统原生态民居聚落中，海岛人居建筑的形式风格多根据海岛当地建房工匠的阅历所见言传身教的。而他们所能看到学习到的无非是周边大陆上的建筑式样，在现代信息媒介发展之前更是如此。因此，舟山群岛的人居建筑形式受到周边陆域的宁沪杭等地影响很大。但是海岛毕竟有其地理气候上的特点，海岛的工匠在建造房屋的过程中不可能不考虑有应对性的改变，也不能照搬大陆上的建筑风格。从周边陆域文化优势区工匠们言传身教保持的建筑风格传统，会随着海岛离陆域距离的增加而变弱，同样建筑风格的在海岛上应对性改变，会随着海岛离陆域越远而形式变化越大，越具有海岛特色。

海岛民居的变迁，各地并不一致。如定海的大鹏岛，在明清年间就出现了大批的瓦房建筑、砖石砌墙、木质结构、地板房、雕花窗、雕梁画栋，十分气派。同一时期，四合院式的民居模式也在定海本岛和岱山等面积较大的距离陆域较近的海岛兴起，有的还造起了二层以上的瓦式楼房，称之"走马楼"。但在孤悬小岛，以草代瓦，或以砖换石，以木质结构为主的瓦房，虽在明清年间偶有所见，但真正形成规模的则在 20 世纪中叶后。至于钢筋水泥结构的洋式楼房或平房，更是近几十年才有的事。

人居环境的建筑材料：海岛民居的墙宇很多是用光洁坚硬的花岗岩石筑成，块块方石叠墙而建，石间的缝隙古时用沙灰粘连。这就与江浙内地的民居有很大的不同。海岛，尤其是小岛的民居大都用石头筑墙。不仅墙宇如此，而且民居的地柱、门框、窗架甚至连屋顶的盖板都是用当地的长条石制成,俗称"石屋"。石屋就地取材,海岛上多的是石头,取之便得,省力又省钱。海岛风大雨多,春夏季又较潮湿,只有用坚固的石头筑墙,才能抗台风,挡暴雨,防潮湿,耐腐蚀。积久成俗,成了海岛民居的特有标志。

海岛民居的建筑材料还有一个特点,即与生产资料并用。如悬海小岛早期的民居大多为茅草房,其屋架的梁柱都是毛竹,而屋顶盖的是野生茅草或稻草。毛竹和稻草均非岛上出产,最初为海上张网作业的需要,张网作业的"网窗"是用毛竹搭成窗框,而稻草则用来编织捕海蜇的绳网或绠绳。下海张网用过的毛竹,经海水长期浸泡后,不易生虫腐烂,比一般毛竹更具防腐性。因此,毛竹和稻草被普遍地适用于建房材料(金涛,2004)。

因此,海岛人居环境建筑特点,包括选址、材料和民居模式,无不受到海岛的地理环境和海洋生产方式的影响和制约。

4.2　群岛人居单元道路系统

群岛人居单元道路系统营建是对一个单元内道路交通网络空间布局和结构的确定。目的是依据单元不同地貌所固有的地形地貌和聚落布点来确定其道路交通网络空间布局和结构,使海岛道路交通网络对原有生态的破坏降到最低,促进海岛单元物流、能流、信息流的高效流动。

4.2.1　道路交通系统现状及主要问题

舟山群岛地形崎岖复杂,各岛大小形状各异,对海岛人居单元道路交通的布局具有极大的制约性。其主要问题:一是公路等级总体偏低、通畅水平有待加强。舟山市尽管公路密度较大,位居全省前列,但从构成来看,国省干线所占比重仅为5%,二级及以上公路里程的比例也仅是19%,这两项指标均低于全省平均水平。公路技术状况整体还比较落后,通过能力小,抗灾能力弱,行车舒适度不高。本岛受土地资源、通道线位资源等的制约,主要干线公路趋于饱和,陆岛公路等级低、拥挤度大,不能较好满足群众出行的需要和旅游城市发展的需要;二是部分道路建设密度过高,占用过多的海岛优质土地。海岛土地资源稀缺,应尽可能的路尽其用,慎重为路而路。造成土地资源的浪费,礁石景观的破坏等。

4.2.2　道路系统营建原则

(1)顺应生态原则:为了避免海岛山体土质对道路安全性的影响,同时避免道路对海岛地形和生态景观的破坏,道路交通系统生态规划应与单元生态景观区划相适应,坚持以顺应地形建设为主,小规模改变地形为辅的原则。

(2)高效便捷原则:道路交通系统是海岛各聚落之间各种经济、社会、文化活动所产生的人流、物流、交通流、信息流的载体,是岛域和聚落赖以生存和发展的基础条件。在海岛单元之间的快捷交通上难以实现的情况下,应积极发展以人居环境协调单元为单位的高效便捷的道路交通系统。

(3)节约土地原则:海岛平缓的适合产业集聚的土地是舟山群岛丘陵区的精华,承载着区域主要的人口,尤其是在一些小型海岛里更是寸土寸金。道路在海岛发展,不可避免地加剧了海岛土地资源短缺的矛盾,因此,在道路交通建设中应尊重传统道路交通系统原有格局,同时在道路等级、宽度等指标的确定上尽量少占优质土地。

（4）有利于聚落系统空间结构分布原则:道路交通网络是海岛聚落联系的骨架,聚落只有与道路网络紧密联系,才能使聚落之间的物流、能流、信息流联系便捷而高效。由于海岛形态各异,有的地段为开阔平原(如朱家尖岛大部),有的则相对狭窄(如虾峙岛),因此,在确定单元道路交通网络布局和结构时,应考虑现有聚落发展的趋势和新增聚落的可能性,为聚落系统空间结构布局打下基础。

4.2.3　道路系统营建模式

1）沿地理轮廓的扩展模式

沿地理轮廓的扩展模式是指在单元道路交通网络布局中,使道路主要沿着岛屿海岸线、山体登高线等地理轮廓布局。沿地理轮廓扩展的道路交通系统的生态合理性:① 与单元生态功能区相适应。将道路交通网络沿地理轮廓布局,其本质将道路交通网络布置在综合用地区的最适宜区,既有利于生态环境保护,也避免了对景观生态的破坏,这是建设生态型道路交通系统的基础。② 道路基础设施与聚落活动的空间相互依赖,聚落沿着高效益的交通轴线的方向扩展,体现了经济开发沿着阻力最小的方向延伸的基本规律,使交通轴线和节点周边成为最易开发的地区。③ 与传统的道路系统格局相适应,有利于节约海岛宝贵的土地资源。④ 与聚落系统等级规模规划模式相对应。不同等级的海岛聚落需要用合适的道路等级来连接,道路等级高于聚落等级会造成交通资源的浪费,道路等级低于聚落等级会制约聚落间健康发展。⑤ 为聚落系统空间结构的布局提供了基础。道路串接了各个海岛主要的聚落节点,也为新兴的聚落提供便捷的载体和发展轴。

2）类型模式

尽管不同类型的海岛道路都呈沿地理轮廓模式的扩展,但由于海岛本身面积大小和形状形态具有差异,因此这种差异可构成不同类型单元道路交通网络规划的类型模式,即鱼骨形、环岛形和网格形三种模式。

（1）"鱼骨形"模式

"鱼骨形"模式是指在狭长形的海岛单元中,土地形态基本以山地丘陵为主,往往山体的走势和海岛的狭长形状一致。因此,道路主干线的规划需要和山体的走势保持协调,才能在标高变化较小的情况下布置道路。在主干线的基础上,次级的支路根据实际情况分别和干线相接,形成类似鱼骨架的道路交通形态(图 4.12)。

道路交通系统模式采用以下布局方式:将单元内的主干道布置在岛屿居中的位置,形成沟通海岛单元内部不同区块的主要通道,其特点是沟通岛上最主要的聚落;支路位于由干道上分出的面积更小的梢干上,对上与主干道相连,对下与分布在聚落的村间路相接,其特点是通往其余的行政村、居民点。

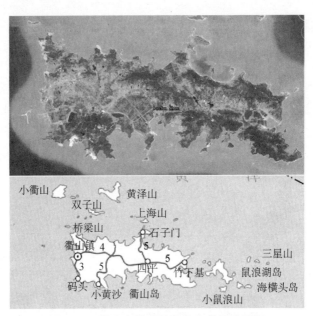

图4.12　衢山岛的地貌条件和交通路线图

（图片来源：Google Earth 截图）

案例分析：岱山县的衢山岛，由于其本身的狭长形态，以及山体的构成，把岛内的交通主干道沿着岛屿中部的地势相对平缓的区域东西向线性布置。再由东西向的主干道派生出很多南北向的支路。整体形状似鱼骨一般的架构。

（2）"环岛形"模式

"环岛形"模式是指在团状海岛单元中，干道沿海岛海岸线形成环状，其余支路与干道相接的道路交通网络模式（图4.13）。与狭长型单元不同，团状海岛单元的聚落多沿海岸分布，因此无论是按照地形还是按照功能，环状的沿海干道布置都较为合理。道路交通系统模式采用以下布局方式：将单元内的主干道布置在岛屿沿海或与海岸呈同心圆的位置，形成沟通海岛单元内部不同区块的主要通道，其特点是沟通岛上最主要的聚落及码头；支路位于由干道上分出的面积更小的梢干上，对上与主干道相连，对下与分布在聚落的村间路相接，其特点是通往其余的行政村、居民点及产业点。

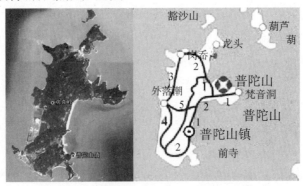

图4.13　普陀山的地貌形态和道路交通图

（图片来源：Google Earth 截图）

案例分析:佛教名山普陀山岛体很小,岛上山体多为奇山异岭,因此,交通主干道沿海岸线环岛而设,形成环岛形道路。因为两端的通勤距离太长,所以会辅以轴向的小交通道路。

(3)"网格形"模式

"网格形"模式是指在大型海岛单元中,道路交通有高层次的规划和建设水平,更重要的是通过大岛人力的围垦,已形成大面积的平原地形,因此,用大陆平原常见的网格交通布局最为合理。但是无论是哪个海岛,都不可能完全做到摒弃地形山势,用网格构成交通网络,在局部或多或少会应用前面两种模式。因此,"网格形"模式实际上是一种混合的海岛交通网络(图 4.14)。

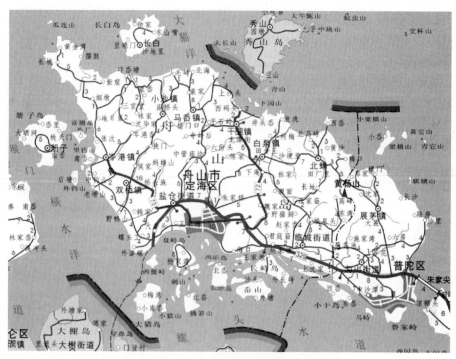

图 4.14　舟山本岛的复杂网格交通系统图

(图片来源:Google Earth 截图)

案例分析:舟山本岛作为舟山地区最主要的人居单元,是我国的第四大岛,其内部的交通综合了地貌、人居、产业等多种因素,呈网格状布置。

4.3　群岛人居单元能源系统

群岛人居单元建设的基本要素就是电力能源供应。能源资源对于海岛的社会经济发展非常重要。由于海岛地理位置、自然环境等方面的独特性,使得海岛能源问题异常复杂,如果海岛能源供应过分依赖于大陆供应的常规能源,这将使岛屿难以应付能源供应的波动,并且导致人居生态环境恶化。

与常规能源相比,舟山群岛海岛周边拥有取之不尽、用之不竭的可再生资源,发展可再生能源对海岛的生态环境影响很小,十分有利于生态环境的保护。同时,开发利用可再生能源还可以与海岛晒盐、制淡、旅游、运输等产业结合进行,可一举多得。因此,对可再生能源进行开发利用,可以为舟山群岛提供长期的能源供应,对保持群岛人居单元经济社会的持续、稳定、协调发展意义重大。

4.3.1   群岛生态能源种类及应用

海岛是生态能源的天堂,有很多不同的可持续能源种类在海岛上富集。能源的种类也决定了岛屿其他方面的可持续发展,影响岛屿主要产业如旅游业、工商服务业、农业和运输业的竞争力。

目前,舟山群岛地区大规模应用的生态能源主要有太阳能、风能、潮汐能、潮流能等。

1)太阳能

太阳能发电大致可分为热发电和光发电两大类。前者由于投资昂贵,技术条件复杂,运行及维护要求高等原因,不易推广;而太阳光发电(又称光伏发电)使用寿命长(20 年以上)、安全可靠、操作方便、维护简单、无运动部件、不易损坏,适合于无人值守、分散和集中都可使用,是一种理想的替代能源。

光伏电源系统通常由太阳能电池组件及支架、控制器、逆变器、蓄电池组等部分组成,其工作原理如图 4.15 所示。当有阳光照射时,太阳能电池组件接收太阳光,输出电能,经过防反充二极管向蓄电池组充电;需要供电时,逆变器把蓄电池组输出的直流电变换为交流电,供用电负荷使用。系统中,防反充二极管的功能是以阻止蓄电池组通过太阳能电池组件放电;控制器的功能是对蓄电池组的过充电和过放电进行保护;逆变器的功能是将蓄电池组输出的直流电变换为交流电。

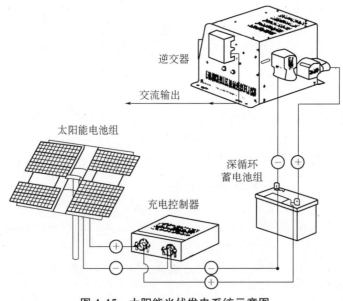

图 4.15   太阳能光伏发电系统示意图

(图片来源:作者改绘)

2）风能

与陆上、海上风电的快速发展相比，海岛风电还处于起步阶段，因为海岛风电更侧重于解决无电海岛的用电问题；而有电海岛的风电利用又涉及分布式风力发电并网，但并没有做到大规模应用。

从本质上来说，海岛风能利用和陆上风电属于不同的范畴。习惯把风能利用分成三个基本类型：大型并网风电场和离网独立小系统（包括户用系统），以及最近增加的分布式应用。

海岛风电开发的难度对于小型风机来说主要有三点：

一是防腐蚀。海岛相对湿度比较大，相当一部分海岛的相对湿度大于80%（金属腐蚀临界湿度为70%），空气中盐雾含量是内陆的几百倍。常规的防腐设计难以满足岛礁设备的防护要求。如果防护手段和措施不当，将导致设备结构因发生严重腐蚀而提前失效、损坏，影响其使用寿命和功能发挥。因此，解决防腐问题关键是对金属材料的选型以及防护等级的设计要有足够的耐腐蚀性。

二是防台风要求。要重点考虑四个方面的问题：第一是风机叶片的结构强度要足够高，避免折断后伤害地面人员或房屋；第二是塔架根部弯矩最大，又容易受海水和空气的交替腐蚀，应加强防腐措施；第三是地基基础要承受台风产生的倾覆力矩，基础须牢固；第四是太阳能板与基础之间的连接要牢固，能抵御台风产生的升力。

三是施工问题。海岛设备实施条件有限，施工困难重重，风机安装要综合考虑运输、安装、工艺所配套的设施设备，尽可能实现小型化、组装化，确保既能满足设计需要，又便于施工、安装。

风力发电机组是将风能转化为电能的装置。风力发电机组由风轮、传动系统、发电机、储能设备、塔架及电气系统等组成，见图4.16。充足而适宜的风能资源是风能利用的首要问题，风的能量和功率不仅是风电系统设计的出发点和依据，更是选择风力发电机（或机组）种类的依据。

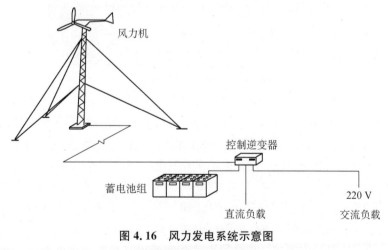

图4.16 风力发电系统示意图

（图片来源：作者自绘）

为了提高风能的利用率，风力发电机应采用无刷自励发电机，它采用最佳叶尖速比控制和稳压控制相结合的运行方式，效率高且易于控制，不但可提高风力机的运行效率，增加输出，同时又可保证蓄电池的可靠充电。

3）潮汐能

2000 年全世界潮汐发电站的年发电量可达到 $3×10^{10}～6×10^{10}$ kW·h。潮汐电站除了发电外,还有着广阔的综合利用前景,其中最大的效益是围海造田、增加土地,此外还可进行海产养殖及发展旅游。正由于以上原因潮汐发电已备受世界各国重视。

潮汐能利用的主要方式是发电。通过贮水库,在涨潮时将海水贮存在贮水库内,以势能的形式保存,然后,在落潮时放出海水,利用高、低潮位之间的落差,推动水轮机旋转,带动发电机发电。利用潮汐发电必须具备两个物理条件:首先,潮汐的幅度必须大,至少要有几米;第二,海岸地形必须能储蓄大量海水,并可进行土建工程。潮汐发电的工作原理与一般水力发电的原理是相近的,即在河口或海湾筑一条大坝,以形成天然水库,水轮发电机组就装在拦海大坝里。潮汐发电的关键技术主要包括低水头、大流量、变工况水轮机组设计制造;电站的运行控制;电站与海洋环境的相互作用,包括电站对环境的影响和海洋环境对电站的影响,特别是泥沙冲淤问题;电站的系统优化,协调发电量、间断发电以及设备造价和可靠性等之间的关系;电站设备在海水中的防腐等。(图 4.17)

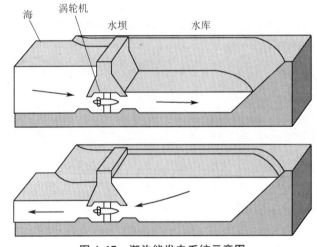

图 4.17   潮汐能发电系统示意图

(图片来源:香港能源署官方网站)

潮汐电站按照运行方式和对设备要求的不同,可以分成单库单向型、单库双向型和双库单向型三种。单水库潮汐电站只筑一道堤坝和一个水库。老的单水库潮汐电站是涨潮时使海水进入水库,落潮时利用水库与海面的潮差推动水轮发电机组。它不能连续发电,因此又称为单水库单程式潮汐电站。新的单水库潮汐电站利用水库的特殊设计和水闸的作用既可涨潮时发电,又可在落潮时运行,只是在水库内外水位相同的平潮时才不能发电。这种电站称之为单水库双程式潮汐电站,它大大提高了潮汐能的利用率。

因此,为了使潮汐电站能够全日连续发电就必须采用双水库的潮汐电站。双水库潮汐电站建有两个相邻的水库,水轮发电机组放在两个水库之间的隔坝内。一个水库只在涨潮时进水(高水位库),一个水库(低水位库)只在落潮时泄水;两个水库之间始终保持有水位差,因此可以全日发电。由于海水潮汐的水位差远低于一般水电站的水位差,所以潮汐电站应采用低水头、大流量的水轮发电机组。目前,全贯流式水轮发电机组由于其外形小、重量轻、管道短、效率高已为各潮汐电站广泛采用。

4）潮流能

在海岛环境中，潮流能就稳定性而论，优于风能、波浪能，有规律可预测；就地理条件来讲，它比地处外海的波浪能有利得多。潮流发电虽处于海洋环境，但它所处两海岛间的内港那里风浪小，便于施工、输电、用电和管理。在潮流湍急的港道中大多数有大小不等的小山礁石可供作固定电站的基础，自然地理条件对利用潮流能源十分有利。

舟山地区处东海，就全国而论是潮汐落差最大地区之一。东海潮波是太平洋潮波从日本九州与台湾省之间的琉球群岛海域直入东海。潮波的进速随着潮波越近大陆海深变浅而逐渐减慢，同时波高也逐渐增高。当潮波的波峰（即高潮位）进入杭州湾时，它的最高潮位和最低潮位时的落差最大能达 9 m 左右。

地处潮汐落差最大海区的舟山群岛附近海域又受舟山群岛的地理阻隔。北起杭州湾以北的花鸟岛，南至象山港口的六横岛，中间有 1 000 多个大小岛屿南北相贯地把东海分隔为两区。舟山群岛西边的杭州湾、黄盘洋与东海只有岛间的峡门港道相通。东海的强大潮波只有通过这些岛间港道才能进入杭州湾、黄盘洋。东海的潮汐，在舟山群岛的东西两面形成较大的落差。杭州湾、黄盘洋的涨落潮水通过岛间港道流进流出形成了汹涌的潮流。舟山群岛南北相贯连成一线，但各岛的走向长期在潮流作用冲积下都形成东西长而南北窄的天然流线型，在各岛与岛之间形成一个个喇叭形的收敛口。潮流流速在两岛间港道的最狭处是最大的地方。例如：舟山本岛与册子岛之间的桃夭门港，册子岛与金塘岛之间的西堠门港，金塘岛与大陆之间的金塘水道，舟山本岛与秀山岛之间的灌门港，秀山岛与岱山岛之间的龟山门水道等是最有代表性的较大港。它们的流速均在 6 节以上。地处岱山岛与衢山岛之间的岱衢洋，大小洋山之间，嵊泗列岛之间的港道与黄盘洋、大戢洋的海面上也有 4～6 节。此外还有大小不一的中小型港道，潮流流速在 5～6 节的还有数十条之多。例如，舟山本岛附近的十六门一处就有 6 节流速的小型港道 16 条。

潮流能量密度相对地说比风能密度大。舟山嵊泗岛上的 FD-18 型风力发电机的输出功率在额定风速 8 m/s 时功率为 18 kW，它的螺旋桨直径为 13 m。如果在西堠门港道中同样功率的潮流发电机组的水轮机直径只需 3.5 m 左右。

潮流是一种相对比较稳定，不会因气候及其他自然条件的变化而出现特大的破坏性能量级从而摧毁发电设施。它的流速始终在一个很小的（0～3.7 m/s 之间）范围内按时可预测有规律地变化。它不像波浪电站要经得起 12 级以上强台风带来的巨浪的冲击，也不比风力发电装置必须承受 12 级以上强台风的考验。潮流发电不需围堤筑坝，整个电站的结构简单，根据条件许可规模能大能小，在我国现有条件下是处于潮汐发电之后较易开发的一种海洋能源。它不会像潮汐电站那样因泥沙淤积需要不断排淤，就目前我省在已能大量生产耐海水腐蚀低合金钢的条件下，它一经建站将是一种永久性的电站。潮流发电的工程投资从国外的资料看普遍认为投资比潮汐电站小，施工周期短。于海水环境且在高速流动的潮流涌激的港道中施工比陆上工程将会带来一定困难。

潮流是一种每天有两涨两落往复运动流，中间又有四个短期息流期，从这一角度看是一种不稳定能源。因此，为使潮流电站的输出员载功率与潮流的速能功率最好的匹配，从而达到最有效地利用潮流速，并能提高电站的经济效果，就必须考虑同附近电力网并网问题。（表 4.2）

表 4.2　舟山地区几条主要潮流流速较大的港道潮流速能的估算表

港道名称	流速（节数）	水深（m）	港宽（m）	潮流流向	能量密度（W/m）	最大功率（万 W）	年平均功率（万 W）	可用功率（万 W）
西垢门港	7	50～90	2 500	西北—东南	3	336	65	1.2
灌门港	7	40～80	3 000	西—东	2.8	109	21	1.5
龟山水道	7	40～100	2 500	西—东	2.8	288	55	2.1
金塘水道	6.5	30～80	3 000	西北—东南	2.7	153	32	0.8
螺头水道	6.5	35～110	3 000	西—东	2.5	203	41	0.5
桃霞门道	6.5	35～70	500	西—东	2.7	45	11	0.3
竹山门港	5			西—北				
响水门	5～6	20～60	1 500	西—东		55	13	
火烧门	5	15～60	1 500	西北—东南		30	6	
十六门	6	5～15	50～300	西—东		0.4	0.08	
乌沙门	5	20～90	1 500	西北—东南		25	5	
清滋门	5	15～40	1 300	西北—东南		18	3.2	
虾峙门	5	25～120	2 500	西北—东南		30	5	

（资料来源：何世钧.舟山地区潮流特性和能量参数[J].能源工程，1982(04):1-5）

4.3.2　海岛生态分布式能源系统的营建模式

　　除了明确舟山地区适宜的生态能源种类及应用后，海岛供能系统又是一项亟待解决的难题。根据海岛资源特点及能源需求状况，集成余热利用技术和可再生能源发电并网技术，提出了海岛分布式供能解决方案，为破解海岛供能难题提供思路。（图 4.18）

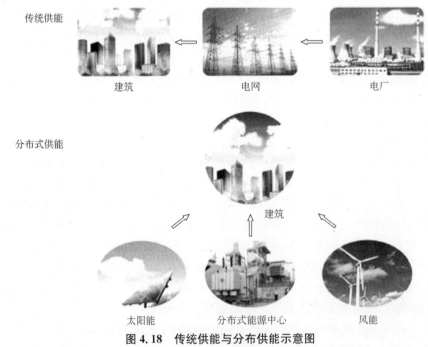

图 4.18　传统供能与分布供能示意图

（图片来源：百度图库）

1）海岛能源系统现状

在舟山群岛的海域中,距离大陆岸线 10 km 之内的海岛数量占总数的 70％,很大部分人居岛屿不通电网。对于近海海岛,电力输送主要依靠海底电缆或架空高塔跨越输电线路,其他能源需求依靠电能转换,这种供能方式适用于近海群岛。然而该种供能形式也存在输电设备初投资高、故障查找修复时间长、运行维护成本高等缺点。

偏远岛屿通常位于海洋运输及海洋开发的前哨,在巩固国防、维护国家海洋权益方面具有重要的地位。目前,偏远岛屿的能源供应主要依靠柴油发电,这种供能形式存在大量的问题。

（1）保障模式单一

系统岛屿上所有的能源需求都依赖柴油发电的形式实现,保障模式单一,燃油供应的及时性直接决定了整个系统供能的安全。目前,燃油主要依靠运输船或运输机等设备,易受自然气候条件或地区形势等因素影响。一旦燃油供应长期中断,则整个海岛的能源供应将陷于瘫痪。

（2）供能成本高昂

岛内柴油消耗主要依靠大陆运输供给,柴油本身价格不菲,再加上运输成本和途中损耗,海岛供能成本将大为增加。在南海地区的某些岛屿,由于长达 300 km 的运输距离,柴油的运输费用远大于燃油成本。

（3）能源利用效率低下

目前,常规的柴油发电机效率不到 40％,2/3 的热能以废气或缸套水的形式排放到环境中,同时也对环境造成了热污染。

2）系统框架结构

中国科学院广州能源研究所研究开发的海岛可再生独立能源系统如图 4.19 所示。系统主要由 10 kW 波浪能装置、90 kW 风能装置、5 kW 太阳能光伏发电装置、系统运行测控装置、海水淡化装置、蓄电池、逆变器等组成,同时配备了 100 kW 柴油发电机备份电源。当岛上可再生能源丰富时,多余时的能量用于海水淡化,为用户提供淡水。

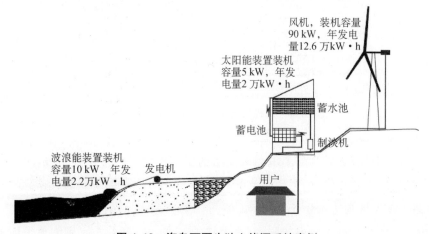

图 4.19　海岛可再生独立能源系统案例

（图片来源：中国科学院广州能源研究所）

该系统由波浪能装置、风能装置、太阳能光伏发电装置、系统运行测控装置、制淡装置、蓄电池、逆变器等组成,其功能是吸收波浪能、风能、太阳能将其转换成电能,对蓄电池充电,再通过逆变器为用户提供所需的电能。多余的能量用于海水淡化,为用户提供淡水。该系统对于提高当地居民生活水平、节能减排具有重要意义。

海岛可再生独立能源系统的总装机容量为 200 kW,其中可再生能源装机容量为 100 kW,柴油发电机 100 kW。海洋能装机容量为 10 kW,太阳能装机容量为 5 kW,风能装机容量为 90 kW。年发电量达到 10 万 kW·h,可供 300 人使用。年产淡水量 1 万 t,最大日产淡水 60 t。上述能量的 80% 以上由波浪能、风能、太阳能装置提供(图 4.20)。

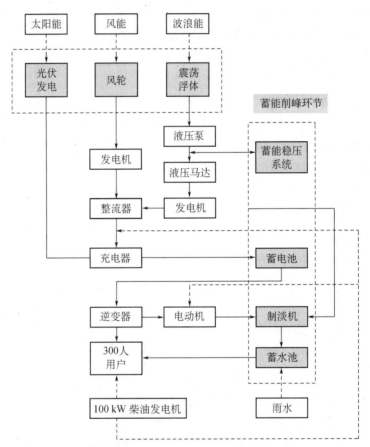

图 4.20　海岛可再生独立能源系统原理图

(图片来源:中国科学院广州能源研究所)

该系统灵活的组合方式为岛上电力和淡水的供应提供了一个重要手段,对于提高舟山中小型海岛居民的生活水平、岛上旅游业的发展、海疆的守卫具有重要的社会效益。

3) 海岛分布式供能特点分析

针对海岛供能现状存在的上述问题,本书提出了新型海岛分布式供能系统应当为整个区域提供冷、热、电、海水淡化,甚至除湿等各种能源的供应,而不是仅仅只有电力的供应。海岛分布式供能系统具备以下特点:

（1）系统孤网运行，具备良好的负荷响应能力

海岛电网通常采用孤网运行模式，且整个系统为"单机单网"，电网负荷波动较大，无论是机侧还是网侧发生故障，都有可能造成整个供能系统处于崩溃状态，因此，分布式供能系统对微电网的安全提出了更严格的要求。同时，微电网还应具备容纳一定量的风能、太阳能、海流能等可再生能源的能力，通过低频减载装置和稳控装置减少可再生能源间歇性出力对电网的冲击。

（2）多种能源并供，满足实时需求

作为一个综合的能源供应站，海岛分布式供能系统应提供各种海岛居民生活所需的各类能源，例如供冷、生活热水、电力、除湿、海水淡化等。这几种能源中，电力必须实时响应负荷的变化，供冷、除湿则允许有短时间的波动，而生活热水、海水淡化则由于便于存储，可以作为系统的调峰负荷。

（3）设备成熟，安全可靠，自动化程度高

海岛居民人数稀少，缺乏专业的技术人员对能源站进行日常运行维护，设备一旦发生故障，维修或更换周期长。因此，海岛分布式供能系统必须具备安全可靠、操作简单、自动化程度高、仅需少量运行人员甚至无人值守功能。此外海岛上空气中含盐量高，存在较大的腐蚀性，对设备的防腐，尤其是风机塔架等提出了更高的要求。

（4）充分利用可再生能源

海岛地区风、光、海流能等资源丰富，根据海岛的实际资源情况，将目前已有的风—光发电并网系统结合微电网集成稳定控制技术，建立海岛多能互补供电集成系统。

4.3.3　舟山海岛生态能源——风能应用案例

舟山拥有丰富的风能资源，特别是临近外海的衢山及嵊泗列岛等岛屿，年平均风速在 $6\sim7$ m/s，偏远海岛平均风速可达 7 m/s 以上，风功率密度可达 3 级以上。全市风能资源总量占全省 1/3，其中海上风能资源也占全省海上风能资源的 1/3。可以说，舟山是建设海上风电场的优良选址区域，风电场资源是舟山市继深水岸线之后的又一大战略性稀缺资源。

目前，舟山已建成或规划建设的风能项目有：

（1）建成衢山风电场一期工程。该项目位于衢山岛北部，由浙江美达电力投资建设，项目总装机容量 4.08 万 kW，总投资约 4 亿元。

（2）定海长白和小沙风电，总装机 3.78 万 kW。中国华电集团于 2008 年 1 月 24 日签订总投资 3 亿元风电项目开发协议，计划在长白建 16 台 750 kW 的风电机，总装机容量 1.2 万 kW。二期项目选址在小沙镇。小沙风电场项目建设规模根据小沙镇山地地形条件、风资源分布情况和风机布置间距要求、土地利用现状及规划，拟在环绕大沙社区的 U 形山脊上建设风电场。根据小沙拟建风场区域风能资源、地形条件、场内场外交通、地区经济、电网等条件，经计算比较，该区域能够满足建设 30 MW 风电场的要求，可布置单机容量 1 500 kW 的风电机组 20 台，配套建设一座 110 kV 升压站，通过 110 kV 架空线送入舟北变电所。风电场年上网电量约 5 814 万 kW·h，等效满负荷小时数约 1 938 h，容量系数 0.22。（图 4.21）

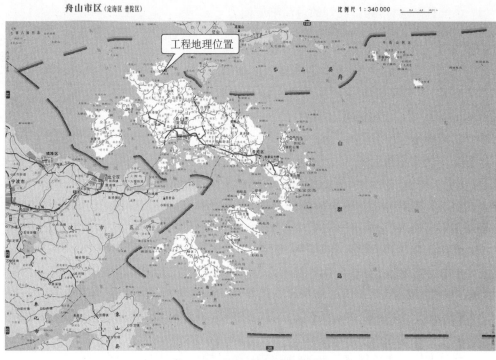

图 4.21　工程地理位置示意图

（图片来源：作者改绘）

（3）定海岑港风电项目，总装机容量 4.5 万 kW，投资 5.12 亿。

（4）嵊泗风电场一期，总装机 4.95 万 kW，拟布置单机容量为 0.15 万 kW 的风电机组 30 台，同步建设 35 kV 变电站一座和生产、生活配套设施。（图 4.22）

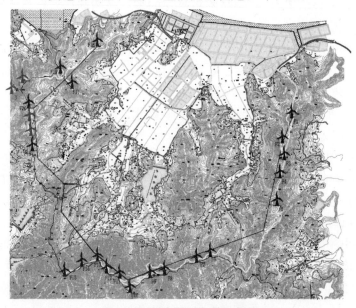

图 4.22　风电机组布置示意图

（图片来源：小沙风电场项目建设规划图）

（5）岱山长涂岛及拷门风电场，总装机 6.5 万 kW。岱山县还与浙江绿能投资有限公司签订协议，由该公司投资 20 亿元人民币，在岱山县拷门海塘附近浅海海域建设一个大型海上风力发电场。通过分期建设，最终形成 100 台 2 000 kW 巨大风机组成的总装机容量达 20 万 kW 的大型海上风力发电场，该海上风力发电场一旦建成，将成为亚洲最大的海上风力发电场。

（6）海上风电场主要有衢山岛以西及七姊八妹岛海上风电场（一期示范工程总装机 10 万 kW），现正抓紧测风。

舟山市把风电作为最具潜力的新兴主导产业之一，努力寻求新的突破，根据《舟山市风电发展规划》的目标，到 2010 年，舟山市建成陆地风电装机容量为 9.78 万 kW，"十一五"末开工近海风电示范项目 10 万 kW；2011～2015 年，全市新建成陆地风电场约 17 万 kW、近海风电场 60 万 kW，至 2015 年，全市总装机容量达 87 万 kW 左右，其中陆地风电场约 27 万 kW、近海风电场 60 万 kW；2016～2020 年，新建成陆地风电场 4.5 万 kW、近海风电场 90 万 kW，至 2020 年，全市总装机容量为 182 万 kW 左右，其中陆地风电场约 32 万 kW、近海风电场 150 万 kW。（图 4.23）

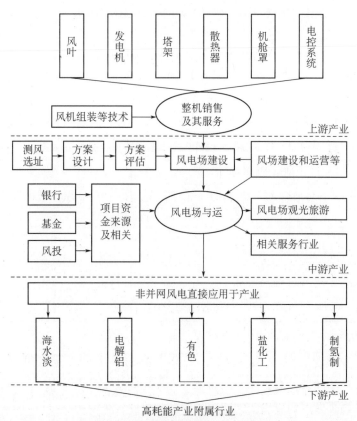

图 4.23　非并网风电产业系统图

（图片来源：作者自绘）

4.4　群岛人居单元水源系统

4.4.1　生态水源系统的现状和主要问题

舟山群岛水资源捉襟见肘。舟山市地处海岛,山低源短,无过境客水,水资源全靠降水补给。全市水资源多年平均降雨量 1 275.2 mm,多年平均水资源总量为 6.92 亿 m³,其中可开发利用量为 3.47 亿 m³,人均水资源拥有量为 707 m³,约占全国人均水资源量 35%,属水资源紧缺地区。水量时空分布不均。受季节气候影响,舟山市降水年内分配不均,全年 60%～70% 的降水集中在 6～9 月,降水过程与需水过程不相匹配。同时,水资源年际变化大,容易出现连续丰、枯年,水资源拦蓄能力有限,难以实现以丰补枯。随着经济社会发展的不断加速,水资源需求逐渐增加,尤其是遇到干旱年份,供水保证率更不足。

2000 年全市实际淡水用水量为 15 032 万 m³(地表水 14 490 万 m³,地下水 163 万 m³,污水处理回用 215 万 m³,雨水利用 164 万 m³),另有海水利用 488 万 m³。用水量中工业用水量 4 019 万 m³,城镇生活用水量 1 981 万 m³,农村生活用水量 1 231 万 m³,农田灌溉用水量 6 443 万 m³,林渔牧用水量为 1 358 万 m³。

至 2001 年全市已建水利工程可蓄水量达到 14 064.5 万 m³。其中中型水库 1 座,正常库容 1 015 万 m³;小(一)型水库 29 座;小(二)型水库 169 座;10 万 m³ 以下水库及山塘 1 203座。

各区(县)和舟山本岛蓄水和提水工程见表 4.3。

表 4.3　舟山市各区(县)和舟山本岛蓄水和提水工程表

	山塘水库(座)				井 (口)	河网 (万 m²)	提水泵站		总蓄水量 (万 m³)
	中型	小(一)型	小(二)型	10 万 m³ 以下			座	装机(kW)	
定海区外岛		3	19	118	843	131.3			1 126.2
普陀区外岛		2	42	272	283	268.7		1 428	2 910.2
岱山县		3	51	301	219	73	63	3 249	2 084.7
嵊泗县			6	47	510				177.8
舟山本岛	1	21	51	465	97	655.6	422	6 047	7 765.6
全市合计	1	29	169	1 203	1 952				14 064.5

(资料来源:浙江省舟山市城镇供水水源规划报告)

全市大部分乡镇建有供水水厂,至 2000 年共有大小水厂五十余家,日供水能力超过 30 万 t。其中定海区外岛共有大小水厂 9 家,日供水能力超过 1.5 万 t。普陀区外岛共有大小水厂 11 家,日供水能力超过 2.56 万 t。岱山县共有大小水厂 19 家,日供水能力超过 3.6 万 t,自来水年销售量达 500 万 t,普及率达 70.4%。嵊泗县共有大小水厂 9 家,日供水能力超过 1.3 万 t。舟山本岛中舟山市自来水公司所属的 5 家水厂已经实现厂厂联网,联合供水。岱山岛 8 家水厂已经部分实现厂厂联网,联合供水。

水资源开发利用存在的主要问题有以下几点:

（1）水资源贫乏：舟山本岛按照目前水资源状况，根据统计计算，目前在95％的保证率情况下，缺水率已达到46％。按照预测，到2020年，缺水率将超过57％。作为舟山群岛中比较重要的经济大岛，舟山本岛加上金塘、六横、朱家尖、普陀山、岱山、衢山和泗礁岛8个岛域目前常住人口超过75万，占舟山群岛总人口的75％以上。目前8个岛屿总体上缺水率也已达到35％，最低的约为20％，最高的接近50％，按照预测到2020年，缺水率将超过41％。区域内其他中小岛屿的水资源同样也非常紧缺，比较严重的有虾峙和登步岛等中型岛屿，嵊山、蚂蚁岛等小岛以及洋山、青浜和葫芦岛等更小的岛屿（刘立军等，2004）。

（2）水资源共享性差、调水、引水补给困难，单方水建设成本高海岛水资源一般均为单个海岛占有，共享性差，调水补水困难。岛屿面积大的水资源相对丰富，越是面积小，偏远的海岛水资源越是紧张。

（3）水资源中水利用和雨水利用量还偏少，水的重复利用率比较低，水资源开发利用观念需要更新。

（4）部门用水不尽合理，农业用水量大。2000年全市农田灌溉用水量为6 443万 m^3，约占总用水量42.9％。而农业产值仅占全市工农业总产值3.5％，农业处于高耗水、低产出的状况。

4.4.2 生态水源系统营建原则

综合海岛地区水资源特点及其解决用水的各种措施及其成本以及海岛自身的需水要求，解决海岛地区水资源总体配置思路：自力更生、因岛制宜。解决海岛地区偏远渔农村用水问题，加快实施大陆引水解决海岛用水危机，适当开展多元化供水补充淡水供给方式，着手研究新淡水资源确保海岛长远发展需要。

1）"自力更生、因岛制宜"解决小型海岛用水

小型海岛，往往地处偏远，但是根据经验越是偏远小岛缺水越是严重。大陆引水等解决方法不能惠及该类海岛，海水淡化又不能形成一定的规模，针对这种情况，结合"大岛建、小岛迁"规划，迁移部分不适合人居海岛。对于那些因为各种需要特别是国防需要不宜搬迁的海岛，采用"自力更生、因地制宜"解决海岛的渔农村生活用水问题。

2）加快实施大陆引水解决大型海岛用水

对常年居住人口在5万以上及县级以上行政区所在地的大型海岛，集中海岛地区大部分人口、资源及经济、社会活动，需水量大，缺水量亦大。采用大陆引水工程具有引水量大，补充水量丰富，且可形成一定的规模效益，在经济上有优势。

3）适当采用多元化供水技术，补充淡水供给解决中型海岛用水

中型海岛常住人口在1万~5万的海岛13个，以及常住人口在1 000~10 000人之间的海岛64个。分布分散，各自情况各有区别，根据各自特点及需水要求通过多元化的供水技术解决用水。

4）着手研究新型海岛淡水资源，确保海岛长远发展需要

对海水淡化，中水利用，海底淡水等发掘潜力较大的新型淡水领域要着重规划建设。

4.4.3　生态水源系统营建方法

舟山群岛是一个相对独立的水资源系统。由于岛屿比较分散,除了距离比较接近的岛屿,大多数岛屿本身也是一个相对独立的水资源系统。因此,很难有一种普遍适用的水资源营建体系,需要在多种营建方法里面选择侧重,对每个海岛单元有个综合性的系统构建。

1) 蓄水建设

舟山群岛山低源短、降水集中,但拦蓄工程不足,大部分水资源以洪水的形式注入东海。为此,水库工程是本地水资源开发的常规也是最为主要的方式。舟山市通过新建水库、病险水库除险加固、河道整治、修建拦蓄引水入库渠道等途径,充分开发利用本地水资源,增加蓄水能力。到 2020 年使舟山市蓄水库容增加 7 500 万 m³,总库容达到 2.35 亿 m³。在偏远渔农村通过修建小水池、小水窖等小型雨水集蓄利用工程,作为区域供水、集中供水的补充。

坑道井建设适合海岛丘陵地形和地质条件,适用性强,既起集水作用又起储存作用,且水质较好,一般无需净化处理,即可饮用。为便于提水,可配备机电泵水设备。一般适合以村为单位建设管理。坑道井的水源主要为基岩裂隙水,单口容积为 400～2 000 m³,出水比较均匀,以自然村为单位建设,一般 1 000 m³ 的坑道井在正常年份可以保证 300 人的饮用水。为保证水量,可采取地表径流引水入井,通过对水量、水质、取水方便、环境卫生和地形、地貌、岩层走向与倾角、裂隙发育等选址条件进行分析比较。坑道井工程示意图见图 4.24。

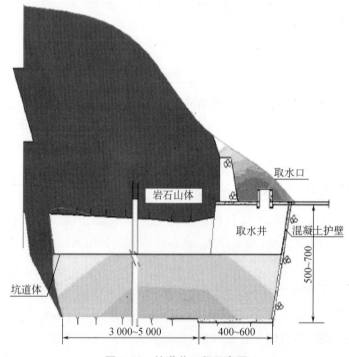

图 4.24　坑道井工程示意图

(图片来源:陈国伟. 浙江省海岛地区供水配置探讨[J]. 水利规划与设计,2006(01):19-22)

为解决缺水问题,需增加可供水量,新、扩建蓄水工程。根据舟山市已有的有关水利规划、供水规划和各岛自然条件所拟定的水库新、扩建工程如表4.4、表4.5。

表4.4 规划水库新、扩建工程表

岛屿	建设时间	新建		扩建	
		数量(座)	新增库容(万 m³)	数量(座)	新增库容(万 m³)
定海区外岛	近期	4	405.7	3	34.5
	远期	0	0	0	0
普陀区外岛	近期	3	155	11	88.7
	远期	2	125	2	54.65
岱山县	近期	4	377	8	205
	远期	1	600	0	0
嵊泗县	近期	4	57	7	77.3
	远期	0	0	0	0
舟山本岛	近期	5	3 290	0	0
	远期	6	3 000	0	0
全市合计	近期	20	4 284.7	29	405.5
	远期	9	3 725	2	54.65

(资料来源:作者自制)

表4.5 规划其他水源工程表

岛屿	近期	远期
定海区外岛	3座水库除险加固,新增库容29万 m³;新建坑道井14口,蓄水量0.97万 m³	
普陀区外岛	新建坑道井41口,蓄水量10.24万 m³;新建屋顶集水面积2.0万 m²;新建蓄水池2.65万 m³	
岱山县	新建坑道井32口;新建雨水收集面积16.0万 m²;中水利用达到生活用水的4%	新建雨水收集面积共30.0万 m²;中水利用达到生活用水的8%
嵊泗县	配套新建集水沟,总长度6.5 km;1座水库清淤;新建雨水收集面积共57.2万 m²;中水利用达到生活用水的5%	新建雨水收集面积共8.3万 m²;中水利用达到生活用水的15%
舟山本岛	新建坑道井12口,蓄水量1.51万 m³;新建雨水收集面积共100.0万 m²;中水利用达到生活用水的6%	新建雨水收集面积共100.0万 m²;中水利用达到生活用水的8%

(资料来源:作者自制)

在舟山本岛,规划在2020年以前需新建的水库见表4.6。其中马目黄金湾水库和新狭门水库将作为大陆引水的调节水库。

表 4.6　规划新建水库表

水库名称	集雨面积（km²）	正常库容（万 m³）	建设时间（年）
展茅平地水库	0.6	350	2004—2006
马目黄金湾水库	1.9	2 600	2004—2006
东港水库	1.8	130	2005—2010
青岙水库	2.4	150	2007—2010
新南岙水库	1.0	60	2008—2010
响水坑水库	4.0	350	
姚坝门水库	1.2	450	
新南洞水库	3.5	260	远期
三官堂水库	2.0	140	
邵岙水库	0.5	300	
新狭门水库	4.1	1 500	

（资料来源：作者自制）

2）地下水建设

对于远离大陆且无地表河流的海岛，地下水是非常重要的淡水来源。地下水开采方式以机井为主，其次是民井、手摇井以及引泉井。另外，对于具有合适地形和地质条件的岛屿，可建设坑道井口，既能集水又能蓄水。

舟山海岛多为基岩岛，地层以侏罗纪火山岩为主，侵入岩比较发育，花岗岩广为分布，局部滨海地区有小块平地，分布有陆、海相松散沉积层。地下水资源主要是靠降水补给的浅层地下水，有两种类型：

基岩裂隙水：基岩裂隙水是地表径流地下基流的组成部分，是各岛地下水的主体。地下径流模数在 4.9 万～14.5 万 m³/(a·km²)。当地多以坑道井形式开采，在解决人畜饮用水方面效果明显，可在诸岛采用。

平原潜水：多数海岛局部滨海地区具有明显流域沟谷，有小块冲洪积平地。滨海沙砾石层，分布有陆、海相松散沉积含水层，可通过打造机井、沉井、冲抓锥钻井的办法进行开采。

除了对岛上陆域地下水的开发利用以外，专家还对海底淡水资源进行了深入研究。20世纪 90 年代初期，地质学家对东海海底进行工程地质调查，研究发现嵊泗海域长江古河道具有良好的地下淡水开采前景，其中通过对"嵊泗 1 号井"全井物采测井和含水层分层抽水，其单井日淡水开采量可到 3 000 m³，据物探控制的长江古河道水层分布范围计算，淡水储存量在 23 亿 m³ 以上，可供嵊泗列岛稳定供水百年以上。

3）联网建设

舟山市水厂的供水水源情况比较复杂，部分水厂有多座水库作供水水源，有些水厂为单水源。水厂新建、扩建后，就需增加水源，甚至需要几座水库进行联网供水。水源联网工程的实施将会提高水工程的径流调节度，可以减少水资源的浪费，增加可供水量，改善供水系统间的协调能力。所以，需要对水源联网工程进行规划以满足水厂的需要。

舟山本岛在前几年就已开始实施水源联网工程，根据供水现状、水源工程规划和水厂的规划，结合《舟山市城市总体规划》（1999—2020 年），规划近期将马目黄金湾、岑港、蚂蚁山、虹桥、城北、红卫、陈岙、洞岙、勾山、沙田岙、应家湾、东港、芦东、展茅平地等水库联成一个整体，实现共同向虹桥、城北、临城、平阳浦等水厂供水，初步实现岛内城镇供水水源的统一调度，满足水厂合理布局的需要，并满足向普陀山岛输水的要求。周边乡镇的供水水源也根据需要尽可能实行联网供水。

在远期，再将新狭门、三官堂、响水坑、姚坝门、新南洞、邵岙等水库与上述水库实现联网，最终实现主要水源的大联网，真正实现舟山本岛城镇供水系统的统一管理和调度。水源联网规划工程见表4.7，联网工程的建设应与水厂的建设互相协调。

表 4.7　舟山本岛水源联网规划工程表

起点	终点	管道直径	长度(km)	建设时间
马目黄金湾水库	定海城区原水干管	DN1500	20.0	近期
蚂蟥山水库	定海城区原水干管	DN1500	3.5	
陈岙水库	临城水厂	DN300	1.5	
勾山水库	普陀城区原水干管	DN350	1.5	
东港水库	普陀城区原水干管	DN300	2.0	
岑港水库原水干管	岑港水厂	DN400	2.0	
狭门水库	小沙水厂	DN350	3.0	
青岙水库	大沙水厂	DN400	1.0	
新狭门水库	青岙水库	DN300	5.0	
团结水库	马岙水厂	DN250	1.0	
新南岙水库	白泉水厂	DN250	2.0	
展茅平地水库	普陀城区原水干管	DN300	2.0	
马目黄金湾水库	定海城区原水干管	DN1500	20.0	远期
新狭门水库	蚂蟥山水库	DN1500	7.0	
三官堂水库	定海城区原水干管	DN300	5.0	
姚坝门水库	普陀城区原水干管	DN350	1.0	
邵岙水库	普陀城区原水干管	DN350	1.5	
响水坑水库	城区原水干管	DN300	1.5	
响水坑水库	白泉水厂	DN300	2.0	
新南洞水库	干筦水厂	DN300	2.0	
展茅平地水库	展茅水厂	DN300	4.0	

(资料来源：作者自制)

舟山市各区(县)其他岛屿的水源联网规划由于内容比较多，可详见《舟山市各区(县)的城镇供水水源规划报告》。

岱山县以岛为单元水系联网的成功经验，取得了明显的社会效益。该县先后建造了翻水站81座，占水库总数的56%，拥有机组96台，装机容量3 250 kW，日翻水能力可达18万t，正常年份全年可翻水 800 万 t,占全县水库总库容的 50%。联网增强了宏观调控功能,提高了水库调蓄能力,增加了复蓄系数,扩大了受益范围;使城乡用水要统一调度,余缺合理调剂,以便有效地提高了抗旱能力。

4) 引水建设

大陆引水的方式有铺设海底管道、船运和跨海架桥等。

舟山市水资源时空分布不均,实施跨区域引水是解决水资源供需矛盾,实现水资源在更大空间上优化配置的工程调控措施。舟山市一些重要岛屿的经济发展较快,当地的水资源远远不能满足用水需求,因此,舟山市积极实施大陆引水、岛际引水来开发利用、优化配置水资源。舟山群岛为大陆架的延伸岛屿,与大陆连接紧密,舟山岛距离宁波大陆直线距离不足 30 km。

目前,已经建成了投资 3 亿多元、引水规模 1 m³/s、年均引水能力 2 160 万 m³ 的大陆引水一期工程;投资 14.6 亿元、年均引水能力 6 000 万 m³ 的大陆引水二期工程正在加紧建设之中。

同时,完成了 12 个重要岛屿的岛际引水工程。全市建成的一批引供水骨干工程,使舟山市跨区域的引供水格局和网络不断完善,很大程度上缓解了舟山本岛及周边附近岛屿的水资源紧缺矛盾。

但是,跨区域引水虽然在一定程度上缓解了舟山市水资源紧缺的状况,但是容易受到水源区水资源量的制约,当水源区处于枯水期时,受水地区会处于无水可用的被动局面。

5) 海水利用建设

海水淡化是能源、海洋、新材料等领域的高新技术集成,是关系到国家战略安全的公益技术,也是各国竞相开发的朝阳产业。目前的海水淡化技术主要有低温多效、低温压汽蒸馏和反渗透膜分离等。膜分离水处理技术是目前水处理脱盐净化的先进技术,也是海水淡化的一种主要方法,是解决沿海地区淡水资源短缺问题的有效途径之一。海岛地区有丰富的海水资源,因地制宜采用各种方式利用海水资源是解决海岛地区淡水资源短缺的一种有效的途径。海水淡化优势是不受气候影响,同时规模可大可小,可以灵活适合不同类型的海岛。

海水淡化适用性分析:

相对于传统的当地水资源开发利用而言,海水淡化具有相应的优势:一是取用海水,数量不受资源总量的限制和天气变化的影响;二是工程对自然环境影响较小;三是占用土地少,政策处理简单;四是建设工期短,规模可随需水增加逐步扩大,便于分期投资。但其也存在相当明显的劣势,就是制水总成本较高。因此,海水淡化在舟山海岛地区的适用性需根据各岛的实际情况,分阶段、分岛屿考虑。

(1) 从近期看,将海水淡化作为解决舟山各岛屿供水缺口的主导水源,条件尚不成熟。一是海水淡化供水成本相对本地水资源开发和大陆引水没有比较优势,水价难以被市场广泛接受;二是海水淡化在国内的应用尚属初期,虽然其技术进步和设备更新换代很快,但作为大规模的供水应用还没有先例;三是舟山各岛的供水水源主要由当地水源工程和引水工程构成,已具备一定的供水保证率,缺水量在不同年份之间变化很大,因此,不利于大规模海水淡化装置运行效益的发挥。

（2）从长远看，随着水资源供需矛盾的加剧，海水淡化技术的进步和制水成本的逐步下降，海水淡化作为补充水源，将成为缓解海岛和沿海地区水资源供需矛盾的有效途径之一。

（3）从众多的住人小岛看，由于水资源极度贫乏，开发条件很差，目前供水成本已接近海水淡化，且常年处于缺水状态。因此，海水淡化对解决或缓解这些住人小岛的缺水矛盾可以发挥重要的作用。

（4）海水淡化作为应急抗旱水源具有很好的社会效益和经济效益。以 2002～2004 年舟山发生的 50 年一遇的干旱灾害为例，舟山本岛依托大陆引水应急工程，少数岛屿依靠海水淡化，度过了生活、生产用水危机，但除此之外的大部分岛屿只能通过运输船舶从大陆装运淡水解决缺水问题，其运输成本为 25～30 元/t，大大高于海水淡化、大陆引水和本地水资源开发的供水成本。

（5）利用沿海和海岛的火电厂，建设配套的大型海水淡化装置，利用电厂蒸汽余热和电能淡化海水，不仅能解决电厂自身大量的淡水需求，必要时还可以供应附近居民用水，而且成本低，效益好。

因此，为确保全市水资源供给安全，舟山市充分利用丰富的海水资源积极实施海水淡化工程，缓解水资源的供需矛盾，改善水环境。海水淡化具有不受时空和气候影响、供水稳定、原料（海水）取之不尽、建造周期短等特点，可以作为生活、工业用水的辅助水源。至 2009 年舟山市共投资 4.5 亿元，建成海水淡化工程 15 处，海水淡化总能力达到 5.34 万 t/d。力争通过 10 年努力，至 2020 年使全市海水淡化能力达到 16 万 t/d。

近年来，随着技术的成熟和制水成本的下降，海水淡化在海岛地区的应用明显加快，在一定程度上缓解了这些地区的水资源供需矛盾。目前，舟山市已建成的海水淡化工程主要是作为边远海岛居民的生活饮用水和第三产业用水水源。到 2005 年底舟山市已建成海水淡化厂 6 座（表 4.8），主要分布在岱山岛、虾峙岛、蚂蚁岛、泗礁岛、洋山岛和嵊山岛等边远海岛，均采用反渗透海水淡化技术，总设计规模达到 8 700 t/d。从这些海岛的实际情况看，虽然岛上也建有一些小型水库工程，但其供水水源明显不足，水资源供需矛盾非常突出，且本地水资源开发的潜力不大，海水淡化作为岛上居民生活用水的补充水源，有效地缓解了当地居民的生活用水矛盾。

表 4.8　舟山市已建海水淡化厂汇总表

序号	项目名称	所在岛屿	工程规模(t/d)	投资(万元)
1	普陀区虾峙海水淡化工程	虾峙岛	300	870
2	普陀区蚂蚁海水淡化工程	蚂蚁岛	300	400
3	岱山县绿源海水淡化有限公司	岱山岛	2 000	1 450
4	嵊泗县泗礁海水淡化厂	泗礁岛	4 600	3 580
5	嵊泗县洋山海水淡化厂	大洋山岛	1 000	907
6	嵊泗县嵊山海水淡化厂	嵊山岛	500	500
	小计		8 700	7 707

（资料来源：作者自制）

除了海水淡化的利用方式以外,海水作为工业冷却用水也是一大利用技术,海水循环冷却技术在电力、石化、钢铁、化工等领域应用前景广阔。海水循环冷却技术,是直接以原海水为冷却介质,经换热设备完成一次冷却后,再经冷却塔冷却、并循环使用的冷却水处理技术。作为海水直接利用领域一项新技术,以海水代替淡水作为工业循环冷却水,解决舟山岛经济发展的水资源紧缺瓶颈问题,实现水资源可持续利用,保障社会经济的可持续发展应该是可行的。

海水用作生活用水同样有巨大潜力。生活用水中很大部分对水质的要求不像饮用水那么高。生活用海水技术是指利用海水作为部分城市生活用水(主要是利用海水冲厕)的一项综合技术。作为海水直接利用领域的重要技术之一,主要包括海水的前处理、贮存、输送、管道防腐和生活用海水后处理技术。这些技术目前都比较成熟。根据《舟山市水资源公报》(2000 年和 2001 年)推算,舟山岛近几年每年海水利用量达 300 余万 m^3,海水利用已有了一定的基础,因此,在舟山岛推广海水利用应该是可行的。

6)节水建设

合理确定和细化各单位节水目标和计划,实行行业用水定额制度。同时强化节水考核管理,健全节水责任制和绩效考核制。充分发挥水资源费和水价对水资源配置、节约用水、水环境保护的重要杠杆作用,实行用水累进加价制度。强化取水许可监督管理,进一步落实审批、验收、监督管理等一系列制度,加强对取水单位的计量设施和许可证检查。贯彻"治污"也是"节水"的观念,在取水审批中高度重视废水排放问题,对在取水同时需要设置入河排污口的,严格把关,确保符合排污口的管理要求。

加大节水技术研发推广力度。抓好重点领域节水工程建设,农业领域积极实施灌区节水改造,大力推广喷灌淘汰高用水工艺落后的设备、滴灌等先进实用的节水灌溉技术。工业领域提倡一水多用、优水优用,提高工业用水重复利用率;进行工艺改造和设备更新,应用节水和高效的新技术;根据水资源条件,合理调整产业结构和工业布局。生活领域加快城市供水管网改造,降低管网漏失率;推广使用节水器具,提高水资源的利用效率。

中水回用:目前,很多海岛地区产生的污水不经处理直接排放,即浪费了水资源,又污染了环境。浙江省舟山市环保局于 1996 年对舟山群岛的水环境状况进行了全面监测,结果显示,在 20 条河流(段)中,仅有 4 条河流(段)水质达到水环境功能区水质要求,其余均不能满足所在功能区要求的水质类别;在被调查的 53 个水库中,有 34 个水库水质达到地面水环境保护功能区水质要求,其余水库水质不能满足水质类别要求。海岛地区淡水资源短缺,由于受污染的影响,供需矛盾会进一步加剧。如果海岛能够坚持治污、回用的方针,开展废水资源化和中水回用,可实现海岛水资源的可持续利用。

7)总结

综合海岛地区水资源特点及其解决用水的各种措施及其成本以及海岛自身的需水要求,解决海岛地区水资源总体配置思路:对小型岛屿"自力更生、因岛制宜"解决用水问题;对大型岛屿加快实施大陆引水解决海岛用水危机;适当开展多元化供水补充淡水供给方式;着手研究新淡水资源确保海岛长远发展需要。

"自力更生、因岛制宜"解决海岛地区偏远渔农村用水问题。常年居住人口在 1 000 人以下的 65 个海岛,地处偏远,但是根据经验越是偏远小岛缺水越是严重。大陆引水等解决方法不能惠及该类海岛,海水淡化又不能形成一定的规模,针对这种情况,结合"大岛建、小岛迁"规划,迁移部分不适合人居海岛。

对于那些因为各种需要特别是国防需要不宜搬迁的海岛,采用"自力更生、因地制宜"解决海岛的渔农村生活用水问题。主要思路有三条:

（1）结合小型山塘、水库的建设渔农村供水站。

（2）一丘一岛地形的岛屿一般以村为单位建设坑道井。

（3）上述方法仍不能解决的用水困难户,建设家庭屋顶接水系统。

加快实施大陆引水解决县级大岛用水危机常年居住人口在 5.0 万以上 6 个海岛,有 5 个为县级以上行政区所在地,总人口 95 万以上,占海岛总人口的 63.7% 以上,集中海岛地区大部分人口、资源及经济、社会活动,需水量大,缺水量亦大。采用大陆引水工程具有引水量大,补充水量丰富,且可形成一定的规模效益并在经济上有优势。

舟山岛考虑从宁波姚江引水,一期工程已经建成,继续实施二期、三期引水工程。

岱山岛、六横岛、衢山岛考虑从舟山本岛引水,属于二次引水,引水成本在 $5 \sim 6$ 元/m³ 左右,供水成本与海水淡化接近,但是考虑到居民对天然水的接受程度,仍然可以考虑采用引水解决用水。同时由于为二次引水,可能会造成需水时部分地区引不到水的情况,因此,建议仍然建设一定规模的海水淡化系统。

适当采用多元化供水技术,补充淡水供给常住人口在 1 万～5 万的海岛 13 个,以及常住人口在 1 000～10 000 人之间的海岛 64 个,分布分散,各自情况各有区别,根据各自特点及需水要求通过多元化的供水技术解决用水。

金塘、册子、朱家尖、长白、秀山等岛距离舟山岛较近,可以考虑从舟山岛二次引水,除此以外的桃花、嵊泗等其余 60 多个海岛岛屿可以考虑与本地的工业结构相结合,利用工业冷却用海水,或电厂联网建设海水淡化工厂,或者直接建设海水淡化系统。海水淡化规模可以在 200 t/d～5.0 万 t/d 不等(陈国伟,2006)。

4.4.4 嵊泗县实际案例

嵊泗属严重资源型缺水地区,人均水资源量仅为全国人均拥有量的 1/11(图 4.25)。其缺水类型是资源型缺水、工程型缺水和水质型缺水并存。目前,市域内水厂的布局和规模还需要作调整,岛屿的边远地区居民饮水困难。在县域范围内还需增加水源工程,实施水源联网工程,增加供水工程,扩大并完善供水管网布置,提高供水能力和供水范围。此外,应大力推广雨水利用,积极探索中水回用的方法和途径,努力提高水资源的重复利用率。

为达到规划要求的供水保证率,规划范围内现有的蓄水和供水工程也还需改造、扩建并进一步搞好联网以调节余缺。

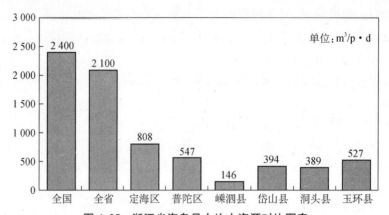

图 4.25 浙江省海岛县人均水资源对比图表

(图片来源:陈国伟.浙江省海岛地区供水配置探讨[J].水利规划与设计,2006(01):19-22)

嵊泗县生态水源系统三种措施:

1)修建水库等水源工程(表 4.9)

表 4.9 嵊泗县核心泗礁岛规划水源表

岛屿	水源名称	建设性质	新增库容(万 m^3)	建设时间
泗礁岛	边礁岙水库	清淤	1.6	近期
	老虎头水库	扩建	48.8	
	田岙水库	扩建	4.7	
	杨家坑水库	扩建	3.5	
	小关岙水库	新建	35	

(资料来源:作者自制)

除水库以外,其他水源工程的规划见表 4.10、表 4.11。

表 4.10 规划其他水源工程表

岛屿	近期	远期
嵊泗县	配套新建集水沟,总长度 6.5 km;1 座水库清淤;新建雨水收集面积共 57.2 万 m^2;中水利用达到生活用水的 5%	新建雨水收集面积共 8.3 万 m^2;中水利用达到生活用水的 15%

(资料来源:作者自制)

表 4.11 其他主要岛屿雨水利用、中水利用表

岛名	屋顶集水(万 m^2)	地面集水(万 m^2)	中水利用占生活用水的比例	坑道井民用井机井(口)	建设时间
泗礁岛	10.1	10.1	5%		近期
	1.35	1.35	15%		远期

(资料来源:作者自制)

2）扩大实施雨水利用和中水利用

雨水停留供水系统将水文循环中的雨水以天然地形或人工方法予以截取贮存,主要是以屋顶、地面集流为主,用在农业上灌溉或作为工业及民生用水之替代性补充水源、防火贮水与减低城市降雨洪峰负荷量等多目标用途的系统。

中水是指污水(或生活废水)经过处理后,达到规定的用水水质标准,可在一定范围内重复使用于非饮用水及非与身体接触用水。中水主要用于厕所冲洗、园林灌溉、道路保湿、汽车冲洗、消防用水、喷水池、亲水设施用水及冷却设备补充水等。

3）从外域引水

泗礁岛从外域引水的方案有以下几种:

(1)大陆铺设管道引水:暂且不计从大陆引水至小洋山的投资,单从小洋山引水至泗礁岛,其海底引水管道长度约为 43 km,因其引水规模较小,经初步估算,其到户水价为17.7 元/m³。从芦潮港引水至泗礁岛,其海底引水管道长度约为 65 km。这种方式总体上看成本很大,水价很高,主要原因是引水距离长,难度大,而引水规模比较小。随着社会经济的发展,一方面可以随着技术的发展而降低成本,节约投资;另一方面该方案供水可靠性较好,具有较好的社会效益。

(2)压舱水:这是众多方案中成本最低的引水方案。该方案关系到上海与嵊泗的政策处理,主要是可能性和可持续性问题。因此,该方案如能解决以上的问题是可行的也是经济的。

(3)造船运水:造船运水的成本较大但比起其他方案已相对较小。另外,运水船在不影响运水功能的情况下可设计为多功能装载船,在不运水的单趟和丰水年不需运水时可作其他用途。这一方面可以降低成本,另一方面资源也不会浪费。该方案在可操作性与可持续性上均有一定的可行性,但可靠性欠佳。

这些解决方案各有优缺点,建议在充分开发利用岛上已有的淡水资源的前提下,以域外引水为主,海水淡化为辅的方式解决泗礁岛的供水问题。

(4)措施为海水淡化和海水直接利用:1982 年嵊泗县建成 24 t/d 电渗析海水淡化试验站;1997 年,舟山市第一座海水淡化厂——嵊泗县嵊山岛“500 t/d 反渗透海水淡化示范工程”作为浙江省重大科技攻关项目建成投产,首次采用了透平式能量回收装置,海水淡化工程单位产水能耗降至 5.5 kW·h 以下,填补了我国反渗透海水淡化工程的空白。2000 年嵊泗县建成 1 000 t/d 反渗透海水淡化示范工程。

嵊泗县海水淡化要综合开发利用。海水淡化应结合其他工程、配套工程建设,从而达到提高综合效益,降低海水淡化成本的目的。一是充分利用海水淡化后排出的浓海水用于盐业生产,可提高盐业产量或相同产量下减少用地。蒸馏法淡化水纯度高、品质好,可以结合瓶装水生产提高效益,作为锅炉用水水源,还可以大大降低电厂锅炉用水的处理费用;二是结合反渗透海水淡化工程的建设,可以建造一些苦咸水水源工程,如建造滩涂平地水库、探寻长江古河道微咸水来源等,从而达到降低海水淡化成本的目的;三是积极寻求廉价能源来源,如风能、太阳能、潮汐能等。

目前,嵊泗县海水淡化工程的建设管理尚未纳入正轨,在传统水源工程原水价格与实际成本背离的情况下,完全依靠市场化运作难以发展。建议将海水淡化纳入供水水源的整体框架之中,海水淡化工程建设归属水行政主管部门管理,并给予传统水源工程(如水库工程)一样的资金补助政策。

综合以上论述,本书推荐以上述三种措施相结合的方式解决嵊泗县的供水问题,大力开发当地水资源,提高水资源开发利用程度,积极推动从大陆引水,深入开展雨水利用和中水利用,适当发展海水淡化和海水直接利用。该方案可以基本解决规划水平年条件下的供水问题,可以较好地解决集中供水比较困难的边远地区的供水问题,较好地应对特枯年的用水问题。当然,开源不能忘了节流,节流才是解决供水问题的关键所在。对于供水方式,在嵊泗县应以集中供水为主,分散供水为辅。各岛内供水系统应根据需要尽可能实现联网,各岛都应作为统一的系统来考虑(表4.12)。

表 4.12　嵊泗县重要水厂建设安排表

岛屿	水厂名称	现状规模 (m³/d)	近期规模 (m³/d)	远期规模 (m³/d)	水源	备注
泗礁岛	菜园水厂	2 000	0	0		规划报废
	马关水厂	500	1 000	2 000	小关岙水库、杨家坑水库	
	基湖水厂	7 000	4 000	4 000	宫山水库、四脚凉亭水库、老虎头水库、沉井水	
	长弄堂水厂	0	6 000	11 000	长弄堂水库、小关岙水库、外域引水	
	海水淡化站	1 600	1 600	1 600		
	田岙水厂	0	600	600	田岙水库、边礁岙水库	
	金平水厂	0	400	400	金鸡岙水库	
	合计	11 100	13 600	19 600		

(资料来源:作者自制)

4.5　本章小结

群岛人居单元的整体尺度包含了区域整体和单元整体两个层面,是基于生态整体思路下的营建体系高层次内容。舟山群岛传统人居在历经上千年演化过程中形成的一套有效利用自然、社会经济资源的自组织结构,长期的发展演化已经形成若干与渔业等生产方式相适应的协调单元基本架构。在海洋经济迅速崛起的情况下,作为发展条件上有地理特点的海岛地区,一方面面临着交通不便、人口外流、资源短缺等多重的发展危机,另一方面则有特殊的自然风光,温和的气候环境,前沿的发展口岸等诸多人居优势。因而,在群岛人居环境建设推进过程中,要注意对不同单元分门别类的扬长避短,不要在人居环境建设过程中违背海岛格局下的特质与效应,要因势利导地从培育海岛人居的特色入手,从而实现海岛人居环境的跨越式发展。

5 群岛人居单元建设尺度营建体系

舟山群岛人居建设尺度营建体系主要包括单元内聚落空间构成和民居等微观层面的设计建造,是落实人的居住对海岛环境的应对的最终环节。

所谓的建设尺度,就是深入群岛单元内部的聚落住区营建和单体的建筑的营建体系。内容主要包括:

- 群岛聚落和建筑的类型。
- 群岛聚落建筑的困境与机遇。
- 群岛聚落建筑发展的适宜性途径。
- 群岛聚落建筑营建体系的分层多元形态模型等。

这个层面的最小落脚点是单体建筑,最大的研究范围是聚落住区。都是群岛单元内部的包含元素。不会上升到单元整体或单元之间的研究广度。

5.1 群岛民居聚落建筑类型

舟山群岛地貌多样,加之不同地貌中居民的经济收入水平差异,导致海岛民居建筑类型多种多样。按民居所处地理位置方式概括,可分为山地民居、平地民居和海崖民居三种基本类型。按民居所用材料与建造方式概括,可分为石材民居、砖混民居和少量的传统木结构民居。按民居建造的年代又可以分为现代民居和传统民居。

5.1.1 传统聚落建筑的几种典型

舟山传统民居建筑有多种不同层面的分类方式,既可以按照建筑的材料分类也可以按照建筑的坐落地形分类。其中最典型,也是在当今环境下落后和机遇并存的几种形式有石构民居、山地民居和海崖式民居等几种组合类型。其中石构是舟山绝大多数传统民居的材料和建造类型;山地丘陵是大多数海岛民居的载体;而海崖式民居是最有特色和生态潜力的民居。因此对这三种交叉分类的民居的阐释,能为下文概括一种海岛特色的民居建筑形成一幅全面的景画。

1) 石构民居

这种类型的民居源远流长,在舟山原住民淘汰了风雨飘摇的草木渔寮民居后,有更多的人力和物力来开采海岛本地的石材。因此,在很长一段时间,石构民居占据了海岛建筑的主体,直到近现代的材料和运输技术的出现。现阶段,除了几个建设水平较高的大岛外,石构民居仍旧大量分布,但是由于年久失修,导致这部分居民人居环境低下(图 5.1)。质量较好的石构民居由长 20~30 cm,宽 15~25 cm,厚在 10~20 cm 的当地石材垒筑而成,石块间的缝隙很小;也有用不规则的乱石垒筑,并用黄土和茅草填缝的建造方式,但是质量较差也不耐久。

年代较早的房屋里面的梁椽都用石条雕凿,楼面板也用大块的石板搭接,石墙、石梁、石板一气呵成,是纯粹的石屋;而后一些建筑会有些石材和其他材料的搭配使用,舒适度更高。这类民居建筑是舟山群岛最具特色的一种建筑类型。其特点:一是原生态。石料开凿出来的平地用作建房的地基,既节约了土地,也提供了建房的材料,石料还可以重复利用;二是造价低廉,施工简单,海岛有大量的深谙此道的石匠;三是保温、隔热和隔湿效果好,具有良好的建筑热惰性;四是风格独特,具有强烈的地域性,尤其在偏远海岛渔村最为典型。

图 5.1　石构民居示例
(图片来源:作者自摄)

图 5.2　坡地民居示例
(图片来源:作者自摄)

2)坡地民居

这种类型的民居量大面广。因为舟山的原始地形主要是山地,再把稀有的平地留给产业用地,更多的居住用地只能在坡地解决(图 5.2)。这种类型的民居建筑是舟山群岛最传统的一种民居建筑类型。其特点:一是适应性强。在建造的过程中,多用开辟房屋地基所凿下来的土石,来垒筑地基和建筑,做到了真正的就地取材;二是建筑保有量巨大。山地民居数量多,分布广,几乎包括了所有聚落;三是建筑对现代交通的衔接存在难点,离主干道较远的山地建筑需要步行很久;四是通风、日照具有优势。因为山地民居依山就势,房屋间标高和朝向各不相同,因此,可以在高建筑密度下很好地解决通风和日照的问题。

3)海崖式民居

这种类型的民居建造在靠海的第一线,往往建筑的垂直投影面积大部分在海上,因此,也就决定了这种民居的单体可以更好地利用海洋的特性(图 5.3)。这种民居多为石构建筑,坐落在渔业小岛上,土地资源十分匮乏。由于有优良的港口资源,所以很多渔民挨着大海垒筑建房的地基,有些甚至是在水面以下的礁石上开始构筑地基,形成了以独栋民居向海要土地的先例。这种组合类型的建筑是舟山群岛最奇特的一种民居类型。其优点首先是向大海要土地,并且近水楼台先得月——有利于渔业生产。但缺点也很明显:(1)建造不方便。构筑基础要从海面以下开始;(2)建成后对风暴潮等气象灾害首当其冲,结构安全性差。由于选址特殊,海水侵蚀,这类民居有的面临倒塌的危险。一般为经济条件较差的渔民所采用。近十几年来,随着渔业人口城镇化,许多海崖式民居被废弃。

图 5.3 海崖式民居示例

(图片来源:上图 http://epaper.cnnb.com.cn,下图 http://hot.dahangzhou.com)

　　总体来看,海岛民居就地取材且热稳定性好,是合理利用自然资源,回应地方气候的典型。主要表现在室内物理环境方面,在夏季室外温度高达 38 ℃时,民居内温度多保持在 30 ℃左右。

　　但其问题也很明显,采光差、通风不良。部分质量较差的石头民居墙面容易渗水,民居内部没有穿堂风,空气不对流,通风效果和空气质量很差。

5.1.2　现代聚落建筑

　　由于复杂型海岛单元是人多地广的大岛,能积聚更多的人类能量。已经通过数百年的开发,特别是近代移山填海等造地模式,人居聚落基本以滨海平原形态为主。聚落有机更新较快,而且聚落内部建筑的样式较新。按年代的不同,海岛现代民居可进一步划分为"1995 年前模式"和"1995 年后模式"(图 5.4)。

　　"1995 年前模式"民居的宅基地多坐落在丘陵坡地,一般有较大的部分是块石垒筑形成。楼房多为平屋顶,面宽三或四间,楼层以二到四层为主。这种类型民居的特点:一是多在 1995 年代渔业"大跃进"以后建造的,属渔业鼎盛时期的一种住宅类型,平均造价 5 万～6 万元,一般多为经济条件较好的渔民采用;二是采用当时新兴的现代的建筑材料和框架结构施工模式,建筑布局宽大,风格自发相互学习;三是保温隔湿效果较差,尤其是冬季室内温度较低湿度较大。

95年前模式　　　　　　　　　　　95年后模式

图 5.4　海岛现代民居示例

(图片来源:作者自摄)

"1995 年后模式"民居的宅基地多在平原乡村,是渔业衰退后,部分人口流向宜居地区新建或改建的住宅。该模式功能布局更为紧凑,楼房位于用地中后部,前院为生活和生产性空间,且与宅基地外村路相接。平房多为坡屋顶,面宽二或三间。这种民居由于应用了现浇等更新的建造模式以及个性化的瓷砖门窗等装饰构架,造价相对较高,平均每幢 10 万～20 万元,属舟山地区最高档的一种民居住宅类型。这种类型民居的特点:一是多在 1995 年后渔业资源大衰退后建造的,属产业结构和政府对宅基地审批控制后的一种住宅类型,一般多为掌握一定行政资源和非渔业产业资源的人采用;二是多采用欧式小洋楼的形式,并在此基础上采用各种不同质地和颜色的外墙面砖,导致乡村风貌凌乱;三是放弃了对二层屋面平台甚至是阳台的采用,片面追求室内面积的最大化,建筑形象呆板。

综合来看,现代民居主要问题是抗寒防潮等部分室内物理指标比较差,建筑本身对海岛资源稀缺性没有补益,而且地方材料等地域不明显导致本身不够生态。在冬季,由于钢筋混凝土等新型材料的使用,现代民居片面强调层高等指标,导致屋内空旷,在咸湿的空气里人体舒适度很低。在夏季最热时,顶层室内温度可达 40 ℃,底层温度 35 ℃。但由于现代建筑采光通风好,室内空气清洁,布局紧凑,安全性好,因此深受居民的喜爱。

5.2　群岛聚落建筑的困境与机遇

5.2.1　海岛人居聚落发展的困境与挑战

目前,在舟山群岛以人居生活空间承载的人口规模大约有 100 万,其生存与发展关系重大,迫切需要明确其适宜的发展途径。

长久以来,舟山群岛地处偏远,民居建设水平不高。很多渔村都是以就地取材的石头、木材、泥土和茅草为建筑材料建造单层的民居。改革开放后,随着科学技术的发展应用,舟山群岛首先在渔业生产上取得巨大成功,这直接引发了 20 世纪八九十年代的渔村民居建设高潮。渔民用多元化的建筑材料建造了两到三层多开间的民居。渔业资源衰退后,随着经济结构的调整,舟山群岛突破了渔业经济,逐渐向开放的商品经济多元结构转化,百姓的生活水平得到了新的提高。新的价值观念、现代科学技术和多元文化的需求,使得传统的生活方式与人们的观念都有所改变。许多居住者向往现代化的生活方式,视欧式的小洋楼等建筑形式为标杆,形成了新的千篇一律模式。

几次民居的更新,似一次次赶集,有资金的人都用所谓的新潮来代替过去。造成了舟山民居风格杂乱,割裂严重。而且很多时兴的民居建造并不一定适合舟山的人居环境。

因此,海岛人居聚落的发展面临着困境,主要体现在以下几个方面:

(1)旧有的人居聚落多由自然发展而成,有较大的盲目性。新建的部分聚落盲目铺张,容积率较低。两者对海岛有限的土地资源和景观资源占用破坏较大。

(2)聚落布局分散,相应的基础设施不完善,道路交通不成系统,给排水困难,卫生条件差,给人们的日常生活带来不便。

(3)由于人口的缩减和海岛城镇化的推进。很多偏远村落和岛域形成了空心化现象。留守空心村的人们难以维系正常的聚落生活。

(4)民居室内环境状况急待改进,如墙面返潮严重,海风腐蚀室内家装,室内早晚温差大,抗热不抗寒。传统民居采光日照不足,潮湿阴暗,甚至安全性能较差,尤其存在塌顶和渗漏的问题。

(5)海岛人居聚落生态基础薄弱,水资源匮乏,自然灾害频繁,人们的生态意识不强,缺乏资源的危机感,致使环境资源严重浪费,且环境污染严重,加剧了生态环境的恶化。

5.2.2　海岛人居聚落发展的机遇与再生

舟山群岛,在长三角的生态环境中占有极其重要的地位,它既处于长三角外围与东海能量交互前沿地区,又具有丰富的渔业、港口、旅游等资源,作为上海的能源物流基地,特别是在当前西部大开发中,将在长三角国民经济建设中发挥重要的作用。

舟山市一直把建设"美丽海岛"作为发展的目标,可持续发展的观念已深入到该地区人们的生计方式中,并逐步形成自觉自愿的行为。这些工作的成效,为开展生态海岛人居聚落建设提供了良好的基础和较高的起点,表现在如下几个方面:

(1)舟山群岛新区被确立为国家级新区。海岛作为中国国土重要组成部分,在近年越来越受到重视。

(2)"美丽海岛"村级评价指标体系的完善,绿色村庄建设体系的开展,绿色适宜性技术在聚落中的应用(如:村级人工湿地净水系统,太阳能、潮流能、生物质能技术的实施,传统石屋材料与结构改造技术的采用等)。

(3)传统聚落中具有生命力的传统经验与技术延续至今,古朴的居住形态、生活方式中蕴藏了"绿色"的本质内涵,是适应当地自然和社会条件、就地取材、节能节地的典型范例,有条件从传统聚落文化遗产和朴素的生态学思想中发掘"绿色地域基因"。

另外,舟山群岛人居聚落原生的形态特征与营建方法,在一定意义上与今天可持续发展的理念与原则有很多共识的语言,特别是如何对于自然环境和文化环境的巧妙应对,靠自身的力量发挥其功能,并能在漫长的发展演变中恒久地保持其强大的生命力。主要体现在以下几个方面：

（1）合理布局后能够依山就势、节约土地，较少地破坏地面植被和自然环境，维护生态平衡。

（2）选址巧妙，通过合理选址可扩大生活空间。适应于居住、生产、公建、储藏等。

（3）部分传统材料民居能源消耗低，保温性能好。

（4）传统民居屋顶多为平层，既可减少屋顶受风面积，又可以上人作为晒鱼干等家庭作业场所，变相增加土地资源。

（5）就地取材，房屋地基一半建在开挖石材产生的山体平地上，另一半建在用开挖出来的石头垒成的平台上，土石方就地利用，节能节地。

（6）施工简便，造价低廉，不受季节限制，不需要复杂机械。

舟山群岛生态聚落研究乃是属于长三角发达地区人居环境研究的部分，因此，研究舟山群岛生态聚落的发展途径，也就是研究长三角。这是一种具有双向意义的研究，只有更全面地了解长三角，才能更深入地认识舟山群岛；而只有深入地研究了舟山群岛，才有助于真正全面地了解长三角。而且舟山群岛是长三角生态环境的敏感地区，具有较高的影响效应，应尽早提出其生态聚落营建体系的建设发展战略。

5.2.3 "传统的""现代的"与"生态的"

如果我们把地区原生的建筑体系比作一个生命有机体的话，在其生长演进过程中，一些地区的营建体系中发展出某种特别的形态表征或营建机制，而变成某一特定生态区域里的最适者，即生物学中所谓的"特化现象"（specialization），从进化的角度来看，某一个环境下特化的最适者，可能在某个阶段非常适应于那个环境（自然与人文），但是太适应太特化的结果，也可能使其走入死胡同，一旦周围的环境状态发生了改变，过分特化的现象反而会因为无法改变而灭绝。

从传统的舟山群岛聚落的发展演变中我们可以清晰地看到，每一种民居类型在其特定的地域条件和历史阶段生成生长为最适宜的居住形态。而随着时代的变迁、社会的发展和生活方式的改变，有些类型的传统形态已经被使用者逐步淘汰（如木结构民居和泥墙民居）。

而另外一种现象：有些类型的传统形态（如砌筑精良的石材民居），虽然这种建材已经很难大规模的用于建设，但是，石材民居本身热惰性以及设计中的一些特点带来的舒适感，一直让人们安于居住，甚至不愿意搬迁到新式的楼房中。这就非常值得我们去探究了。

一个地区原生的营建体系能否走上现代化，或者能否快速地达到现代化的目标，并能永续发展下去，主要在于这个营建体系的内在"基因"是否能够符合现代化发展的需求，它的结构关系和形态表征是否适合于现代化的运作，它的功能和运营机制是否合乎现代价值标准。这三种因素之一，或者合起来被证明是肯定的话，我们就应该找到适宜的途径"激活"其生命力，并注入新的生长基因，对地区建筑体系进行重组与整合，使其良性健康地发展。（William M. Mash，1998）

在改革开放后的数十年，新型砖混住宅日益成为主流，传统民居日渐式微。而且随着近年"小岛迁，大岛建"的城镇化进程，更多的人口聚集到大岛的现代聚落中。现代聚落能很快地改变落后的景观风貌,有效地节约几种社会公共资源,而且也能为一些生态设施的集约化利用提供更好的空间。因此有其有利的一面,但也有其不利的一面,表现在:(1)大量建房加剧人地关系矛盾。如舟山本岛地区在临城新城建成后再无大片新的可建用地,只能通过围海造田工程来承载新的发展;(2)新建房大多无统一规划,样式片面求洋求新,建筑面积片面求大求全,与传统造成很大割裂也造成了很多空间上的浪费;(3)多数新建住房标准不高,表面上美观,但维护结构远比不过传统石墙民居,而且小别墅的形式层高高,能耗高,居住舒适度低。

无论是传统的还是现代的,只要面对好两个问题:其一,在纵向的历史方面对地区传统建筑文化价值的超越;其二,横向上与整个时代建筑趋势的对话。在这个过程中,可能失去了地区传统建筑文化的一些内容,这也是建筑文化发展过程中不可避免的损耗,是完全可以得到重建和补偿的。

现代的海岛聚落为舟山城镇化现代化立下了汗马功劳,代表了先进的聚落规划建设方向。传统的海岛聚落是当地的气候、环境、资源、社会和经济条件下的产物,它具有朴素的生态学思想以及隐含着的更本质的永恒之道,在历史发展的今天与现代哲学、价值观念的相互碰撞中达成了共识。能让现代海岛人居环境生态建设活动在这里找到自己的正确位置和方向,也为某些海岛传统聚落的复苏和发展提供了契机。因此,"传统的"携手"现代的"走向生态的,才是舟山群岛生态人居聚落营建体系的大方向。

5.3   群岛聚落建筑发展的适宜性途径

5.3.1   生态海岛聚落营建体系的空间布局与用地结构

生态海岛聚落的空间环境建设要借助于海岛环境有机更新的自身规律,促进环境更健康、协调和可持续发展。首先,生态海岛聚落环境建设要时刻维护聚落的自然生态系统,建立可持续的生产生活体系,合理调配利用海岛有限的资源,促进人居环境的良性循环。除此之外,在综合应用节能节地、充分而科学地利用岛域资源的基础上,配备有效的公共服务设施及深层次的群众交流空间,合理调整空间布局结构,改善整体环境质量,满足现代生产生活的需求,强化环境的亲切感和凝聚力,唤起人们对家园的热爱。

为此,首先要制定科学合理的土地利用规划,根据不同岛域单元开发利用的自然和社会经济条件,历史基础和现状特点,社会经济发展的需要,对海岛各类用地的结构和布局进行调整或配置。而且规划应该是一个长期的计划安排,防止在海岛这种容错率很低的地区产生混乱的用地行为,因为这将是难以弥补的。要在把握聚落规模合理性与必要性的基础上,认真研究该地区人居环境空间扩散的过程与规律,防止其过度蔓延,科学地规划和建设好乡镇体系。

生态海岛聚落营建体系土地的可持续利用,目标是创建一个生态的、和谐高效的自然—经济—社会复合型生态系统。

1）以节约土地为原则的聚落环境空间组织

土地可持续利用是既能满足当代人的需求，对后代满足其需求能力又不会构成危害的土地资源利用方式。土地资源可持续利用意味着土地的数量和质量要满足不断增长的人口和不断提高的生活水平对土地的需求。土地是可更新资源，利用得当，可循环永续利用，如果利用不合理，土地生产能力就会部分或全部丧失。在人多地少，优质土地稀缺的海岛更是如此。

舟山群岛地形地貌复杂，适于农业、工业等作业的土地极缺（目前很多工业区靠围海造田获得）。在这种特殊的土地资源条件下，传统聚落营建顺应自然环境条件，尽可能地节约土地，依山就势，利用山坡地建房，创造了与自然和谐共生的用地方式与空间布局。在生态海岛聚落中，应保持和强化这种传统的居住空间组织方式，并有效地改进与发展，使之能够满足现代生产和生活的全面需求。

（1）利用山坡台地组织生产与生活空间

为了提高土地的利用效率，海岛聚落的布局首先应该合理地利用地形地貌，依山就势安排居住用地，以节约平地可耕地来发展产业。在产业用地需求方面，尽可能的压缩农业耕作用地，因为海岛的有效产出不应以耕作为导向。同时，调整和改善居住用地格局，紧凑布局，依据地形组织不同的道路层次和统一的给排水管网，减少道路等基础设施的经济投入。

为了充分而有效地利用有限的宅基地，聚落建设应推广新型的民居形式，提高民居建筑层数，同时利用坡地将各户相互穿插叠置。提倡发展立体的家庭庭院模式，既节省了用地，又丰富了居住环境的空间层次，如图5.5所示。

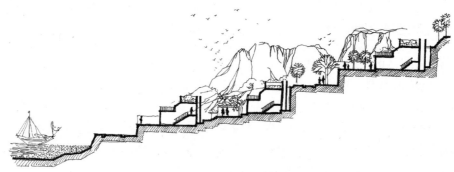

图5.5　利用山坡地组织民居空间

（图片来源：作者自绘）

（2）合理的居住生活组织结构与明确的空间领域层次

舟山群岛人们的居住生活是多种多样的，其生活方式反映了居民日常生产与生活的内在规律，也维系着人们业已形成的社会生活网络。人们生活于斯，邻里之间保持着亲密和谐的关系，创造着浓郁的乡土文化氛围。现代海岛聚落的生活组织也必须考虑到居民对聚落环境的不同层次的生活需求，力求创造一种明确的空间领域层次，内向性强的邻里组团，方便邻里间精神与物质上的互助与交往的空间，增强聚落的凝聚力、归属感与安全感。

因而，新型民居形态在尊重原有的地形地貌的基础上，应按照聚居单位—基本生活单元—住户宅院的结构模式,依据公共—半公共—私密的空间关系来组织生活,且保证各部分之间相互联系的同时,又保持相对的独立完整,如图 5.6 所示。

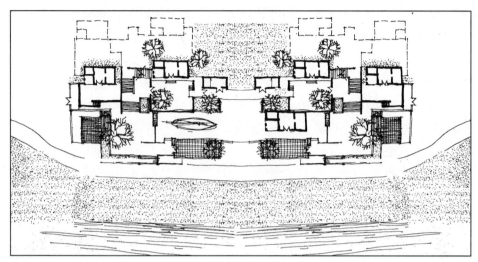

图 5.6　民居邻里组团示意图
(图片来源:作者自绘)

邻里组团是海岛聚落的半公共空间,也是人们日常生活交往休息最频繁使用的空间。在传统的村落中,一口水井、一棵古树,甚至院落之间的石阶都是人们日常生活交往的空间,这里是体现民俗文化创造与聚落协作精神的场所。绿色人居聚落应注重邻里组团环境对人们居住生活的重要性,以其作为规划设计的重点,按照居住者原有的社会生活网络,自由选择、组合成一定规模的组团。通过住户院落空间的重叠,利用坡地,围合成一定的邻里活动中心。为了保证组团内部的凝聚力,应以明确的空间限定,禁止车辆的介入,提供一个安全的、具有宜人的环境景观与活动场所。同时利用地形的自然高差变化,以踏步、绿化、石桌凳和平台等丰富空间形态,提高居住者的生活情趣,唤起人们对自己家园的热爱。

(3)充分考虑使用者不同的生产生活交通联系

交通是聚落居住生活的动脉,由于目前生活水平的普遍提高,海岛居民的出行方式多样化趋势明显,有步行、自行车、助动车、机动车等方式。生态海岛聚落利用坡地组织居住生活,地形的复杂多变必然对交通联系提出更高的要求。

在充分考虑到地形地貌的现状,以及居住者原有的出行线路的基础上,调整原有道路走向,以保证居住于坡地高处的居住者也能方便地使用车辆。同时,为了创造宁静、安全的居住环境,又密切居住者之间的联系与社会交往,应完善不同性质、不同等级的道路交通系统。主干道应方便聚落内部与外部、各基本生活单元之间,以及与公共服务设施的交通联系;基本生活单元内部应避免机动车辆进入,以非机动方式为主,生产与生活道路可适当分开,住户的生产运输小路可直接通向聚落内的主干道。

(4)健全的文化服务设施

文化生活的落后以及设施的不健全是目前海岛聚落中的普遍现象,人们的生活方式比较单调,日出而作,日落而息,文化娱乐活动贫乏。因而,生态海岛聚落必须考虑足够的公共服务设施用地,在聚落内部建设不同层次与规模的文化娱乐设施。有条件的聚落还要做到一村一广场,既可以用来作为修补渔网渔船等作业场地,又可以在空闲时举行织网大赛等民俗文娱活动和科学教育活动,丰富人们的精神生活,并为居住者参与聚落的社会管理工作与建设活动创造便利的条件。

2）绿化植被生态系统的恢复与维护

大力发展海岛绿化及生态系统的维护。首先,要做好海岛资源,特别是植物资源普查。包括海岛面积、海拔,水位、潮汐,土壤(酸碱度、沙盐化程度、土层厚度、肥力等),气候,岛上动、植物种类,以及岛上淡水供灌能力等各方面,均要了解在案,有利于下一步规划设计时参考;其次,要注意就地(就近)取材节约建设成本,尽可能多启用岛上原有绿化品种,适应性强,成活率高,管理方便,并且要注意加强养护。海岛上多数时间,阳光强烈,风力强大,气候干燥,淡水资源相对匮乏,故而保养维护更显重要。对移栽的大树,初种 1 至 2 年内,要用铁架焊紧顶住树干,防止台风吹倒。树干要缠绕草绳,截枝部位用蜡涂封,并包扎好。埋根须深 1～1.5 m 以上。根部覆盖 1 m 见宽的塑料薄膜(或枯草叶),可有效保湿。对冠形较小的灌木、花草,则尽可能种深些,加强保水。

大力发展植树造林,恢复山体植被,不仅能美化环境,更为重要的是能够改良海岛土质,涵养水源,固化太阳能,节约海岛水土资源,促进生态系统循环。海岛生态聚落的环境质量提高,从根本上取决于整体的生态环境改善。同时,充分发挥舟山群岛的土地资源特点,进一步分异和组合,形成多样化的土地利用类型和农业生态地域类型。为此,应合理规划山地、坡地与川地,采取不同的绿化方式,如防护林、经济林及蔬菜、经济作物等,将田野、河流、山体等纳入整体的绿化生态系统中,使聚落环境生态化、美观化。

从居住生活方面看,应建立完善的绿地系统,减少硬质铺装的使用,以利于调节聚落的微气候,使人工环境与自然生态环境有机地渗透融合。

3）庭院经济与立体的院落空间形态

渔业的生产方式决定海岛需要很多的室外空间作为渔网修补、鱼干晾晒等作业平台。因此,为了给住户创造渔业生产的条件,可以利用有限的建筑外庭院空间,并且在民居建筑的设计中尽量形成平台,包括屋面和露台。住户可将渔业作业和生活起居垂直分布于不同的平台层次空间之中:在建筑外庭院,地下可建沼气池、地窖;地面可种植蔬菜(并可设置玻璃暖房或塑料大棚),或圈养生畜家禽,在渔业需要时可大面积腾空做修船、补网等粗作业;露台、屋顶等建筑平台视野开阔,阳光充沛,适宜于居住生活,在渔业作业需要时可进行晾晒鱼干、风干贝类等食物加工;另外,竖向可提供经济攀援植物,如瓜果或豆类,利用各种条件开展渔副产品的加工庭院经济是生态第一产业向各家各户宅院的渗透和延伸,它帮助居住者协调了生产与生活。通过对光能的利用及生物产品的转化,获取生物质能和生产产品,有效发挥岛居宅院的经济潜力。同时,应尽可能利用岛居空间进行种植,体现对土地利用的集约效益,达到"地基占地屋面补,道路占地墙面补",使土地对人居环境建设达到"零"支出,形成最有特色的岛居庭院生态模式(如图 5.7)。

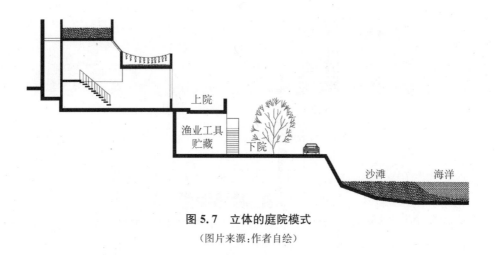

图 5.7　立体的庭院模式

（图片来源：作者自绘）

5.3.2　生态海岛聚落系统的资源与能源消费结构

生态海岛聚落的可持续发展,有赖于"资源支持系统"和"环境支持系统"的健全与合理,在舟山群岛以往的生活中,一次能源消费是以煤炭、木材占主导地位的,在过度地消耗不可再生矿物资源的同时,大量向空气中排放二氧化碳,严重污染自然环境,输入与输出二者均是以破坏生态平衡为前提的。因此,在生态海岛人居聚落系统中对可再生资源、能源的充分合理使用,具有举足轻重的地位。目前,应尽可能地从科学技术研究中取得对于改变生活耗能结构的突破性进展。

1）新型海岛聚落能源消费模式

舟山群岛聚落应建立合理的用能结构,对不可再生资源少用或不用。大力发展洁净型的新型能源,如:天然气、沼气,以及可再生能源,如:太阳能、风能、波浪能等。舟山群岛拥有充裕的风力能源,可在聚落内多点式分布风力涡轮发电机,组合联网为聚落供能。海岛也可充分利用太阳辐射直接得热,安装使用太阳能光热转换,光电转换装置,为民居聚落冬季采暖、夏季制冷、通风换气和热水供给等方面提供主要的动力和热源,并且结合被动式太阳能利用系统,从整体上降低生态海岛聚落的生活耗能。

2）水资源的处置与循环

水资源的严重短缺,水资源环境质量的下降是舟山群岛整体经济发展与社会文明的主要障碍之一。为此,改善水环境的质量,恢复和保护水资源的生态平衡显得尤为重要。首先,聚落需要专业人士对地域水资源的数量和状况进行详细的考察与分析评价,建立水资源的循环机制和格局;其次,应确立维持正常水循环情况下水的数量与利用方式,以及维持生态平衡应予采取的措施。同时,在当地政府和社会的通力合作下建立绿色水库,增加岛域内水系的基本流量,恢复岛屿内固有的水循环机制。具体措施有:

（1）雨水资源利用:海岛雨水利用的工程主要是指将雨水停留在供水系统形成人工的截取储存的方法,主要以屋顶、地面集流为主,主要用于农业灌溉用水或作为一般工业的用水的替代水源,海岛地区目前对雨水的利用主要为零星家庭用集水系统等方式,见图 5.8。

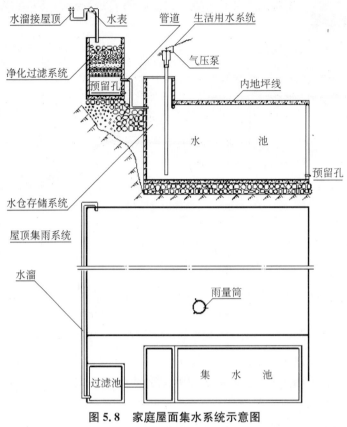

图 5.8　家庭屋面集水系统示意图

（图片来源：作者自绘）

对于淡水资源匮乏的海岛，收集利用雨水是缓解水资源不足的切实有效的方法。屋檐接水是一种简便的雨水集流方式，利用居民的屋面作为集雨场接引雨水，通过接水、过滤、贮水、消毒、抽水、输水等工程设施，建立家庭小水厂。舟山市普陀区的葫芦岛，自从 1985 年推广屋檐接水工程以来，已有 85% 的居民修建了屋檐接水工程，总蓄水量达到 16 100 m。

（2）循环用水：在聚落内选择适宜的高地修建高位蓄水池，经净化后由居民使用，使用后的污水、废水经过生物氧化塘，种植塘及鱼塘等多级处理无污染后，排入河流，再进入下一级循环中，如图 5.9 所示。

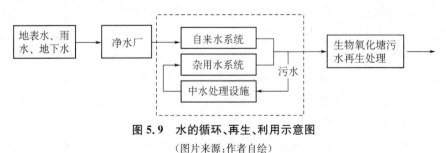

图 5.9　水的循环、再生、利用示意图

（图片来源：作者自绘）

（3）农业生产中推广先进的节水灌溉技术；在居住生活方面，广泛采用分质供水设施，降低水耗，减少污染。

3）废弃物的资源化处置

目前，海岛聚落环境多呈现脏、乱、差的面貌，大量生产生活的废弃物随意乱扔和堆放，影响了居住环境的质量。而绿色人居聚落生态系统的平衡有赖于系统内物质与能量的循环再生利用，形成高效的生态网。因而，在生态海岛聚落系统中应强化废弃物的管理、分类和处置，利用生物技术加强废弃物的循环利用，延长生态链，充分利用生物质能，将人居聚落的生产、生活纳入完整的物质循环流动系统之中，实现系统发展的良性循环。

5.3.3　动态适应的新型海岛民居单体建筑

任何建筑都具有一定的寿命周期，在寿命周期内，建筑系统与周围生态系统的能量和物质材料都相互交换，同时，建筑内部的能量、物质和空间也在产生相应的变化。这种变化包括物质材料老化引起的物质性变化，与由于环境变化、技术设备过时，以及人们生活需求变化等引起的功能性变化。海岛聚落可持续发展的前提是建筑单体必须具有动态适应的特征，能够适应物质与功能的多种需求与变化。因而，我们应注重对传统的具有恒久生命力的居住形态进行科学的改造与设计，延长建筑的寿命周期。

1）海岛民居建筑空间使用的功能适应性

传统海岛民居首先需要改进的是生活生产功能的混杂与家庭作业面积的不够。为了节省用地，在结构允许的条件下，可以加强空间利用的高效性，提倡采用有平台的楼房，增加建筑室内和室外使用面积，改善传统的起居条件，保证现代生活的需求，对空间功能进行必要的分区，如图5.10所示。

图 5.10　新型民居楼示意图

（图片来源：作者自绘）

2）灵活变化的民居建筑空间形态

海岛民居由于石材等建筑材料的耐久性和承重性，承重结构相对简单，内部空间不受承重结构的干扰，空间可灵活变化。因而，考虑采用轻质材料划分民居室内空间，使居住者根据自己的喜好与需要设计。当然，材料本身也必须易于维护，方便拆卸与安装，以备日后空间的更新，提供适应的变化。

由于当地居民多自建民居，当家庭人口增加需要分户时，可以就近根据地形整备新的民居地基。因此，考虑到民居扩建的可能性，原有空间的地基设计应尽量留有余地，以保证新房的通风采光等，如图 5.11 所示。

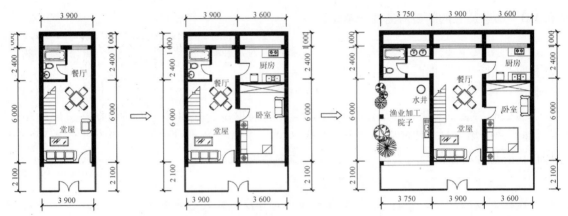

图 5.11　灵活变化的岛居空间示意图

（图片来源：作者自绘）

3）海岛民居建筑功能的兼容性

海岛民居的改善是一个连续而动态的过程，不可能在短期内使所有民居的居住品质到达较高水平，因而必须考虑在住户经济承受能力的基础上，量力而行，分步改善。先期建设的主要以满足户主起居，分期分步扩建客居和产业用房。

4）合理废弃与再利用

民居营建中尽量使用天然材料，对环境不造成污染。因而，废弃一些无法修缮的旧民居，将可以利用的建筑材料和设备循环利用在新民居的建设中，减少对环境的负面影响。

总之，民居单体的动态适应性，不仅需要专业人员在设计阶段的参与，还需要注重民居聚落营建的策划、运作、管理、使用、维修，甚至到其寿命终结后的更新整个过程（表 5.1）。

表 5.1 民居营建具体措施分类

设计对策	具体措施	设计原则
功能的适应性	• 结构合理,空间高效利用,提倡平台式楼房 • 空间功能分离,提供个人私有空间 • 符合传统的生活惯例	尊重使用者 舒适健康的室内环境
灵活变化的空间	• 轻质分隔材料 • 材料、设备易于维护、安装与更换 • 厨卫空间位置固定 • 设备管道位置固定于围护结构外壁	物质的最佳循环利用 动态设计 尊重使用者
功能兼容性	• 量力而行,分期扩建 • 岛居平面模数化,建筑设备、构件体系的标准化与系列化 • 为扩建空间预留设备、门的位置 • 岛居平面设计多样化,考虑多向发展的可能性,给居民提供多种选择的机会	低投入、高效益 尊重使用者
长寿多适	• 旧岛居的设备、材料更新 • 主要建行材料的耐久性 • 旧岛居的节能化改造	资源能源的高效利用
合理废弃与再利用	• 废弃岛居材料与设备的再利用 • 无害化材料的解体再造	物质的最佳循环利用

（资料来源：作者自制）

5.3.4 被动式海岛民居建筑环境调节控制

1）院落性气候缓冲空间的营造

在海岛地区,为保证主要室内空间舒适的环境,可以在舒适度要求较高的空间与恶劣的外界气候之间,结合具体使用情况设置过渡空间区域。这样半室内半室外的缓冲空间在舟山海岛地区传统民宅中很常见,如天井、堂屋、走廊、巷道等,它们不仅能引入有利的室外条件,实现自然采光、自然通风,还能降低不利的自然条件对室内空间的影响。通过典型空间温度实测发现。室外—室内的温度呈明显的阶梯式过渡,过渡空间的设置为室内房间最终选到良好的热环境起到了重要作用。如果说天井、堂屋、巷道是水平的过渡空间的话,那么阁楼就是竖向上的过渡空间。它主要抵御屋面传递的热量具有明显的隔热效果。通过多重的过渡空间,最终实现了卧室内的气温波动幅度最小,气温极值大大低于室外,极值出现时间也晚于室外。

此外,堂屋是舟山海岛民宅中最为重要的房间,具有起居、吃饭和交往的功能。夏季时堂屋的气候缓冲效果最为突出,堂屋里面日最高温度比室外日最高温度低 7 ℃左右,从而又成为当地村民夏季纳凉的场所。

2）巧用被动式对策调节海岛民居建筑微气候

建筑环境微气候是指在建筑物及周围下垫面上的局部气候状态及屋面、墙面、窗台上等特定地点的气流、辐射、温度与湿度等情况。建筑微气候因素直接影响着建筑室内物理环境状况及人们的热舒适感觉。长期以来,建筑师更注重从建筑的空间功能、心理感受与视觉效果等方面入手,而却恰恰忽视了建筑的持续使用必须首先满足人们的基本的生理需求,提供舒适健康的室内物理环境。主要涉及三个方面,即优良的热环境,优良的光环境及优良的空气品质,如图 5.12 所示。

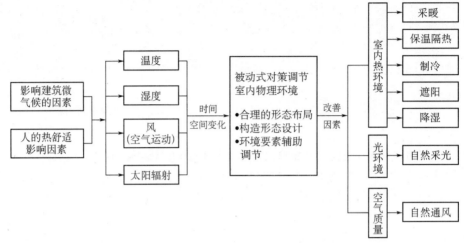

图 5.12　微气候因素与海岛民居物理环境调节的关系图

(图片来源:作者自绘)

被动式对策是指尽量不使用设备,而是通过组织合理的建筑形态布局、建筑的构造设计和充分利用建筑的环境要素来调节建筑微气候的各种作用因素,创造接近人们生活舒适要求的室内环境。采用被动式对策对调节建筑微气候的作用在于:

(1)控制对室内物理环境不利的作用因素,减轻环境负荷,如夏季遮阳、冬季防止寒风侵袭等,以减少建筑运作过程中设备的耗能。

(2)利用建筑自身的结构、构造或外界要素,选择性地过滤影响室内环境的物质与能量,创造一定的冷源与热源,如蒸发降温、被动式太阳房采暖等,以维持生态系统的热平衡。

(3)为了减少设备的多余运转所耗费的能量,允许调节的微气候在一定程度上达到人体基本的生物舒适区域,无需达到过度的舒适度,更注视人体自身用服装或活动身体等方式自我调节和适应。(Baruch Givoni,1994)

　3)被动式太阳能集热系统

被动式的太阳房是通过不同的集热方式获取太阳辐射热为建筑内部供暖,可分为直接受热式、集热蓄热式和附加阳光间式三种集热方式。考虑到经济实用与集热效率,将三种得热方式共同组织可形成被动式太阳能集热系统,以此来解决传统海岛民居采暖与耗费不可再生资源的矛盾,并兼顾到岛居冬季保温、夏季降温的问题,如图 5.13 所示。

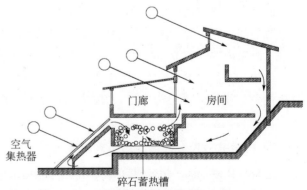

图 5.13　岛居被动式太阳能利用方法之一

(图片来源:作者自绘)

在岛居南向二层平台上设计一个较大的阳光间,这样不会增加建筑整体的占地面积。阳光间内部可种植花草植物,形成环境优美的气候缓冲调节区。冬季白天,大面积玻璃窗可直接获取太阳辐射热量,阳光间与民居二层主要起居空间温度升高,南向墙体由砖墙或石墙形成储热体,储存多余热量。由于阳光间空气温度较高,产生空气负压,民居室内形成空气循环运动,以助于气体的对流换热而提高民居室内温度。夜晚,储热体将储存的热量向室内释放。同时,阳光间的玻璃应设计成活动窗,以利于夏季开启,形成气流循环,将热量及时带走。

我们还可以对楼板的形式进行改善,利用太阳能来支持中空楼盘的热源,用来改善室内潮湿等热环境。

这种被动式的太阳能系统与岛居自身的保温性能相结合,应成为新型海岛民居的主要采暖方式,在不增加辅助采暖设备的前提下,将岛居的室内热环境提高到基本的热舒适标准。

被动式太阳能建筑最大优点是经济、施工和维修比较简单,无需鼓风机、水泵、管道等,使用寿命长,没有噪音。缺点就是对温度变化反应太慢,这是因为被动式太阳能建筑的吸热、蓄热系统和建筑物组成一体,不能单独控制的缘故。被动式太阳能建筑种类较多,主要有:直接受益式、集热—蓄热墙式、附加阳光间式、自然对流环路式、屋顶水池式、混合式等。

图5.13为著名的P. 戴维斯太阳房,其地基朝南,通风道在地下,由北房引入南房下部,玻璃内侧的碎石蓄热槽吸收日射光后被加热,自然向室内上部放热,并按箭头方向循环。

4)被动式调节方法的体系化

在利用海岛气候冬暖夏凉的基础上,综合性地改善民居室内温湿环境、光环境与空气质量等各因素,会面临许多矛盾与问题:保温与通风、降湿的矛盾,保温与采光的矛盾,保温、蓄热与失热的矛盾,采暖与耗费不可再生能源的矛盾等。

民居建筑窗户既是集热构件,又是失热构件。而窗下墙一般为砖墙或石材,可作为储热体,白天吸收多余的热量,夜晚释放出来,以调节室内日温的波动。集热面积、储热体大小直接影响着民居保温、蓄热与失热之间的关系。冬季集热不足,辅助采暖能耗增加;而夏季过多的储热体则造成室内过热。因此,必须综合权衡三者之间的矛盾,决定建筑的构造形态设计。

针对不同海岛民居微气候的改善需求,可基于环境的作用因素产生不同的解决措施,然而由于各种作用因素之间相互促进或抑制作用,往往当共同采取措施时,会产生许多矛盾。舒适健康的室内环境是热环境、光环境与空气质量综合改善的结果。因此,按照对各个作用因素调节的原理与相应采取的措施进行分类,形成被动式对策调节民居环境的方法体系。依据当地具体的环境条件,确定改善民居室内物理环境的主要矛盾与次要矛盾,且通过综合性的评价将调节作用因素的各种有力措施巧妙地用于民居的形态设计之中,以获取最佳的综合效益。

5.3.5　海岛建筑形态的生态构造设计

建筑的构造形态,包括建筑材料的选择和其构筑的方式,它由建筑的墙面、屋顶、门窗、地面及其他构件要素组成。海岛民居的构造形态设计是综合解决采暖、保温、隔热、自然空调和降温等综合因素的直接途径。

　　1）从地域技术到生态海岛民居建筑构造设计

　　（1）建筑围护结构的处理

　　建筑围护结构的设计不仅与建筑的运行能耗、热舒适性密切相关，而且还会对建筑场地周围的自然环境造成重大的影响。针对浙东海岛地区的地域性特点，海岛人居聚落中建筑围护结构的设计主要采取了以下几种措施，大量使用当地建筑材料，优良的建筑施工技术和合理的建筑构造措施。其围护结构热工设计的主要原则是以隔热为主兼顾保温。

　　屋顶：传统民居屋顶的形式同降水有密切的关系。在少雨的北方屋顶坡度比较平缓，有的甚至采用平顶。而在多雨的南方，屋顶坡度都较大，以便迅速排除雨水。舟山群岛地区的年平均降雨量为 1 300 mm 左右，降水比较充足，因此舟山传统民宅全部采用坡屋顶，坡度约为 27°。此外，为了适应夏季的高温，舟山传统民宅采用的是双层小青瓦屋面，不仅坚固牢实、防水效果好，而且隔热效果十分明显。

　　对定海某处覆瓦上表面与仰瓦下表面的温度测试表明：覆瓦外表面温度最高达到 72.5 ℃ 时，仰瓦内表面温度只有 45 ℃，相差 27.5 ℃，隔热效果明显。而在夜间，瓦面温度迅速降到 25 ℃ 左右，说明小青瓦在夜间向天空辐射制冷的效果也非常突出。实测表明，舟山传统民宅双层小青瓦屋面可以很好地适应当地的极端气候条件，有效地降低太阳辐射从建筑顶部对建筑的加热，使室内达到良好的热环境。

　　墙体：舟山传统民宅墙体建筑条件优良的采用花岗岩基座青砖上层，条件较差的采用原始毛石垒砌墙，少部分采用土坯墙。青砖是采用当地的黏土烧制而成，制作精良，尺寸精确，约为 10 cm×20 cm×30 cm。墙体的施工水平也非常高，砖缝横平竖直，不仅美观坚固，耐久性好，而且气密性很好，可以避免冬季的冷风渗透。夏季即使外墙表面温度在 40 ℃ 上时，内墙温度仍然只有 32 ℃ 左右，而且内墙表面温度的波动远小于外墙表面温度，热流量变化也相对平稳。这说明青砖是热容大、蓄热能力好的材料，它能在夏季有效地延迟和缓释外部的热量传入室内，改善室内热环境。此外，青砖墙体色调偏浅，在夏季时能反射过强的太阳辐射，降低建筑室内得热。

　　楼地面：南方地区气候普遍比较潮湿，舟山地区的年平均相对湿度在 79% 左右。为了改善建筑室内的热湿环境，地面需要进行防潮处理。舟山传统民宅中通常采用素土夯实地面，堂屋地面上铺青砖或者席石，素土能吸附水分，而青砖能有效隔离地面的潮气。墙体基脚处用麻石砌筑，起到了隔水、防潮、耐久的效果。根据调研表明，这些措施效果明显，当地居民对室内湿环境较为满意。

　　（2）遮阳措施的处理

　　浙江东部沿海地区建筑遮阳的一个重要原则是：夏季太阳入射角较高，太阳辐射量大，需要尽量避免太阳直射冬季太阳角较低，应尽可能地将阳光引入建筑。在舟山海岛地区传统民宅中正是运用了各种措施来实现这一点。

　　基地遮阳：基地遮阳主要来自两方面，除了前面所说的建筑间相互遮阳以外，舟山海岛地区传统民宅的南面还种植了一些落木，茂盛的枝叶可以阻挡夏热的阳光，降低微环境温度而冬季的阳光又会透过稀疏枝条射入室内。

　　挑檐和走廊：舟山海岛地区传统民宅是整体建筑群落，在建筑群落的外侧和天井通常利用挑檐形成宽约 1~2 m 走廊。檐口出檐深远,有利于夏天挡住入射角度高的直射阳光,到了冬季使低入射角的阳光进入建筑内部。

门窗:遮阳的关键在于窗与门,既要控制太阳辐射热量和空气对流传热对室内温度的影响,又要满足室内的光照度。因而,南向窗可考虑采用"双层皮"结构,这种结构经过一定的人为控制管理,可在不同季节辅助保温隔热。"双层皮"由双层玻璃内置活动百叶构成,活动百叶方向可控,一面为吸热面,另一面为反射面。双层玻璃上下均有可闭排风口,冬季白天,百叶收起,可获取更多太阳辐射热,夜晚,关闭百叶和排气口,将吸热面对外,可改善单层玻璃的传热热阻,减少热量损失;夏季相反,百叶反射面对外,遮挡太阳辐射热进入,外侧玻璃上下排气口被打开,利用双层玻璃间的空气对流散热,可降低室内温度。

值得注意的是,窗的任何保温隔热措施必须建立在门窗具有良好气密性的基础之上。

而且舟山海岛地区传统民宅中的门窗大多空透栅格构件,窗台比较高,而且窗台台面较宽,可以用作海鲜晒制的平台,内外贯通。大面积的花扇窗格在冬季也可以让室内最大限度地获取阳光。

有条件利用天井:海岛地区建筑使用面积紧张,很少使用大面积的庭院,但是为了营造适宜的微气候并且留出室外的作业空间,通常采用天井的方式。南方民居的天井不同于北方地区的庭院,它尺度偏小,一般东西横长,南北狭窄,进深与建筑物高度相比约 1∶(0.8~1.1)。

由于南向阳光入射角较高,所以天井中南向挑檐伸出较短,为 1 m 左右。东西向阳光入射角较低,所以东西向挑檐伸向天井约为 2 m。与其他方向挑檐相比,南向檐口高度最高,这样一来,不仅可以遮挡夏季的高入射角阳光,而且冬季的低入射角太阳光也能到达室内。

(3)隔污除湿换气自调节空调系统

自然通风有三种功用:一是排除室内因炊事造成的污浊空气和湿气,保持良好的空气质量;二是通过身体与周围空气进行热交换,增加人的热舒适感;三是因空气流动而蒸发制冷。自然通风可通过两种途径获取:一方面是由于挡风板与植物的遮挡,在建筑迎风和背风面形成压力差(即风压)而被动通风;另一方面,由于室内外温度差(即热压)产生烟囱效应,热空气上升由上部风口排出,从而吸入外部较重的冷空气而强制空气流动。在寒冷的气候条件下,自然空调系统应是可以控制的,在满足对新鲜空气的最小需求量的基础上,又要限制空气进入量,减少对流过程中的热损失。

崖体拔风:崖体是大多海岛民居中存在的地基基础的一部分。在崖体上设置太阳能为驱动力的拔风管道,后接入民居地基里的水平地沟通风系统。该系统的存在可以给整个建筑外围人工通风系统提供基本的风动力。如果民居建筑在小岛等一线滨海区域,该系统还能把海水的蒸汽引导到贮水池冷却后,冷凝成宝贵的淡水资源。

地沟通风:地沟通风系统由地下埋管和贮水池中的卵石腔体构成,位于民居建筑的下方土层内,埋管深度在 1.5 m 以下,长度不小于 8 m。据测定,土层的延迟时间较长,温度高峰值在 10 月底后才出现,低峰值在 4 月后出现,这为冬季利用地热、夏季利用地冷提供了有利的条件。地沟通风即利用了这一原理在冬季升温、夏季降温降湿,夏季室内可降温 3~5 ℃。

竖井通风:民居后部可设置宽为 80~100 cm 的通风竖井,上部留有排风窗,下部与通风地沟和室内相通。由于室内外的热压和民居入口与竖井排风口的风压的作用,在建筑内部形成了空气流动,降温降湿。竖井的通风量可以控制,因为风压随竖井的高度增加而升高,通风效果也越好。根据伯努利定律,"平行流动的流体运动过程中,能量守恒。如果流体的出口面积小于进口面积,其出口流速大于进口处流速,这即是狭管效应"。因此,利用竖井上部的可控窗,调整窗的角度,适当减小出口处面积,可加强室内的通风效果。

厚重的石材等建筑材料结构具有良好的保温蓄热能力,与崖体、竖井、地沟管道共同构成了民居室内隔污除湿换气自调节空调系统。

（4）新型民居建筑降湿的构造措施

控制壁面散湿:推广顶部覆土种植的民居,土壤含湿量大,易增加民居顶部的渗漏,可也有用油毡、塑料薄膜进行防水处理。调整建筑的朝向,充分利用微地形微气流,保证室内空气流通速率,进而促进室内壁面散湿。

通风降湿:在建筑的主体部分,通风降湿是通过空气流动带走部分水蒸气,减少空气中的绝对含湿量。利用自然空调系统通风可以达到降湿的目的。建筑下部的地沟通风和建筑室内的有序气流组织,可隔离土壤湿气上升和保持春夏季海岛民居室内均匀的温度场分布,防止壁面与地面泛潮。

2）民居建筑外部环境的调控措施

海岛民居建筑本身的形态和构造是调节室内环境的主要途径,而其外部环境要素也可被利用来控制影响岛居室内环境的一些作用因素,如土壤、植被、庭园、水面及构筑物等。

（1）土壤的保温蓄热效能(前文已有所阐述)。

（2）对日照和风的控制。根据太阳辐射与年周期运动的规律,利用植物或构筑物(如挡风墙等)可控制太阳辐射的进入。一般在建筑南向种植落叶性植物,使冬季阳光可毫无遮挡地射进室内;夏季植物遮阳,抑制太阳辐射进入岛居内而造成的室内升温。并且植物与水面也能通过蒸发作用,降低风温,减少岛居的降温负荷。

（3）净化空气。植物对气候的调节作用还在于减少灰尘和过滤空气。研究表明,植物的光合作用可吸收 CO_2,释放氧气,并清除甲醛、苯和空气中的细菌等有害物,通过增湿、氧化和过滤,使空气更新。

3）地域适宜性技术的优化综合运用

从前述海岛民居的营建体系中,我们看到传统营建技术蕴含的本质规律与文化内涵,在今天仍然具有恒久的生命力。生态海岛人居聚落的可持续发展是以适宜性技术作为支撑,强调以地域的社会发展需求作为出发点进行比较与选择,强调技术与地区自然条件、经济发展状况相协调,充分发掘传统技术的潜力,改进与完善现有技术,将地域技术与现有技术优化组合运用于绿色岛居聚落的建设中。对地域适宜技术的运用主要有:循环利用地方材料,改进结构技术,主动式和被动式的太阳能技术运用,生物质能的利用和传统水窖的改进与巧用等。

总之,适宜性技术的应用必须考虑到能够被普通的百姓所接受,并能得到推广。因此,技术的选择必须进行经济与效益的综合评价,那种以高成本、高投入为代价的技术装备是不具可行性的,也是不会得到推广。

5.4 群岛聚落建筑营建体系的分层多元形态模型

我们以建立一套生态海岛聚落营建体系的分层多元形态模型,给出舟山地区人居环境营建的基点平台,便于实施与推广中的"开发"与"升级",同时也具有作为拓展研究的"范本"价值。

舟山群岛生态聚落营建体系的基点平台应按照三个层面来建构,更有益于对这一系统分层多元的形态模型的把握与实施操作。首先是生态聚落体系在这一区域特定的地形地貌中的分布与用地结构;其二是在单一聚落住区中建筑的组织方式;第三是典型生态海岛民居的构造设计与适宜技术。这其中每个层面都要受到一些因素的制约,各个层面上这些因素的种类和程度都有不同。因此,对这三个层面的综合研究和把握,可以比较全面的把生态群岛建设尺度营建体系搞得更清楚,也更有利于实施操作。

5.4.1 舟山群岛典型地形地貌的土地使用模式

根据生态整合的系统思想,对营建中的生态、生产与生活用地要进行合理地配置。在保证基本产业用地的前提下,依山就势充分利用土地资源,提高综合效益。

(1)针对海岛滩涂、沙滩、芦苇湿地等潮间带用地,应该本着尽量保护的原则,不仅因为此类用地是海岛生态的原发地,更因为此类用地可以用作水产养殖、旅游和产业储备用地。

因为此类用地是减少最快,受污染最严重的用地,在海岛人居环境的整体建设中应该科学论证对待。

(2)针对海岛平原和围垦用地,因为此类用地平缓而靠近海岸,是海岛地区难得的优良用地,应该主要作为产业用地和主要城镇建设用地。总体减少农业等第一产业在此类地块的占地比例,集中保留部分特色农业基地;通过调整第二和第三产业的布局,将港口物流相关联的产业链沿海布置,将原有的城镇服务业向近山地的海岛腹地调整,保留部分有条件的岸线作为旅游等产业拓展用地。

该区域目前承载了大量的核心城镇,以后的新增居住用地尽量不在这类用地上产生,而把这类稀缺用地留给未来的产业发展。

(3)针对海岛低丘陵和山地低海拔缓坡区,应充分挖掘潜力,利用坡地,以营建人居住区为主。应在满足现代生活所必备的各项设施和扩大此类土地住户数量的同时,节约土地。要求人均建设用地指标应明显低于现状,以保证舟山群岛长久发展定位所需人口量的承载空间。

从原始的海岛山岙人居聚落为学习出发点,调整和改善以往分散式居住用地格局,以山岙居住生活单元的形式紧凑布局,巧用地形地貌,以便减少道路交通及基础设施的经济投入。推广新型绿色民居建筑形式,提高层数和立体有机开发宅基地的节地模式。

以山岙坡地为单元的人居住区中心严格控制企业生产用地,特别是对居住生活环境污染严重的企业;选择恰当的山岙谷地,合理发展人居聚落的配套设施;住区建设就近融合山岙地区以外的平原产业。

（4）针对高海拔山地，或者大海岛的腹地山区，应以保护原生态为主，在此基础上发展果蔬种植业、畜牧养殖业，有条件或文化内涵的区块可以用来开发旅游等三产。

总的来说，对四类的土地模式要做到：

① "两保护、两开发"——对潮间带和高海拔山地加以涵养保护，对平原围垦用地和缓坡丘陵用地加大产业和居住开发。

② "一转移、一融合"——不要用人居住区占用过多的平原优质土地，把此类功能向缓坡丘陵转移；做到一个在海拔上从高到低、在位置上从内陆向沿海发展的产城融合空间用地模式，建立海岛花园城市山川秀美的景观，如图 5.14 所示。

图 5.14　生态人居住区系统用地模式图

（图片来源：作者自绘）

5.4.2　生态海岛民居聚落基本生活单元形态模式

从舟山地区的村落命名习惯中可以发现，有很多原生村庄都叫做"×岙"——例如，南岙、舵岙、大使岙、翁家岙等。这代表了一种海岛聚落自然生长的形态模式。山岙这种基本生活单元是根据舟山群岛地形地貌的典型特点，将一定规模的住户组织在一个相对完整的环境内，使其既保证各户的私密性及日常生活、家庭生产的需求，创造符合生理卫生、节能节地的居住环境，又能加强邻里之间的情谊，为居住者提供一个适宜邻里交往以及举行各种民俗活动的共享空间，并避免过往行人的介入和穿行，加强其领域性和凝聚力。

山岙村落中由于世代相传、根深枝盘，邻里之间形成了一种稳定的社会结构，这是整个社会网络的重要组成因素，是当地文化的一种体现，只有建立在这种基础之上的居住生活才是与海岛历史和文化息息相通、稳定和协调的。

因此，在群岛人居住区基本生活单元的模型建构中，以原有社会组织系统为依据，以七八幢居住楼（可以是独户居住楼，也可以是多单元多楼层的商住楼）作为基本规模，以自愿为原则，视不同情况予以不同处理，或维持、或重构、或在原基础上适当划分成为新的邻里，从而构成乡村中最小的邻里单元。这些基本山岙生活单元，在舟山群岛中，可以组成极为丰富的空间形态。

1）基本生活单元形态模式——山岙单元构想

（1）邻里活动中心：促进居住者关心公共利益；改善居住环境的物质和社会生活条件；提供交往、聚会和民俗活动的场所；加强居住者对空间的认同和归属感，为发展地方文化创造条件；合理组织入户道路。

（2）活动休息场地：为邻里间深层的社会交往提供精神生活空间与场所。

（3）汲水处：根据舟山地区的缺水现状，联合丰水季节水源储存和地下水采集的功能。

针对可能出现的枯水季节自来水断供,和平常时期非饮用性质用水需求,建设以水井等小型水源设施为核心的物质生活场所。为邻里间频繁的初级交往提供条件。

(4)楼院:每栋居住楼作为社会的细胞,是生产生活的最小单位,是这一环境的空间模型的主体。

(5)生产庭院:包含晾晒加工渔业产品、种植蔬菜、饲养牲畜和家禽等,同时设有厕所、沼气池、水窖、储藏间等。

(6)步行公共道路:通过邻里中心便捷地连接各住户宅院,采用尽端式道路。

(7)外部通往生产庭院的小路,不穿越邻里活动中心,自成系统,直接与上一级别道路连接,可通行机动车辆。

(8)空间重叠部分:节约土地,充分利用坡地空间,如图5.15所示。

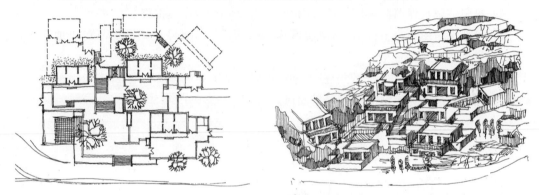

图5.15 基本生活单元模式图

(图片来源:作者自绘)

2)山岙基本生活单元详细设计

根据上述提出的构思模式,结合建造的具体用地,对舟山群岛山岙住区基本生活单元进行了进一步的详细设计研究,如图5.15所示。这一基本生活单元设计中选择了8栋不同人口构成的居住楼,形成了一个关系密切的邻里环境,结合坡地形态布置住户的庭院,充分利用空间,节约土地。这一较为独立的单元,能够满足日常生活和生产的需求。通过内部生活道路与上一层次服务设施相连接,并设有一个利于生产、运输的网络系统,在空间处理上最大限度地满足各户生活的私密性及邻里交往的半公共性。根据地形高差,分别在不同的标高处设置宅院出入口,道路为尽端式,布局灵活多变,错落有致,避免了建筑群体空间的单调死板。

在半公共空间中,组织了几个不同高度的平台,既作为邻里活动和民俗活动的场所,又有机地连接了不同标高的住户。其中还合理地设置了一个汲水处,利用村民取水、洗衣、洗菜的机会,提供邻里间结合物质需求产生频繁的初级交往场所。对单元的人口和其他设施也进行了详细设计,如:踏步、照壁、绿化、小品等,增强了村民的认同感。

5.4.3 生态海岛民居单体建筑形态模型

根据前述的改进海岛民居使用功能,以及调节海岛民居微气候的设计对策,并结合适宜性的技术手段建立了生态海岛民居单体建筑的形态模型,如图5.16所示,作为我们在设计

实践中的参考,它主要体现了下面几个方面的特征:

（1）利用海岛民居后部山体,灵活组织交通。

（2）海岛民居后部的通风竖井,改善了通风与除湿的问题,并且保留了海岛民居建筑保湿隔热的特征。

（3）主动式与被动式相结合的太阳能采暖得热系统,调节和维持冬季室内热环境,且利用太阳能集热板提供热水,太阳能光电池的使用可补充部分用电量。

（4）综合利用海岛风能、太阳能、海洋能等生态能源,根据不同能源的峰值波动,合理利用和储存能源。

（5）垫高民居建筑的室内地面,并且采取地沟隔污除湿换气自调节空调系统,解决来自民居地面的潮气上渗,改善室内的空气质量。

（6）双层玻璃与保温窗帘可维护室内稳定的热环境,避免热损失。

（7）海岛民居屋顶覆土种植,可保温蓄热,调节微气候,且可变相增加海岛土地资源,用以促进发展庭院经济等。

（8）改造传统水窖,可用于收集屋顶、地面的雨水山水甚至海水淡化水,或储存食物之用。

（9）庭院的植物可控制太阳辐射与通风。

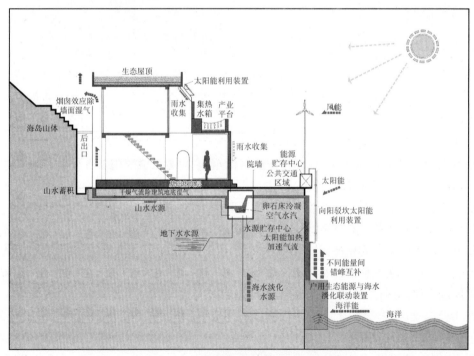

图 5.16　生态海岛民居单体建筑形态模型

（图片来源:作者自绘）

至此,我们在群岛人居单元聚落建筑系统不同的层面分别建构了分层多元的空间形态模型,综合起来,提供了一套生态海岛民居住区营建的基点平台。

6　群岛人居单元的体系建构与营建策略

　　群岛人居单元的核心和落脚点就是岛上的人居聚落,不同类型的聚落又在岛上形成一个聚落体系。通过对聚落体系的营建原则和模式的解析,可以推导出群岛人居单元的营建策略。

6.1　群岛人居单元聚落体系

　　聚落体系是岛域单元人居环境的主要骨架,承载了大部分人口的日常起居。海岛人居单元的聚落体系是指在特定的岛域单元内,建立与单元生态功能适应的聚落体系组织结构,妥善处理聚落之间、单个聚落与多个聚落群以及群体与外部环境之间的关系,以达到自然、社会、经济效益最佳协作的目的。主要包括三个方面的内容:运用土地承载力方法,建立与单元环境容量相适应的聚落体系等级规模结构模式;结合单元生态功能,建立与生态安全格局相适应的道路交通网络结构模式;运用景观生态学原理,建立与单元生态过程相适应的聚落体系空间结构模式。

　　舟山群岛城镇化与脆弱生态环境保护的尖锐矛盾将是聚落体系生态整体规划关注的重要内容。规划的核心是根据岛域经济社会发展和生态环境保护要求,结合城镇化发展需要和资源的有效利用,确定聚落发展空间和布局,引导建立合理的聚落体系。在规划方法上要求从以往注重开发项目为主逐步过渡到注重保护和合理利用各种资源,从注重聚落性质功能定位转向注重控制合理的环境容量,确定科学的建设标准,指导聚落有节制的发展,建设资源节约型和环境友好型的聚落体系。

　　聚落体系等级规模结构生态规划是依据中型海岛人居单元生态功能区区划和各区土地固有的承载力来确定聚落的合理等级与规模,保证聚落体系等级规模与其生态补给区相平衡。包括聚落的人口规模、各个级别的聚落数量级配等。目的是要在保持一定的生活质量条件下,把土地资源所固有的人口承载力与聚落体系远期的等级规模结合起来,使单元总的人口规模和聚落人口规模发展维持在适宜的水平。

6.1.1　聚落体系现状和主要问题

　　2006 年,全市初步形成了由 1 个中心城市、7 个中心镇、16 个一般建制镇组成的"一主三副"群岛城镇体系,中心城区建成区面积达到 43.55 km²,中心城区人口达到 35.34 万。而大于 5 万人的城镇聚落只有 4 座,仅占城镇总数的 16%。虽然 2006 年舟山城市化水平已经达到 61.1%,高于全省水平近 5 个百分点,但是我们应该看到舟山城市化发展主要是以外延式发展为主,城市化水平的提高更多是由于放宽设镇标准,通过增加建制镇数量和扩大中心城市的用地规模来实现。城镇数量的高速增长,只是带来了表面城市化水平的提高,实际上城市化效率的低下使得舟山城市化质量比较低。主要表现为:中心城市结构松散,各组团之间的道路少、等级低,极大影响了这些组团之间的紧密度,中心城市集聚效应难以发挥;基于舟山海岛众多、人口分散的实际,聚落普遍规模较小,水平较低,差异较大;聚落分布较为松散,与交通、地形关系密切,空间布局不均衡,表明聚落体系等级规模结构具有"小聚集"特征。

"小岛建"与海岛靠海吃海、自给自足生产方式密切相关。长期以来,在舟山群岛地区由于生产方式单纯依靠海洋渔业资源,无力也无动力对土地加强投入。同时,自给自足的生产方式又牢牢地将渔民故步自封在土地上,造成了区域人口难以聚集,导致聚落规模普遍较小。

"小岛建"导致人口聚集效应极低,无法发挥规模效应,不仅浪费大量交通、电力等基础设施,而且难以集约利用土地资源。渔业资源衰退后,在城镇化进程的加快、经济增长和基础设施建设的推动下,一方面主要聚落扩张的用地规模较为铺张,如临城新城等容积率普遍不高,如不加以控制,这种以牺牲宝贵的土地为代价的城镇规模结构,会影响区域发展的后劲,将对未来产业经济进一步发展留下后患。另一方面,由于各个区缺乏综合完善的规划和管理,城镇扩张呈现散点状的无序格局,各城镇在空间和决策上的各自为政,使得人居单元很难形成资源整合和设施共享。

"小岛建"的挑战来自三个方面:(1)海岛稀缺的土地资源不能偿付这种以低密度、散点分布为特点的聚落分布;(2)海岛交通首先靠水路运输,过于分散的聚落分布,将会对水运提出复杂的要求,难以高品质的满足;(3)聚落分散布点伴随着基础设施服务线路加长,会对海岛本就艰巨的基础设施投入造成巨大的需求。

6.1.2 聚落体系等级结构营建原则

"小岛迁,大岛建"原则:实行"小岛迁、大岛建"后,基本建设项目相对集中,重复建设项目减少,建设资金支出防止了面面俱到、蜻蜓点水的弊端,取向更加合理,建设投入成效更加明显。"小岛迁、大岛建"后,边远小岛人口减少,城镇人口增加,大量需要购房、就业人口的拥入,促进了城市人口加快发展和相对集中,推动了城市改革开放和经济发展,加快了城市化建设进程和城市规模的提升。减少了城乡差别,避免了过去那种"城市孤立发展,小岛长期不变"的相互脱节与不协调状况。

"小岛可持续利用"原则:注意迁出小岛资源继续开发利用,发挥海洋经济整体优势。提出"小岛迁,大岛建"的初衷,在于整合海洋经济的整体资源优势,加快并确保海洋经济的资源利用和整体发展。作出"小岛迁、大岛建"决策,是基于集中优势,综合开发,以人为本,加快建设的目的。小岛与大岛相比,虽然具有若干不足和条件受限之处,但其多年开发经营的经济基础和原有资源优势是客观存在和不容忽视的,决不能弃之不用,一走了之。

与土地承载力相适应原则:传统的城镇体系等级规模规划强调人口规模与城镇化水平预测得到的城镇人口基本配平,而生态整体规划则还强调与特定区域的土地承载力基本适应,与土地承载力相适应原则包含两层含义:一是与单元总的土地承载力相适应,以控制人口总量;二是与单元内土地承载力的地貌差异相适应,以控制人口蔓延到生态敏感区。

6.1.3 聚落体系等级结构营建模式

1) 基本模式——"大岛建"模式

针对舟山群岛聚落人口规模普遍较小的问题,作者认为理想的聚落体系规模结构规划基本模式应是"大岛建"模式,即以承载力大的岛屿或岛群为载体,重点城镇和发展潜力大的聚落为增长点,通过积极引导小岛的人口向这些聚落有序流动,形成一个相对于历史时期而言,规模更大且大、中、小相结合的大岛聚落体系等级规模结构。"小岛迁"的主要方式是:一是家庭自主零星迁移。在"小岛迁、大岛建"战略实施过程中,约占90%以上的小岛居民是通过这种方式迁入大岛的;二是整体迁移。集中力量加强大岛建设,积极开展整岛、整村、整奋迁移等工作,扩大基础设施共享度,改善自然条件恶劣、人口稀少小岛居民的生活、生产环境。有10多个小岛通过上述方式实施整岛迁移,如定海区的峙中山,普陀区的小双山,岱山县的黄泽山等岛屿;三是利用岛屿、港口开发的契机,政府统一组织开发性移民,如对马迹山、外钓山、梁横、薄刀嘴等小岛实施了整岛迁移。要验证聚落紧凑程度和聚落可持续发展之间的关系,首先要分析紧凑聚落在聚落社会、环境方面的优缺点,对这些优缺点的归纳总结有助于理解"大岛建"的实质,并据此可以发展出用来指导紧凑聚落的规划和设计理论。概括起来,变现有的"小岛建"模式为"大岛建"模式的优缺点可见表6.1。

表6.1 "大岛建"模式的优缺点比较

优点	缺点
① 与人居单元生态功能区划相适应,有利于生态保护 ② 有助于规模经济的开发和第三产业的发展,促进城镇社会服务,基础设施的使用效率 ③ 减少交通距离,降低能耗、污染和温室气体的排放 ④ 节约土地,减少对小型海岛生态的破坏 ⑤ 较高的人口密度使单位面积上的消费人群密度,可增加就业、购物、娱乐、教育等设施的分布密度,减少居民出行距离 ⑥ 提高城镇基础设施利用率,减少管线、道路等设施的服务距离,从而节约能源和资源消耗 ⑦ 减少建筑占地,从而有可能增加绿地和开放空间的数量,有助于改善城镇小气候 ⑧ 居民有更多的机会步行,增加碰面、交流和接触的机会 ⑨ 节约建造材料的消耗和建筑使用中的能源消耗(大聚焦城镇中建筑可以多层或中高层为主,且建筑的体形系数较小) ⑩ 减小城镇建设范围,降低对城镇周围生态环境的破坏,有利于保持物种多样性	① 会对小岛原有的人文脉络产生破坏 ② 较高的人口密度迫使人口外溢,形成郊区化 ③ 交通压力增大,加重道路交通堵塞,延长通勤时间,恶化空气质量和环境质量 ④ 影响居民的室外活动,不利于社区居民交往和邻里交流 ⑤ 较高密度的居住环境可能难以保证良好的室内通风和采光效果,增加采光和空调使用的电负荷 ⑥ 可能会降低居住的私密性,加重噪声污染,增加人们心理和精神压力

(资料来源:作者自制)

具体而言,首先,大岛有充足的土地资源,承载力相对较大,能让其上的人居环境品质更高,发展更完备,而小岛正好相反。大岛建通过积极引导小岛人口大岛化,将高强度的城镇开发建设等人类活动限制在大岛综合用地区,从而可以避免对生态脆弱的小岛的干扰和破坏;其次,大岛建有利于发挥人口聚集的规模效应。舟山群岛社会最大浪费就是人口居住过于分散造成的浪费,不仅造成大面积海岛海洋生态破坏和环境污染,而且浪费了大量的交通、电力、通讯等基础设施建设资金。变小岛建为大岛建,将有限的建设资金集中使用,可大大节约基础设施建设成本。研究表明,在市场经济条件下,聚落间产业越开放和越互补,其聚落规模就小,反之,规模就越大。舟山群岛渔业一直是主导产业,产业结构的单一性造成聚落间互补性差,辐射带动力弱,客观上要求以大岛建实现规模效应;第三,大岛建有利于小岛保持生态治理和人居质量的整体提高。小岛人均土地、水源等本身十分稀缺,只能承载极少数的人口和产业;第四,大岛建有助于加快区域城镇化进程。在舟山群岛"小岛迁,大岛建"是以人口大岛化来实现的,而人口大岛化本身就是该区域城镇化的一种空间表现形式,因此,采用大岛建模式有助于加快区域城镇化进程。由于大岛建模式强调以均衡增长的方式使小岛人口迁移,为人口大岛化提供了多种选择途径,使城、镇、乡人口规模同步增长,有利于大、中、小聚落的均衡协调发展;第五,大岛建有助于城镇(乡)职能的转变。大岛建能有效地把分散在小岛中的人口吸纳到大岛现有的城镇中来,人口规模扩大了,才能促进第三产业的发展,才能为个人创业提供就业岗位,才能实现城镇职能由传统的"行政—经济"型职能向"经济—行政"的型职能转变;第六,大岛建可发挥市场机制推进聚落建设的基础性作用,强化城镇聚集产业的功能,增强各类生产要素和市场要素向城镇聚集,优化各类资源配置,对渔业人口的吸纳能力,引导渔民向城镇转移,就地就近进入城镇。

可持续发展的聚落要求在城镇建设行为中的资源采集和废物排放量以不破坏本单元为环境的动态平衡为上限,因此,在对可持续聚落发展模式地不断探索中,紧凑聚落的概念和策略得到越来越多的支持。三个最重要的理论依据:一是密集型聚落形态有助于减少对周围生态环境的侵占,从而降低人类活动对自然环境的影响;二是空间紧凑型聚落可以大大减少对道路交通,减少石油消耗和大气污染;三是相对地提高聚落在空间密度、功能组合和物理形态上的紧凑程度,有利于形成资源、服务、基础设施的共享,减少重复建设对土地的占用,降低聚落运行的能源和资源成本,从而提高聚落发展的可持续性。

2) 类型模式

当前,学术界尚没有公认的对城镇紧凑程度的衡量标准和评价手段,这里主要以人口规模、密度作为标准,原因是增加人口规模和密度是形成紧凑城镇的首要条件,只有提高人口规模和密度才能将生态移民合理地融入现有的城镇空间、社会、经济环境中,在较小的地域范围内达到临界服务人群和消费能力,从而支持诸如服务业、公共设施和城镇公交的发展。黄光宇教授曾从生态学的角度出发,探讨了山地条件下聚落的规模问题。一般而言,当山地城市人口规模达到 10 万人时,就应考虑集中与分散相结合的布局结构模式,切忌采取自由蔓延"摊大饼"式的过度集中连片布局,使城市无限制膨胀。集中,是城市文明和效率的本质体现;分散,则是山地城市自然环境的本质特征(黄光宇,2005)。另外,中国人民大学孔祥智教授从城镇辐射带动周边农村发展的角度出发,探讨了我国城镇最佳人口规模问题,认为城镇人口规模大小与其对农村的带动力呈正相关:当城镇人口规模达到 1 万人时,城镇具有初步带动力;人口规模达到 2 万人时,带动力明显;人口规模达到 5 万人时,带动力较大。

舟山群岛本质是山地地区,舟山群岛聚落普遍存在的小岛建特征表明其大多数城镇的人口规模还有很大的潜力,通过大岛建增加现有人口规模和密度,而不是扩张城镇边界是整合城镇体系等级规模的途径之一。为此,海岛人居单元聚落体系等级规模结构规划可提出以下可供选择的类型模式：

（1）"10—5—1—0.1"模式

"10—5—1—0.1"模式主要是针对那些具有"市级城市—县级城市—乡镇聚落——一般聚落"等级结构的最大型海岛单元而提出的一种人口最佳规模配置模式。其含义是指通过大岛建，使市级城市达到并远超 10 万人，县级城市人口达到并超过 5 万人，乡镇聚落人口达到 1 万人（图6.1）。在这一结构中，不同级别和规模的城镇组成金字塔结构，塔尖是最具发展潜力的小城市，塔身是核心聚落，塔基是一般聚落和数量众多的村落。

图 6.1　"10—5—1—0.1"模式案例——舟山本岛

（注：包含舟山的临城新城、定海、沈家门三个小城市，未来分别能够承载数十万的常住人口）

（图片来源：作者改绘）

第一级：市级城市（人口规模：$10 \times n$ 万人）

第二级：县级城市（人口规模：$5 \times n$ 万人）

第三级：乡镇聚落（人口规模：$1 \times n$ 万人）

第四级：一般聚落（人口规模：$0.1 \times n$ 万人）

第五级：若干村落

核心的群岛人居单元土地总面积最大，土地承载力最高，理应承载最多的人口。针对此类单元（特指舟山本岛）的城镇体系等级规模结构规划，一种是在原有的城镇体系等级结构框架下，以大岛传统城镇为增长点，通过加快和引导小岛人口有序迁移，来实现城镇等级结构和规模结构的全面提升；另一种是在原有的城镇体系等级结构不合理的情况下，打破原有的城镇体系等级结构，通过提升原有乡镇中发展潜力大的乡镇为城镇，来实现城镇等级结构和规模结构的全面提升。

（2）"5—1—0.1"模式

"5—1—0.1"模式主要是针对那些具有"县级城市—乡镇聚落——一般聚落"等级结构的大型海岛单元而提出的一种人口最佳规模配置模式。其含义是指通过大岛建，使大型岛屿产生一个县级城市，人口及早达到并保持在 5 万人，岛上乡镇聚落人口达到 1 万人以上，一般聚落人口应努力达到数千人(图6.2)。在这一金字塔结构中,塔尖是最具发展潜力的骨干县级城市,塔身是乡镇聚落,塔基是一般聚落和数量众多的村落。

图6.2 "5—1—0.1"聚落模式案例——岱山岛
(注:其中高亭镇人口为5万以上,岱西、东沙、泥峙、岱东等可达1万以上,其他黄嘴头、双合等聚落应达数千人)
(图片来源:作者改绘)

根据舟山群岛的聚落体系等级规模的现状,此类模式广泛适合于中型海岛单元。此类单元县级城市—乡镇聚落—一般聚落构成的聚落体系等级结构单元相对完整。

第一级:县级城市(人口规模:$5×n$万人)

第二级:乡镇聚落(人口规模:$1×n$万人)

第三级:一般聚落(人口规模:$0.1×n$万人)

第四级:若干村落

针对此类单元的聚落体系等级规模结构规划,可在原有的城镇体系等级结构框架下,通过加快和引导边缘小岛人口向大岛聚集,使其聚落体系规模结构由"小岛建"向"大岛建"转变。

(3)"1—0.1"模式

"1—0.1"模式主要是针对那些仅具有"乡镇聚落—一般聚落"等级结构的小型海岛人居单元而提出的一种人口最佳规模配置模式。其含义是指通过大岛建,使其乡镇聚落人口及早达到1万人,一般聚落人口达到数千人(图6.3)。

图6.3 "1—0.1"模式案例图——衢山岛
(注:其中衢山镇建制镇人口达到1万以上,其他5个一般聚落人口分别达到几千)
(图片来源:作者改绘)

第一级:乡镇聚落(人口规模:$1×n$万人)

第二级:一般聚落(人口规模:$0.1×n$万人)

第三级：若干村落

此类模式主要是适合于那些中型的群岛单元,单元本身有较高的人口承载力,单元也有特殊的资源和区位优势。针对此类单元的城镇体系等级规模结构规划,可在原有的乡镇体系等级结构框架下,使其聚落体系规模结构尽量围绕一个核心镇区来建设。

（4）"0.1"模式

"0.1"模式主要是针对那些只具有"一般聚落"和"若干村落"等级结构的小型海岛人居单元而提出的一种人口最佳规模配置模式。其含义是指在没有办法或没有必要整体搬迁的小型海岛,通过人居环境完善建设,使其一般聚落人口及早达到数千人,并且在岛上配套若干村落。（图 6.4）

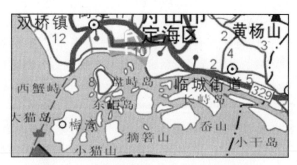

图 6.4　0.1 模式案例——定海区南部诸岛

（注：包括大猫岛、盘峙岛、摘箬山岛、长峙岛、岙山岛等）

（图片来源：作者改绘）

第一级：一般聚落（人口规模：$0.1 \times n$ 万人）

第二级：若干村落

此类模式的群岛单元数量最多,主要是适合于那些聚落人口相对较小,但是海岛本身又十分重要,不适合整岛搬迁的小型海岛单元。单元土地面积一般较小,土地承载力低且地形破碎。针对此类单元的聚落体系等级规模结构规划,可在原有的村体系等级结构框架下,使其聚落体系规模结构尽量围绕一个聚落来建设。

6.2　群岛人居单元类型化与营建策略

6.2.1　舟山群岛人居单元营建体系指导价值观

1）区域观

舟山群岛本身就是一个区域性的概念,舟山群岛人居环境是一个区域性的人居环境问题,而人居环境协调单元也是基于区域自然环境特征和人类活动规律来建构的,因此,区域性是人居环境协调单元生态整体规划方法的一个显著特点。区域性特征表明,区域内多系统由于受其本身和相互间非均质作用过程的影响,区域存在着空间差异性,一方面表现在区际间形成本区域和其他区域间显著的差异特征,另一方面在区域内部形成特定的空间差异和重新组合格局。这种区域差异的存在实际上是区域研究的基本前提。区域发展的不平衡使各区域人居环境发展模式必然有不同的解决方式,这必然体现在区域人居环境的特殊性和差异性上,要看清区域的共性,又要看到各地区整体中的特殊性。这与区域自然环境条件、生活习惯、文化传统相联系。对区域现象的探索,包括如何描述和度量区域差异性特征、解释区域差异形成的动力机制、寻求最有利的方式促进本区域的发展等。从区域的视野研究城镇的定位、生态保护的落实、交通体系的完善等是非常重要的。用区域的观念来研究人居环境能抓住重点,整体思考区域的治理和协作,包括生态环境治理、区域交通系统与城镇体系的建立、工业与居住的合理布局、区域景观、文化与地方特色的保护与发展。

2)系统观

舟山群岛人居环境是一个复合生态系统,自然、社会、经济因素通过相互作用结成一个复杂的网络,具有系统的一切特征并遵循系统演化的基本规律。因此,系统观是人居环境协调单元生态规划方法的又一个显著特征。系统观强调系统中每一要素的变化依赖于其他要素,各部分之间彼此相互作用,而且它们之间的关系通常是非线性的。既反对认为整体可以简化为各组成部分的观点,也反对断开各组成部分去谈整体的观点,主张从人居环境协调单元各组成部分之间的相互关系中把握系统总体。因此,在研究系统时必须从系统总体出发,将各个基本单元(或子系统)及其相互作用都综合起来,全面地加以研究。

3)综合观

综合观体现在规划内容的拓展和多学科参与两个方面。由于是融合空间、社会、经济、环境等于一体的综合性规划,因此,必须和区域生态建设规划、社会经济发展规划结合起来。规划内容的拓展使得规划工作不再只是纯工程技术问题,由单一科学背景的规划师来单独完成,而是多学科参与的综合性规划。在学科综合上,水土保持学、生态学、生态农学、水利学、林学、地理学等与脆弱生态环境治理直接相关学科的理论和方法是最为重要的,因为这些学科的成果将直接作用于脆弱生态支持系统的恢复和重建。在方法综合上,生态工艺、生态工程等都是必要手段。通过综合使规划得到统一和协调,可提高人居环境复合生态系统的整体效益。

4)开放观

人居环境协调单元生态整体规划理论与生态、社会、经济等问题密切相关,随着相关学科研究的深入和发展,将会有更多、更新的思想、观念和方法被吸收到理论和实践中。另外,人居环境生态整体规划不仅仅是简单地"自上而下"的"他组织"过程,而是同时尊重现实城镇演化的"自下而上"的"自组织"规律。使规划成为"自上而下"和"自下而上"的互动过程,这意味着在规划制定、实施、管理、建设中都要有给公众不同程度的参与机会。规划对社会开放不仅增加了规划透明度,同时也促进了新的价值观在公众中的普及,使规划具有广泛的群众基础,提高规划社会满意度,为规划实施奠定坚实基础。

6.2.2　群岛单元机理图表与类型化

对传统人类住区来说,历史长期的自组织演化已形成若干协调单元的基本架构,但由于它们在格局地位、聚落分布、交通联系、能源结构、职能组合等方面存在不同的差异,因此这些人居单元也存在不同程度的不足。为了能针对不同人居单元的实际进行营建体系生态化处理,需要对这些人居单元进行类型划分。这里遵循因地、因时制宜的原则,依据群岛单元绝对面积和资源等其他因素的相互影响,将舟山群岛 1 300 多个群岛人居单元分为综合型宜居单元、单一型可居单元、保护型非居单元三种基本类型(图 6.5)。

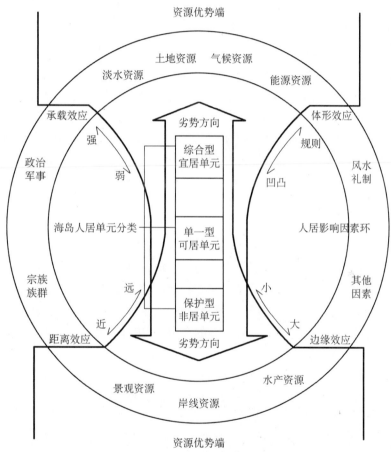

图 6.5　舟山群岛人居单元类型统计图表
(图片来源:作者自绘)

(1) 综合型宜居单元:舟山本岛、长白岛、册子岛、普陀山岛、六横岛、虾峙岛、桃花岛、登步岛、朱家尖岛、岱山岛、衢山岛、大长涂岛、小长涂岛、秀山岛、泗礁山岛 15 个。

此类海岛应该大力拓展人居环境,提升人居聚落的建设,完善综合的聚落结构体系。

(2) 单一型可居单元:大鹏山岛、长峙岛、舥山岛、大猫岛、小干岛、鲁家峙岛、佛渡岛、元山岛、庙子湖岛、大黄龙岛、嵊山岛、枸杞岛、小洋山岛、大洋山岛、摘箬山岛等 15 个左右。

此类海岛由于原先有较成熟的人居环境,并且还有不可替代的某种优势,因此应当保留相对应的特定人居形态,并且加以完善和发展。但是此类海岛的个数不固定,会随着舟山地区经济社会的大环境发展而增减。

(3)保护型非居单元:数量众多,所有的曾经有人居住,但是基础设施代价太大,基础条件不能维持的小型海岛。

此类海岛生态环境脆弱,除非海防军事、灯塔航运等特殊功用,可以保留极少人居以外,一般要加以原生态保护。

6.2.3　群岛不同类型单元特征与宏观营建原则

根据上文,在人居环境影响因素环里各种因素和效应的作用下,海岛人居单元可分为"综合型宜居单元—单一型可居单元—保护型非居单元"三类。

1)综合型宜居单元

(1)类型特征:

综合型宜居单元是一类适宜人居环境发展的海岛单元。岛上人居聚落和产业形态都丰富而完善,能形成综合性适宜的海岛人居环境。

单元岛屿面积一般大于 10 km²,人口 5 000 人以上,主要有舟山本岛、长白岛、册子岛、普陀山岛、六横岛、虾峙岛、桃花岛、登步岛、朱家尖岛、岱山岛、衢山岛、大长涂岛、小长涂岛、秀山岛、泗礁山岛等 15 个群岛单元,占人居单元总数的 1.1%,主要分布在普陀区和岱山县。

承载效应在这类海岛上表现为较强的承载力,承载系数较大,一般有较大的陆地面积,是综合型宜居单元的首要定性因素。

体形效应在这类海岛上一般表现岛形较为规则,体形系数较大,这样能积聚较多的宜建设用地,岛内的聚落间凝聚力强,物资能量等交流便捷,容易产生高等级的人居聚落。

距离效应在这类海岛上表现为离大陆较近,距离系数较小,这样能更好地海陆联动发展,海岛人居环境有紧密跟进大陆发展的便利,受大陆先进人居形态的辐射强。

边缘效应在这类海岛上表现为相对平直的海岸线,边缘系数较小,对港口的数量和渔业的自发性都有一定负面影响。

淡水资源:有较大汇水面积和相对稳定的淡水径流。

土地资源:有较大的陆域面积和多种的土地形态,关键能有承载高级人居的冲积平原或围垦平原地貌。

能源资源:和大陆有便捷的能源交流方式,有条件配置独立的常规发电站。

气候资源:海洋性恶劣气候对宜居单元影响被缓冲,有挑选气候适宜区的土地条件。

渔业资源:天然中小型渔用港口占比较低,渔业往往为此种单元的辅助产业,渔村人居环境在此种单元相对占比较低。

旅游资源:不一定以海洋性自然风光为主,有较高的游客承载能力,但是自然风光特色不够明显。

港航资源:会有部分大型港口和避风港,但是,港口的数量和深水港潜力不如距离系数大的中小型岛屿。

政治军事:历来为舟山海岛人居环境的政治和军事中心。

风水礼制:在较为发达的文化引领下,营造人居环境时候对风水和礼制较为讲究。

宗族族群:人居族群丰富多样,部分宗族有系统的人居演变历程。

(2) 营建原则总结:

综合性宜居单元往往是舟山群岛各个核心大岛,也是传统的人居发达岛。在现阶段舟山地区产业结构调整的过程中,更是以良好的土地资源和承载力,成为群岛地区"小岛迁、大岛建"人居城镇化的目的地。

即便,综合性宜居岛屿拥有诸多相对优势,但是,其人居环境还是离不开海岛的劣势局限。因此根据上文的阐述,可以从宏观层面上概括此类单元的营建原则。

此类海岛应该承担更多的人居环境。接纳小型岛屿人口的整体搬迁。发展更多的核心聚落,扩大有条件的核心聚落为中心城镇。

发展高等级的滨海产业,营造港—产—城融合的大型人居环境。

应该由交通的便捷为主要因素,建造类几何网格形态的道路网络。而且可以包含多种道路网结构。

除了向大陆电网要电和本土火电站建设以外,考虑建设适当规模的生态能源电站,建设分布式可独立运行的海岛能源网络。

大力兴建单元范围的水利设施,联网主要水库,并且多途径的开源节流。

2) 单一型可居单元

(1) 类型特征:

单一型可居单元是一类现阶段可以人居环境停留的海岛单元,通过营建体系的改进后能促进发展成相对适宜的人居环境的海岛单元。由于面积承载力等因素的关系,岛上人居聚落和产业形态往往较为单一,能形成有特色的单一类型海岛人居环境。

单元岛屿面积一般在 $5\sim10~km^2$,人口 2 000 人以上,主要有大鹏山岛、长峙岛、岙山岛、大猫岛、小干岛、鲁家峙岛、佛渡岛、元山岛、庙子湖岛、大黄龙岛、嵊山岛、枸杞岛、小洋山岛、大洋山岛 14 个群岛单元,占人居单元总数的 1.1%,主要分布在普陀区、定海区和嵊泗县。

承载效应在这类海岛上表现为一般的承载力,个别承载因素有短板,承载系数居中。一般有中型的陆地面积,是单一型人居单元的主要定性因素之一。其他特殊的资源优势可以弥补此类单元承载力的不足。

体形效应在这类海岛上往往较不规则,体形系数较小。较小体形系数决定人居环境依赖的资源特点,例如较好的渔业、旅游、港航资源等。建设用地紧张,人居环境的进一步发展往往需要通过围垦实现。岛内的聚落间凝聚力因地形而异,较难产生高等级的人居聚落。

距离效应在这类海岛上表现为离大陆距离很远,距离系数较大。很难享受大陆和大岛发展的带动效应。

边缘效应在这类海岛表现为较为曲折的海岸线,边缘系数较大,通过海岛边缘的人居丰富程度,可以一定程度上弥补面积上承载力的不足。而且往往有发达的渔业、港航产业或旅游业。

淡水资源:汇水面积较小,一部分单元的淡水资源靠海水淡化等非常规方式获得。

土地资源:陆地面积不大,土地形态多以丘陵为主,人居聚落往往以山地住区的形式出现,需要围海造田和向山要地相结合。

能源资源：很难和大陆有便捷的能源交流方式，有丰富的新型海洋能源资源。

气候资源：海洋性恶劣气候对宜居单元影响很大，人居聚落基本暴露在临海一线。

渔业资源：渔业发达的海岛有一村一码头的渔业作业条件，渔业能成为单一的支柱产业，周边海区受污染的程度较低，鱼类丰盛。

旅游资源：多以海洋性自然风光为主，游客承载能力较低，旅游业开发不成熟，但是自然风光特色明显。

港航资源：会有部分大型港口和避风港。但是，港口的数量和深水港潜力不如距离系数大的中小型岛屿。

政治军事：有乡镇一级的政治生活。军事价值同等重要。

风水礼制：以原生态的自然社会为主，文化礼制的影响很少。

宗族族群：人居族群单一，区块化明显，往往一个岛屿是一个大陆地区移民的后裔。

（2）营建原则归纳

单一型可居单元的海岛虽然在承载力上略显不足，但是依靠渔业、港口等自然资源的有力支撑，也能形成长久和发展的人居环境。

这些岛散落在舟山群岛各个海区，有些是某个列岛的经济生活核心，有些则被周边的大岛掩盖了光芒。在现阶段舟山地区产业结构调整的过程中，因为地域和资源的优势，很有必要保留并发展这个类型群岛单元的人居环境。但是要面对更多的人居劣势。因此根据上文的阐述，可以从宏观层面上概括此类单元的营建原则：

① 此类海岛应该合理的规划人居环境的规模。接纳他们周边更小型的岛屿人口的零散迁移。发展合理数量的核心聚落，最多只能发展一个中心乡镇。

② 发展特色的当地产业，营造港—产—村融合的散落的人居环境。

③ 这类单元交通的网络多以鱼骨型和环型为主，道路以同少量小型车的功用为主。谨慎道路占用岛屿面积过多和道路等级过高的问题。

④ 积极发展成规模的生态能源电站，大力建设分布式可独立运行的海岛能源网络。

⑤ 适度兴建单元范围内的水利设施，通过海水淡化、船舶储运等方式向岛屿外界获取淡水资源。

3）保护型非居单元

（1）单元特征

保护型非居单元是一类不适宜人居环境发展的海岛单元，而且也没有特殊的资源价值需要人居环境存在的小岛。

舟山群岛1 300多个岛屿除了前两者29个群岛单元以外，剩余的主要都是这类单元，占群岛单元总数的98%。

这类单元在渔业资源旺盛的时期，曾经有很多都有人居聚落。渔业资源衰退后，岛上现存人居聚落简单，多为渔业资源衰退前的纯渔业村，现阶段已出现严重的空心村、空心岛现象。

承载效应在这类海岛上表现为很弱的承载力，承载系数很小，一般有很小的陆地面积。

体形效应在这类海岛上可大可小，体形系数不定，因为是小岛，体形系数很难起到双向的作用。岛内的聚落已高度空心化，物资能量交流十分不便。

距离效应在这类海岛上表现为可远可近,距离系数不定,只有极个别离大陆近的小岛因为港口条件的优势通过桥梁和大陆相连。

边缘效应在这类海岛上边缘效应在这类海岛上大部分面积都可以算是边缘海岸线,边缘系数很大。

淡水资源:很难有汇水面积,淡水存储基本需要住户自行解决。

土地资源:基本无建设用地,仅有的住区用地只是在有限的岙口里。

能源资源:基础人居能源不能保证,也没有建设新能源系统的必要性。

气候资源:人居环境在海洋性恶劣气候下缺少必需的安全性,在高潮位的风暴天,潮水会侵害人居聚落。

渔业资源:只能靠渔业资源生存。

旅游资源:很难有游客的承载能力,旅游资源很难开发。

港航资源:会有部分小岛的深水港航条件被利用,但是需要跨海大桥的配套,代价很大,仅限个例。

政治军事:基本没有政治生活。但为舟山海岛的军事前线基点,战略位置重要。

风水礼制:只能满足扎根生活的需求,除了部分为了生产生活安全的信仰外,无文化礼制可言。

宗族族群:无连续的宗族文化,而且族群混杂。

（2）营建原则归纳

加强这些岛屿的生态资源恢复建设,迁移原住民到人居环境更完善的大岛,是合理的出路。在此基础上,可对某些旅游资源特别突出的岛屿（例如东福山岛）做整体性规划设计。

6.3 典型案例

舟山市定海区摘箬山岛是在舟山地方和浙江大学合作框架下,对新型海岛人居环境单元的一个营建案例。

6.3.1 摘箬山岛现状概况

1）区位

摘箬山岛与小摘箬山岛位于我国东南沿海,处于舟山本岛与大陆之间的海域范围,地理位置较为优越。其离北部舟山本岛的距离不足 8 km,东与东巨岛相望,北有大盘峙岛、小盘峙岛、团鸡山岛等,西紧靠大猫岛、小猫岛等岛屿,南临作为深水船舶可通行的国际航线螺头水道,并与北仑穿山半岛相望,两者直线距离不足 5 km。两岛原隶属定海区盘峙乡,2001 年并入环南街道,现摘箬山岛为环南街道五联村面积最大的岛屿。（图 6.6）

因此,从区位上可以看出:

距离效应是其人居优势点——距离大陆和舟山本岛都非常近。

簇集效应是其人居劣势点——在舟山本岛的辐射范围下,摘箬山岛显得可有可无。

图 6.6　摘箬山岛在舟山的位置

（图片来源：作者改绘）

2）自然条件

（1）气候特征

属北亚热带南缘海洋性季风气候。四季分明、冬无严寒，阳光煦照，气温比大陆高
3～4 ℃，夏季海风凉爽，是理想的避暑胜地。岛屿空气清新，负离子含量高，四季气温适宜，
年均气温 22 ℃，光照较多，年日照时数 2 038.5 h。空气湿润，年均相对湿度 79%，光、热、水
基本同步，降雨量较少，无霜期 254 天。

（2）地形地貌

两岛多为山地丘陵，最高点海拔 215 m，并有死火山口存在。摘箬山岛沿海岸线，突出
数个海岬，海岬之间形成向岛内凹进的小海湾和三角形海岛平地，如东岙、北岙和西岙等，其
中东岙为面积最大的三角形海岛平地，约 12 hm²。除该三块海岛平地之外，其他用地多为坡
度较陡的林地，难以作为建设用地。

（3）地质条件

主要为酸性、中性的火山碎屑岩，包括熔结凝灰岩、正常火山碎屑岩、沉凝灰岩和火山碎
屑沉积岩等类型。摘箬山岛三个岙口分布有滩涂，外侧与海相连，内侧与海塘或壁岸相接，
高度海拔约 2 m。

（4）生态环境

大气环境质量检测结果日均值 $SO_2 < 0.010$，$NO_2 < 0.005$，大气质量达到国家Ⅰ级标准。
该区水体无污染，符合Ⅰ类水质标准。

由于长期对岛屿生态环境的维护，以及近年来人类影响的不断减少，摘箬山岛和小摘箬

山岛生态条件非常优越,岛上植物群系丰富,木本植物达 81 科 285 种,以灌木丛和杂生树种为主。动物群系有岛栖脊椎动物、两栖爬行类动物和鸟类动物等。

(5) 水资源

两岛水资源总量 132.4 万 m^3,有山塘 1 处,主要来源大气降水。水资源包括地下水和地表水两部分,地下水资源相对丰富,一直作为当地居民生活用水的主要来源。

(6) 岸线与海洋资源

摘箬山岛岸线总长 7.2 km,可利用岸线 3.5 km,分布于东岸的东舀和西岸的长山嘴至西舀,岸滩基本稳定。前沿水深 20 m 以上,20 m 等深线距岸 100～200 m,后缘陆域平地面积约 1 km,港池水域宽度 4 km。摘箬山岛在东舀、北舀和西舀均设置一小型码头,其中东舀码头泊位相对较深,可停泊 200 t 位船舶。摘箬山岛的对外交通完全是通过水路与本岛进行联系,现从舟山本岛设置班船逢五逢十运行。

小摘箬山岛岸线总长 2.0 km,能利用岸线较少。

摘箬山岛四周的海域水深条件为舟山各岛中最深、最好的岛屿之一,其南部海域螺头水道属深水区,也是国际航道所经处,是宁波北仑港、大榭港等的主要进出通道。东、西、北部海域水深条件也较好,可通大吨位船舶。

(7) 动植物资源

区内海洋鱼类约有 80 种,为大黄鱼、小黄鱼、银鱼、黄鲫、银鲳、带鱼、海鳗等。两岛屿无人为破坏,生态基础较好,有一定量的岛栖脊椎动物,为獐、羊等种类,两栖爬行类为中国雨蛙、泽蛙、盆线蛙等种类,鸟类有隼鸟类、山鸡类、鸥类等种类。

岛上植物群系丰富,木本植物 81 科 285 种,现主要是灌木丛和杂生树种。

(8) 旅游资源

摘箬山岛面积虽小,但景观资源却非常丰富,包括地文景观、生物景观、遗址遗迹、水域风光和人文活动等。其中尤以地文景观为最,有仙女峰、狮子岩、老虎岩、骆驼峰、破火山口、七彩滩等,并分布有多处历史遗迹,村庄民居也富有海岛特色。

因此,从自然条件资源上可以看出,摘箬山岛没有明显的资源短板,而且在个别资源上有独特优势:

气候资源——相对外海小岛来说较为温和,适宜人居,是人居优势点;

淡水资源——有较丰富的地下淡水,但是总体岛小山低,水源承载力有很大的限度,较为劣势;

岸线资源——岸线和周边的航道资源是摘箬山岛最大的优势点,有这个条件才有浙江大学的海洋科研项目的落户摘箬山岛的条件;

景观资源——岛上自然生态良好,具有一定的景观优势;

能源资源——摘箬山岛原先的能源来源仅靠周边大岛的远距离输送,很难承载大量的人居环境,是最大劣势点之一。但是岛山体的风力资源,和周边水道里的海洋能蕴含有巨大的新能源潜力,可以转化为人居环境的优势支撑。

3) 土地使用现状

摘箬山岛与小摘箬山岛陆域植被面积分别为 186.9 hm^2 和 11.3 hm^2,森林覆盖率分别为 72.5％和 96.5％。根据土地利用统计数据,两岛基本农田面积仅分布于摘箬山岛,共 285亩,主要位于东岙和北岙。但由于摘箬山岛人口外迁严重,该岛大部分土地(包括原有鱼塘)均处于荒芜状态,仅有极少部分土地作为蔬菜种植和果树种植而发挥其经济价值。

现状建设用地总量较少,以海岛农居为主,缺乏公共开敞空间和必要的公共服务设施。东岙区块可利用土地面积较大,有较集中的海岛农居村落,但大部分年久失修无人居住;北岙区块距离本岛相对较近,仍有少量老年人在区块内生活居住,区块内现有数片小型耕地,村落较不成规模,多依地形而建;西岙区块已为无人居住区,可利用地较少。

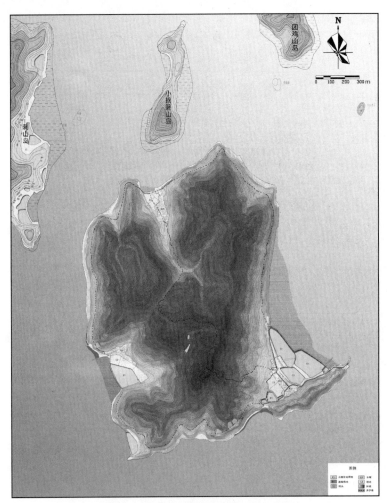

图 6.7　摘箬山岛土地使用现状分析图

(图片来源:摘箬山岛规划)

(1) 居住用地

规划区内居住用地主要为现状的 3 个自然村,用地面积 4.61 hm²,居民约 10 人。大部分房屋处于空置状态。

(2) 其他用地

对外交通用地主要为沿岸的三个小型港口,用地面积约 0.09 hm²;道路广场用地约 0.98 hm²。

海岛最主要的土地利用形式为林地,约 225.53 hm²,其次,为水域 8.17 hm² 和耕地 6.32 hm²。

表 6.2　现状用地汇总表

序号	用地代号	用地名称	面积(万 m²)	占城市建设用地(%)
1	R	居住用地	4.61	81.02
3	T	对外交通用地	0.09	1.58
4	S	道路广场用地	0.98	17.22
合计		海岛建设用地	5.69	100.00
7	E	水域与其他用地	240.02	
		1　E1 水域	8.17	
		2　E2 耕地	6.32	
		4　E4 林地	225.53	
合计			245.71	

(资料来源:摘箬山岛规划)

因此,从摘箬山岛土地使用现状中可以看出:

土地资源上——土地资源的稀缺,导致承载力上略显不足,是其人居劣势点之一;

体形效应上——摘箬山岛的形状率为 $F_r=A/L^2=0.45$,属于团状海岛,较适宜承载人居环境;

边缘效应上——具有较小的边缘系数,$S=P/A=3.20$,适合发展岛陆上的内向性产业,不适合发展渔业等外向性的产业。

4) 现状交通

(1) 在东岙、北岙和西岙均设置有一小型码头,其中东岙码头泊位相对较深,可停泊 200 吨位船舶。

(2) 本岛的对外交通完全通过水路与本岛进行联系,对外交通联系能力弱,与周围其他岛屿的联系不方便,联系途径单一。作为海上公交,从舟山本岛设置班船逢五逢十运行。

(3) 面对突发事件,岛内居民无法与本岛或其他岛屿联系,现状设施不能满足紧急情况的需求。

(4) 现状对外交通用地 0.09 hm²,占建设用地的 1.58%。

(5) 由于地势条件制约和村庄的逐渐衰落,岛内缺乏较完善的道路系统。东岙、北岙与西岙之间只有窄小的山路联系。

(6) 现状道路广场用地 0.98 hm²,占建设用地 17.22%。

因此,从摘箬山岛的现状交通条件可以看出:

交通基础设施非常不完备——导致岛内各聚落各自为政,很难承载有效的人居聚落系统,是人居劣势点之一。

5) 现状小结

从上文摘箬山岛的现状概况我们可以得出一个结论——摘箬山岛是有人居条件的可居单元,但是,缺少一个理由来维持其人居环境的可持续发展。摘箬山岛在建设前是一个典型的"小岛迁"范畴里的小岛,常住人口远远小于户籍人口,是一个接近废弃的空心岛。

其属丁本岛簇集效应的影响范围里,导致岛上人居的存在失去了必要性,原有的人口都往舟山本岛上迁移。

只要有一个理由,岛上并不算差的人居条件还是可以焕发出生命力的。这个契机出现在摘箬山岛具有的优势资源——岸线航道资源和新能源资源上。因为这两个资源的开发潜力,浙江大学海洋系和舟山市政府选取了摘箬山岛作为海洋人居科技岛的示范岛,将会承载起一个适宜居住又适宜科研的聚落系统。

6.3.2　摘箬山岛人居单元的定位方向和聚落结构

1)摘箬山岛人居单元的定位方向

摘箬山岛人居单元应该定位为以海洋科研为导向的美丽海岛人居环境示范单元。它是一个单一型的可居单元(图 6.8)。对舟山群岛现阶段的很多介于"迁和建"两难困境中的岛屿有典型的示范意义。

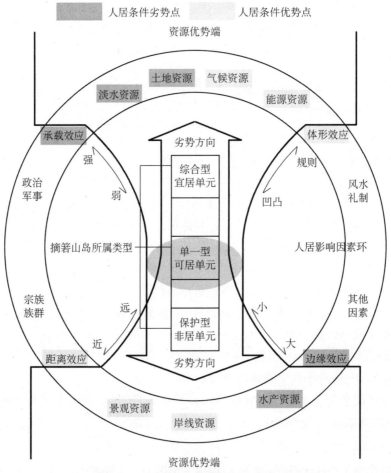

图 6.8　摘箬山岛人居单元类型所属图

(图片来源:作者自绘)

其规划开发的方向有以下几点(图 6.9):

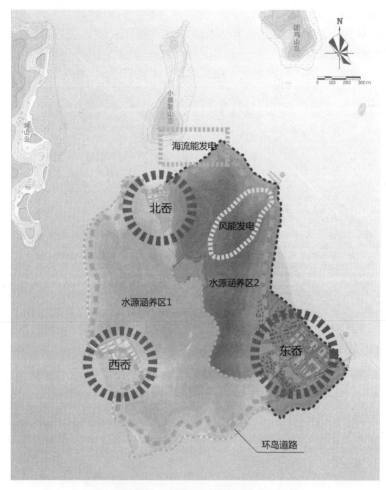

图 6.9 摘箬山岛总体规划图

(图片来源:摘箬山岛规划)

(1)居住、科研用地的开发

居住、科研用地开发是本海岛的建设核心,是带动整个海岛快速发展的动力。为此,必须合理布局居住、科研用地,有效提高土地的使用率。要分类开发各类居住、科研用地,使海岛内部功能分工明确,设施布置合理。

(2)配套支撑体系的建立

海岛内的主要配套设施有居住、管理、服务、休闲等,这些功能主要为本岛核心功能提供支撑与保障。它们的有序开发,将有利于保障海岛的正常运行。

(3)基础设施的建设

海岛目前的基础设施极为缺乏,要支撑一个高科技、富有时代气息的海洋科技岛,必须要大力加强基础设施的建设。海岛的基础设施建设应与本身的海洋科技相结合,成为科技示范岛的重要内容。

（4）地形的整理利用

海岛内的地形相对复杂，有坡地、海塘、滩涂等，均需对其进行整治，方能进行用地开发，总体的工程土方量较大。而且在进行土地整理时，需对山地、坡地进行防护，并实施水体、植被的生态保护（图6.10）。

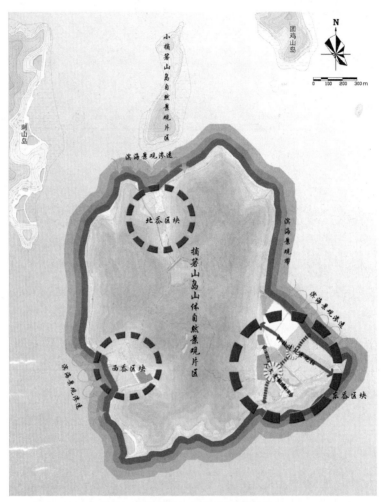

图6.10　摘箬山岛地形景观利用图
（图片来源：摘箬山岛规划）

2）摘箬山岛人居单元的聚落结构

摘箬山岛在原有的聚落结构的基础上，加以提升，形成东岙、北岙、西岙三个主要人居环境聚落。其中形成东岙为主，北岙、西岙为次的两级聚落体系（图6.11、图6.12）。东岙主要承担综合服务、居住和科研办公的聚落职能，北岙兼具科研、生活和部分海岛农业产业职能，西岙基本以海洋科研示范为主。

因此，摘箬山岛的人居聚落结构应采用"0.1"模式（如图6.11），即：

第一级：一般聚落（人口规模：$0.1 \times n$万人），东岙

第二级：若干村落，包含北岙和西岙

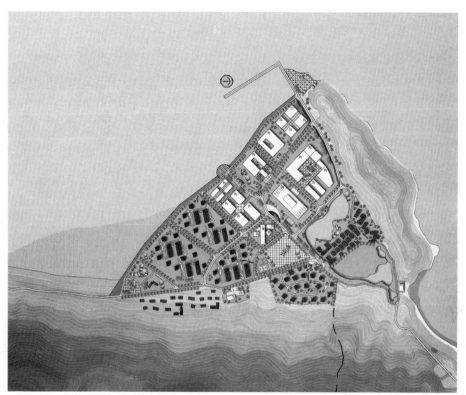

图 6.12　摘箬山岛东岙人居聚落结构图

（图片来源：摘箬山岛规划）

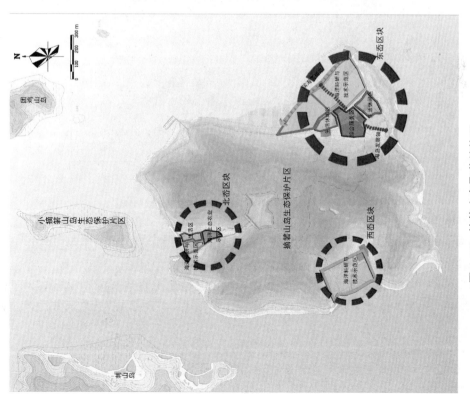

图 6.11　摘箬山岛聚落结构图

（图片来源：摘箬山岛规划）

6.3.3　摘箬山岛人居单元边缘效应和海洋基质的利用

1）海岸保护与利用规划（图 6.13）

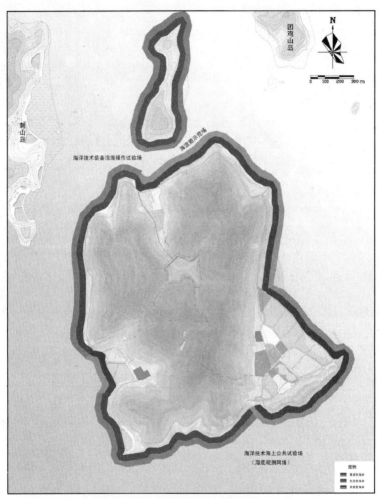

图 6.13　摘箬山岛图
（图片来源：摘箬山岛规划）

（1）海岸线分类

根据海岸线特征、海域地势、腹地建设条件，对摘箬山岛整个海岸进行类型区分，共划分为三种类型：生态型海岸、景观型海岸、开发型海岸。

①生态型海岸：主要分布于海岛的西部和南部。其海岸地形相对陡峭，植被覆盖程度好，人类活动极少进入，具有较强的原生态环境特征。

②景观型海岸：主要分布于海岛的东部和北部。其海岸地势相对平缓，低潮时段行人能够进入，并且这些地区景观独特，地质景象绮丽，具有较高的观赏价值。

③开发型海岸：除生态型海岸与景观型海岸的以外地带，主要为东岙、北岙和西岙的海岸。这些海岸地势平坦，已作为村庄建设用地和农用地被开发。

（2）规划措施

① 生态型海岸：积极实施对该类海岸的保护，严禁不必要的开发行为及其他破坏行为。对一些曾经被开发作为采石的海岸和被围塘的海岸，应逐步恢复原有风貌。受潮汐冲击影响加大的海岸，应加大护坡力度，保护海岸线的稳定。

② 景观型海岸：以保护为主，限制各种建设活动在该类海岸的建设。根据海岛景观风貌建设与休闲旅游发展的总体思路，适当建设一些小型的、辅助性设施，这些设施的建设严禁对现状地质景观的破坏。

③ 开发型海岸：是本次海岛建设可以利用的海岸，应按照相关要求加固海堤，同时营造较好的海景观光走廊。

2）滩涂与海域利用规划

（1）滩涂利用

规划对东岙滩涂进行围垦，并作为规划期内的建设用地进行控制，围垦面积约 9.0 hm^2。其他沿海滩涂以保护为主，不安排建设项目。

（2）海域利用

规划主要利用摘箬山岛南部海域和北部海域。摘箬山岛南部海域作为海洋技术海上公共试验场范围，为东岙七彩滩以南 1 km 海域；北部海域范围北至小摘箬山岛，作为海上装备浅海操作试验场以及海流能示范场。

6.3.4　摘箬山岛人居单元道路交通系统

1）规划原则

（1）以低碳和生态为出发点，建设具有较强海岛示范意义的岛内交通体系。

（2）合理布置道路网络，有效连接整个岛屿，实现岛内联系顺畅、安全和快速。

（3）合理选择新建道路的位置、道路线性和道路的横断面形式。

（4）根据国家相关的技术规范要求，加强交通附属设施的建设，合理安排广场、停车场等设施。

2）规划目标

通过无机动化的实施与合理的道路网络布置，建设与岛内"低碳交通"原则相符合的、满足岛内交通需求的、人性化、便捷通畅的环岛道路交通体系。

3）道路系统规划

除工程建设时期所必需的机动车辆之外，岛内道路实行无机动化，岛内行驶车辆为电瓶车和自行车。

规划建设环岛道路，联系东岙、北岙与西岙，必要地段建设岛内隧道，以保护岸线。

道路等级分为四级：区间路、岛内干道、岛内支路、游步道。

岛内干道为主要功能区之间的联系道路，宽度 8 m，主要景观道路可适当加宽，配建绿化与公共休憩设施。

岛内支路作为岛内干道的补充，路幅 5 m。

区间路为东岙、西岙和北岙三区块之间的联系道路，统一构成环岛道路，路幅 4 m。
（表 6.3）

表 6.3　摘箬山岛道路规划一览表

序号	道路名称	起点	终点	长度(m)	宽度(m)	道路等级
1		A1	A8	731	5	岛内支路
2		C1	C4	268	8	岛内干道
3		D1	D4	255	5	岛内支路
4		E1	E3	168	5	岛内支路
5		E3	E6	207	8	岛内干道
6		A1	F1	540	5	岛内支路
7		A5	F1	336	8	岛内干道
8		A9	E6	352	8	岛内干道
9		A7	E5	238	5	岛内支路
10		A6	E4	272	5	岛内支路
11		A4	E2	226	5	岛内支路
12		A3	C2	162	5	岛内支路
13		A2	B1	145	5	岛内支路
14		E6	F2	404	3～5	区间路
15		F1	G4	1 934	4	区间路
16		G4	G2	343	5	岛内支路
17		G3	G1	247	5	岛内支路
18		A1	G1	3 299	4	区间路

（资料来源：摘箬山岛规划）

游步道主要为登山道路，应逐步加强对现有游步道的整治工作，路幅控制在 1～2 m。

岛内远期设置环岛公交线路，使用电瓶车作为公交车辆，停靠站结合路网沿路设置，其停车场结合海洋科研设施设置（图 6.14）。

图 6.14   摘箬山岛人居单元道路交通系统图
(图片来源:摘箬山岛规划)

4)道路横断面控制

根据规划道路的功能、等级及对未来的交通量的预测,对海岛道路断面、红线宽度进行安排,从而确定合理的道路横断面形式。(表 6.4)

表 6.4   规划道路横断面形式一览表

序号	编号	宽度(m)	人行道宽(m)	车行道(非机动车道+机动车道)(m)
1	A	5	1×2	3
2	B	8	1.5×2	5
3	C	4	4	
4	D	3	3	

(资料来源:摘箬山岛规划)

5)道路竖向设计

道路竖向规划应结合城市用地控制高程、地形地物、地下管线、地质和水文条件等综合考虑。道路最大纵坡控制:主干道 4%、次干道 5%、支路 6%。场地高程比道路高程提高20 cm

左右,雨水能就近排向河体。

　　6）非机动车道系统和步行系统规划

　　海岛道路交通以非机动车和步行交通为主,电瓶车交通为辅,原则上禁止机动车的运行。道路系统充分考虑行人的需求,做到舒适、便捷、生态、低碳。

　　规划结合滨水绿地设置步行道,并利用河边控制绿带、道路两旁控制绿带构建完整的步行系统。

6.3.5　摘箬山岛人居单元水资源系统

　　1）现状概况(如图6.15)

　　摘箬山岛目前无自来水厂,也无成体系的给水管网系统,仅有的几户居民的生活饮用水主要以地下井水为主,水质较好,基本能满足生活需要。另外,位于东舂半山腰的坑道井,蓄水规模 600 m³;西舂半山腰建有两个山塘小水库,最大蓄水规模约 7 000 m³,汇水面积6.5 hm²,受降水影响较大,水量不稳定,在村庄人口未迁出之前主要作为农业灌溉用水。

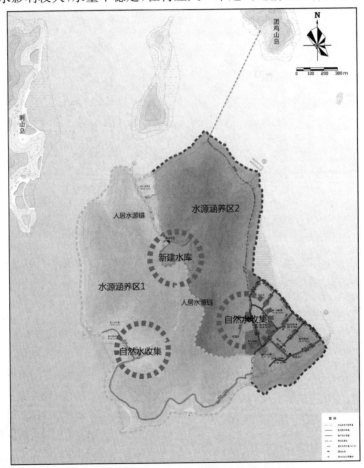

图 6.15　摘箬山岛人居单元水源结构图

(图片来源:摘箬山岛规划)

2）建设目标

保护和合理利用水资源，开源与节流并举，建成可靠的取水水源和完善的给水系统。给水工程的建设适当超前于社会经济发展的需要，并具一定的科技示范性，供水的水量、水质、水压及供水安全等达到规范标准，积极推进岛内自给自足供水系统。

3）用水量预测

采用单位建设用地用水量指标法，预测摘箬山岛的总用水量 2 000 m³/d 左右（详见表6.5）。

表6.5 摘箬山岛用水量预测表

用地性质		用地面积（万 m²）	用水量标准[m³/(hm²·d)]	用水量（m³/d）
R	居住用地	1.84	80	147.2
C	公共设施用地	16.74	100	1 674
T	港口用地	0.60	20	12
S	道路用地	5.76	20	115.2
U	市政公用设施用地	0.98	25	24.5
G	绿地	2.19	10	21.9
合计				1 994.8

（注：本用水指标已包含管网漏失水量及未遇见用水量）

（资料来源：摘箬山岛规划）

初步设想，岛屿发展规划分为近、远三期，规划人口分别为 100 人和 500 人。为此近期的用水规模大致按照远期用水规模的 20% 进行计算，同时，科研办公楼内科研用水近期暂不安排，近期用水量 400 m³/d；远期用水量 2 000 m³/d。

4）供水水源

对于一个淡水资源不太丰富的海岛来说，需要节约用水、科学用水。应根据对水的不同利用形式进行有针对性的供水。可选择的工程措施主要有：① 引水工程；② 本地水资源的开发；③ 海水淡化等。

5）引水工程

浙江省海岛有地缘上的优势，大部分为大陆架的延伸岛屿，与大陆连接紧密，目前舟山引水工程一期已建设完成。摘箬山岛距离舟山本岛只有 8 km，可通过海岛引水解决水资源缺乏问题。

6）本地水资源的开发

（1）水库工程

水库工程是海岛水资源开发的常规且最为主要的方式。但由于海岛特色的水资源条件，能增加的供水量有限，且继续开发成本较高。规划修缮西岙半山腰的两个山塘小水库，作为补充水源。

（2）坑道井、高位水池等各类水井

坑道井建设适合海岛—丘—岛地形和地质条件，适用性强，既起集水作用又起储存作用,且水质较好,一般无需净化处理,即可饮用。规划保留东岙半山腰的坑道井,为便于提水,可配备机电泵水设备。保留东岙的高位水池,并配备净水设施。

（3）雨水资源利用

海岛雨水利用的工程主要是指将雨水停留在供水系统形成人工的截取储存的方法,主要以屋顶、地面集流为主,主要用于绿化、道路用水的替代水源。摘箬山岛对雨水的利用主要为建筑屋顶集水系统和河塘蓄水系统,作为科研办公楼、宿舍的冲厕、绿化用水、景观用水或消防用水等。即有效利用雨水资源,也可以作为海岛地区雨水资源利用的示范工程。

（4）中水

建设中水回收与利用系统,作为除饮用水以外的水源。

7) 海水淡化工程

若海水淡化工程实施,相对来说对本地的供水稳定具有较大的支撑,同时,其也能够更好地体现本岛作为科技示范岛的作用,因此,综合各方面分析,确定本岛把海水淡化工程作为远期主要的水源建设项目。

8) 水资源的利用配置

水的利用形式主要为生活饮用水、科研生产用水和杂用水等几类。综合摘箬山岛水资源特点及其各种生产生活对水质要求,采取不同的供水方式。饮用水水质要求较高,应优先使用高位蓄水池山泉水,缺口部分利用海水淡化水作为水源。科研生产用水主要利用海水淡化水,而居民卫生用水、道路浇洒、绿化等杂用水可利用屋顶降水、河塘水及中水回用系统。

9) 给水设施规划

（1）近期

海水淡化工程的建设需要一定的建设周期,其供应也需要达到一定规模,因此近期不予考虑。

根据用水量预测,近期需水量较小,但为了确保各类建设项目启动、工程建设的正常运转,规划近期通过从舟山本岛引水,管网经团鸡山岛接入。

保留东岙山坡地带的高位水池,并设置一定的净水设施,蓄水约 800 m^3。此外还可利用岛内已有水源,如坑道井（蓄水 600 m^3）、地下水井、山塘水库等作为补充水源。

（2）远期

远期西岙规划新建一海水淡化设施,作为新能源系统淡化海水的示范工程。远期供水规模达到 2 000 m^3/d,其中科研用海水 500 m^3/d,生活用水 1 500 m^3/d,占地 2 000 m^2。

海水淡化常规的方法有蒸馏法、离子交换法、反渗透膜法等,但这些方法需要大量的燃料或电力,处理成本较高。对于海岛地区普遍缺乏电力,且燃料会带来温室效应、空气污染等环境问题。从环境保护和降低成本出发,利用太阳能和风能组合系统淡化海水,费用只有常规海水淡化的 1/10。

10) 供水管网规划

近期通过从舟山本岛引水,管网经团鸡山接入至东岙地块,管径 200 mm。

远期规划采用分片区供水方式。主要利用舟山本岛引水工程、高位水池和海水淡化工程等多水源供水,采用两套管网系统（生活用水及科研用海水）,供水管网采用环状与树枝状相结合的布局方式,各支管与输水管连接处设置阀门。

　　各片区内由市政统一设置生活供水加压设施,确保各单体建筑(或各用水单位)生活用水水压及水量要求。

6.3.6　摘箬山岛人居单元能源系统

1)现状

　　目前,摘箬山岛的供电来源为舟山本岛 110 kV 变电站,经过位于盘峙岛上的 35 kV 盘峙变,10 kV 出线经小盘峙岛、团鸡山岛后进入摘箬山岛。目前全岛拥有 10 kV 线路一回,容量为 50～60 kVA(主变容量 80 kVA)。全岛负荷仅生活用电,电力用户 6～7 户,年用电量极少,约 3 000 kW·h。

2)规划目标(如图 6.16)

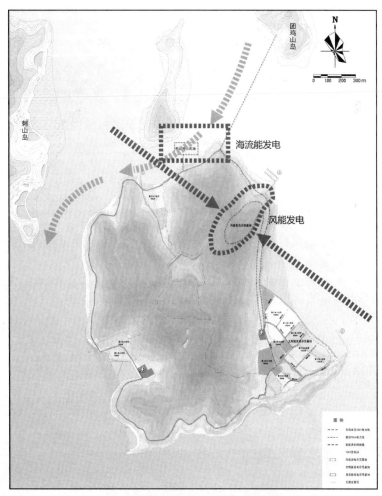

图 6.16　摘箬山岛能源开发结构图

(图片来源:摘箬山岛规划)

与"低碳能源"为目标,积极利用各种可再生资源,建立以风能、太阳能、洋流能等多种清洁可再生能源为电力来源的海岛能源供给模式,以抽水蓄能电站、海水淡化等为储能装置加以调节的多种再生能源并网系统。

3)用电负荷预测

摘箬山岛主要用电为科研办公楼、宿舍与民居、综合楼、专家楼和其他设施等五类,这五类设施的用电要求各不一样,其参考标准和用电量见表6.6,总电力负荷约为7 670 kW。

表6.6　摘箬山岛电力负荷预测表

项目用地类别	用地面积 (hm²)	负荷密度 (kW/hm²)	用电负荷 (kW)	参照 GB50293—1999 标准	
				具体参照类别	范围(kW/hm²)
民居	1.84	300	552	居住用地用电	100～400
公共设施用地	16.74	600	10 044	公共设施用地用电	300～1 200
港口	0.6	20	12	参照类似规划	
道路	5.76	20	115.2	参照类似规划	
市政基础设施	0.98	800	392	参照类似规划	
绿地	2.19	20	43.8	参照类似规划	
合计			11 159		
总负荷			7 811.3	同时系数取 0.7	

(资料来源:摘箬山岛规划)

4)供电设施规划

(1)近期

进岛电力线路:为了确保各类建设项目启动、工程建设的正常运转,保留现状由 35 kV 盘峙变经小盘峙岛、团鸡山岛供至摘箬山岛的 10 kV 电力线。

海洋可再生能源开发:利用东北部山地开发风能;利用东岙地块科研办公楼等建筑的屋顶开发太阳能;利用摘箬山岛北部海域海流能。

在东岙高位水池的北面山坡地带规划能源楼,用地面积 1 500 m²,作为岛上能源收集与供应中心。

通过配电变压设施将 10 kV 电力线与风能、太阳能、海流能发电设施并网。

(2)远期

进岛电力线路:保留现状 10 kV 电力线,新建东岙至西岙、北岙至西岙 10 kV 电力线与原有的共同构建环岛电网。

海洋可再生能源开发:进一步扩大风能和太阳能利用面积。

利用科研办公楼等建筑的屋顶可作为本岛太阳能发电的主要载体,全岛规划共有科研办公楼用地 13.69 hm²,按照建筑密度 40%、屋顶可利用率 50% 计算,共可设置太阳能接收装置的面积为 28 820 m²。

将风能、太阳能、海流能发电设施通过配电变压设施并入统一电网。

7 结语

7.1 研究结论

建设海洋强国,在当前复杂的国内外形势下具有重要现实意义、战略意义。舟山群岛新区是我国首个以海洋为主题的国家新区。随着国土开发的重心向海洋海岛转移,良好的海岛人居环境是海洋海岛建设的基础。

本书通过对舟山群岛这个特定地区人居环境的分析,探索从单元视角下梳理群岛人居聚落与其所处海岛环境关联的方法。

融合当前地理学、景观生态学、生物学、社会学等多学科的理论方法,将舟山群岛地理单元与人居聚落形态相结合,提出群岛人居单元的核心概念。明确聚落发展与环境因素之间的关系作为指导人居建设的理论与实践依据。

以科学的认识论、方法论为指导,在诠释群岛人居单元相关因素影响的基础上,进一步从整体和建设两个层面和尺度上建构了群岛人居单元的营建体系。

在研究中完成的创新点及结论包括以下几个方面:

(1) 在多维视野下分析进而提出群岛人居单元的概念是适应舟山群岛地区的一个研究载体。

(2) 以方法论指导群岛人居单元建构关系能够清晰地解读群岛人居单元的构成因素和因素间相互关系。

(3) 从不同层面和尺度下对群岛人居单元营建体系进行解析,能够很好地契合地区特质。

7.2 研究不足

舟山群岛人居单元营建体系是一个复杂系统,本书的研究在这么个天地灵秀的系统面前还十分肤浅。作者在本书的研究和写作中获取了导师团队方法论的指导,以及其他高校团队对不同地区人居环境研究启发,深感群岛人居环境与前辈真知灼见的契合,故贸然以一个较新的区域和视角加以研究。在这个过程中自己仅通过生于斯长于斯的体会和偏重理论的汇总,感性成书,有诸多不足:

(1) 因为极少有人进行海岛人居环境研究,作者受相关理论启发后,很难和舟山群岛结合好,或者说是转化表述到位。

(2) 研究因调研涉及舟山群岛人居单元区域和聚落营建等不同的空间尺度,为此在群岛人居单元发展过程和营建方法的关联分析上,自然、社会影响分析较为详尽,但是对现代经济系统和体制机制及其影响分析显得薄弱。

（3）在实践领域较少有成果，少有理论指导实践。因此，在群岛人居单元的较微观的空间形态、建筑形态的实践上，只是提出一个方法，希望在未来能够实践建设。

7.3　研究展望

了解群岛—完善群岛—创造群岛。

（1）了解群岛：在本书的基础上，了解群岛单元营建体系的运转规律，并且进一步向外拓展研究现代经济系统和体制机制对群岛人居单元的影响。

（2）完善群岛：在进一步研究的基础上，通过实践完善新型群岛单元的有机体，创造人岛有机共生单元：进一步理顺做什么样的人？ 在什么样的岛上？ 过着怎样的生活？

（3）创造群岛：提炼群岛单元的所有本质机理，应用于人工岛、海洋生活平台等跨学科的前沿领域，为舟山群岛的人居环境开创一个新的时代。

参考文献

［1］ Admas B. Green Development: Environmental Sustainability in the Third World [M]. New York: Rouflendge, 1990.

［2］ Ahamd Y J, E Serafy S, Lutz E. Environmental Accounting for Sustainable Development[M]. Washington D. C. : World Bank, 1989.

［3］ Alcamo J, Leemans R, Kreileman E. Global Change Scenarios of the 21st Century: Results from the IMAGE2. 1 Model[C]. Oxford: Pergamon, 1998.

［4］ Alexander R Cuthbert. Designing Cities: Critical Readings in Urban Design[M]. Oxford: Wiley-Blackwell, 2003.

［5］ Arthur B Gallion, Simon Eisner. The Urban Pattern: City Planning and Design [M]. 5ed. New York: Van Nostrand Reinhold, 1986.

［6］ Baruch Givoni. Climate Considerations in Building and Urban Design[M]. New York: John Wiley & Sons Inc, 1998.

［7］ Baruch Givoni. Passive and Low Energy Cooling of Buildings[M]. New York: Van Nostrand Reinhold, 1994.

［8］ Bill Hillier, Hanson J. The Social Logic of Space [M]. Cambridge: Cambridge University Press, 1984.

［9］ Button K J. Urban Economics: Theory and Policy[M]. London: Macmillian and Company Ltd. , 1976.

［10］ Camillo Sitte. City Planning According to Artistic Principles[M]. New York: Random House, 1965.

［11］ C Norberg-Schulz. Genius Loci: Towards a Phenomenology of Architecture [M]. New York: Rizzoli, 1980.

［12］ Fu Bojie, Lu Yihe. The progress and perspectives of landscape ecology in China [J]. Progress in Physical Geography, 2006, 02(30): 232 - 244.

［13］ Gregory Bateson. Mind and Nature Cresskill[M]. New York: Hampton Press, 2002.

［14］ Guy M Robinson. Methods and Techniques in Human Geography[M]. New York: John Wiley & Sons Ltd. , 1998.

［15］ Hawkes Dean. The Selective Environment: an Approach to Enviromentally Responsive Architecture[M]. London: SPON Press, 2002.

［16］ Mike Crange, Nigel Thrift. Thinking Space[M]. London: Routled, 2000.

［17］ Per Bak, Kan Chen. Self-organized Criticality[J]. Scientific American, 1991, 264(1): 26 - 33.

[18] Rindfuss R R，Walsh S J，Turner B L. Developing a science of land change：Challenges and methodological issues[J]. PNAS，2004，101(39)：13976 - 13981.

[19] Richard Rogers. Cities for a Small Planet [M]. Colorado：Westview Press，1998.

[20] Syphard A D，Clarke K C，Franklin J. Using a cellular automaton model to forecast the effects of urban growth on habitat pattern in southern California[J]. Ecological Complexity，2005(02)：185 - 203.

[21] William M Marsh. Landscape Planning：Environmental Applications[M]. New York：John Wiley & Sons，1998.

[22] [美]阿摩斯·拉普卜特. 建成环境的意义——非言语表达方法[M]. 黄兰谷，等译. 北京：中国建筑工业出版社，2003.

[23] [美]白馥兰. 技术与性别——晚清帝制中国的权力经纬[M]. 江湄，邓京力，译. 南京：江苏人民出版社，2006.

[24] [美]约翰·O. 西蒙兹. 景观设计学——场地规划与设计手册[M]. 俞孔坚，等译. 北京：中国建筑工业出版社，2000.

[25] Aulay Mackenzie，Andy S Ball，Sonia R Virdee. 生态学[M]. 孙儒泳，尚玉昌，李庆芬，等译. 北京：科学出版社，2001.

[26] [日]藤井明. 聚落探访[M]. 宁晶，译. 北京：中国建筑工业出版社，2003.

[27] [日]原广司. 世界聚落的教示 100[M]. 于天祎，刘淑梅，马千里译. 北京：中国建筑工业出版社，2003.

[28] [美]米歇尔·沃尔德罗普. 复杂——诞生于秩序与混沌边缘的科学[M]. 陈玲，译. 北京：三联书店，1997.

[29] [英]彼得·柯林斯. 现代建筑设计思想的演变[M]. 英若聪，译. 北京：中国建筑工业出版社，2003.

[30] 陈秉钊. 可持续发展中国人居环境[M]. 北京：科学出版社，2003.

[31] 陈伟. 岛国文化[M]. 上海：文汇出版社，1992.

[32] 陈国伟. 浙江省海岛地区供水配置探讨[J]. 水利规划与设计，2006(01)：19 - 22.

[33] 陈康翔，钱德雪. 海水淡化在舟山海岛地区的适用性分析[J]. 浙江水利科技，2006(05)：11 - 13.

[34] 陈树培. 广东海岛植被和林业[M]. 广州：广东科技出版社，1994.

[35] 陈松华. 海岛地区提高水资源保障能力对策探析——以舟山市为例[J]. 浙江水利科技，2010(01)：16 - 18.

[36] 陈欣欣. 港口可持续发展中的共生关系研究[D]. 大连：大连海事大学硕士论文，2006.

[37] 傅瓦利. 土地利用格局变化及优化设计研究[D]. 重庆：西南农业大学博士论文，2001.

[38] 郭勇. 多途径解决海岛农村居民饮水不安全问题的探索与实践[J]. 硅谷，2008(09)：74 - 75.

[39] 高增祥,陈尚,李典谟,等.岛屿生物地理学与集合种群理论的本质与渊源[J].生态学报,2007,27(1):304-313.

[40] 何世钧.舟山地区潮流特性和能量参数[J].能源工程,1982(04):1-5.

[41] 贺勇,王竹,曹永康.传统与现代——江南水乡与现代城市地域特色[J].华中建筑,2007(01):80-82.

[42] 贺勇.适宜性人居环境研究——"基本人居生态单元"的概念与方法[D].杭州:浙江大学博士论文,2004.

[43] 黄光宇.山地城市空间结构的生态学思考[J].城市规划,2005(1):57-63.

[44] 贾莲莲.海岛型旅游度假区发展过程中的城市化现象透视——以海陵岛为例[D].广州:中山大学硕士学位论文,2005.

[45] 金涛.浙江岛屿民居习俗与建房礼仪[J].浙江海洋学院学报(人文科学版),2004(4):35-36.

[46] 姜彬,金涛.东海岛屿文化与民俗[M].上海:上海文艺出版社,2005.

[47] 赖铃.共生理论下的中国广播媒介发展研究[D].重庆:西南政法大学硕士论文,2010.

[48] 刘立军,楼越平,钱未珍,等.舟山群岛多元化供水探讨[J].中国农村水利水电,2004(04):24-26.

[49] 刘伟,徐峰,解明境.适应湖南中北部地区气候的传统民居建筑技术——以岳阳张谷英村古宅为例[J].华中建筑,2009(03):172-175.

[50] 刘容子.海洋经济发展面临的机遇与挑战[N].中国海洋报,2002-08-30.

[51] 刘晖.黄土高原小流域人居生态单元及安全模式[D].西安:西安建筑科技大学博士论文,2005.

[52] 刘家明.国内外海岛旅游开发研究[J].华中师范大学学报(自然科学版),2000(03):349-352.

[53] 刘容子,齐连明.我国无居民海岛价值体系研究[M].北京:海洋出版社,2006.

[54] 罗露.舟山农村水资源危机治理研究[D].舟山:浙江海洋学院硕士论文,2013.

[55] 凌金祚.沧海桑田——舟山地形的变迁[J].浙江档案,2000(10):37.

[56] 李植斌.浙江省海岛区资源特征与开发研究——以舟山群岛为例[J].自然资源学报,1997(02):139-145.

[57] 卢建一.明清海疆政策与东南海岛研究[M].福州:福建人民出版社,2011.

[58] 陆元鼎.从传统民居建筑形成的规律探索民居研究的方法[J].建筑师,2005(03).

[59] 栾维新,王海壮.长山群岛区域发展的地理基础与差异因素研究[J].地理科学,2005(05):544-550.

[60] 罗晓予.基于环境质量和负荷的可持续人居环境评价体系研究[D].杭州:浙江大学硕士论文,2008.

[61] 马洪涛,丁小川,童航.分布式供能系统在海岛能源供应中的应用[J].发电与空调,2012(05):1-4.

[62] 毛梅丽. 遥感技术在舟山新区海洋资源开发中的应用[D]. 舟山:浙江海洋学院硕士论文,2012.

[63] 欧阳康,张明仓. 社会科学研究方法[M]. 北京:高等教育出版社,2001.

[64] 彭超. 我国海岛可持续发展初探[D]. 青岛:中国海洋大学博士论文,2005.

[65] 齐兵. 舟山市主要海岛分类开发研究[D]. 大连:辽宁师范大学硕士论文,2007.

[66] 屈双荣. 基于 GIS 重庆岩溶区景观格局状况分析[D]. 重庆:西南农业大学硕士论文,2003.

[67] 中国民族建筑研究会. 族群、聚落、民族建筑[M]. 昆明:云南大学出版社,2009.

[68] 单光,张戈. 海岛型生态市、生态县创建中的生态人居环境建设初探[J]. 科技信息(学术研究),2008(10):22-25.

[69] 宋薇. 海洋产业与陆域产业的关联分析[D]. 大连:辽宁师范大学硕士论文,2002.

[70] 宋晔皓. 结合自然　整体设计——注重生态的建筑设计研究[D]. 北京:清华大学博士论文,1999.

[71] 史鸿谦. 基于景观生态学理论的湿地人文景观设计[D]. 呼和浩特:内蒙古农业大学硕士论文,2011.

[72] 孙秀梅,陈朋,郭远明. 城市化压力对舟山海岛生态系统健康影响机制分析[J]//2010 年海岛可持续发展论坛论文集[C].2010.

[73] 汤满初. 加快推进舟山城镇化的必要性和现实基础[J]. 中共舟山市委党校学报,2011(1):5-7.

[74] 王磊. 天津滨海新区海陆一体化经济战略研究[D]. 天津:天津大学博士论文,2007.

[75] 王海壮. 长山群岛空间结构演变规律、驱动机制与调控研究[D]. 大连:辽宁师范大学硕士论文,2004.

[76] 王竹,周庆华. 为拥有可持续发展的家园而设计——从一个陕北小山村的规划设计谈起[J]. 建筑学报,1996(05):33-38.

[77] 王竹. 黄土高原绿色住区模式研究构想[J]. 建筑学报,1997(07):13-18.

[78] 王竹,魏秦,贺勇. 从原生走向可持续发展——黄土高原绿色窑居的地区建筑学解析与建构[J]. 建筑学报,2004(03):32-35.

[79] 王竹,魏秦,贺勇,等. 黄土高原绿色窑居住区研究的科学基础与方法论[J]. 建筑学报,2002(4):45-48.

[80] 王娟. 榆林南部地区城镇中传统窑居建筑更新与发展[D]. 西安:西安建筑科技大学硕士论文,2008.

[81] 王海宁,陶冶. 发展可再生能源是解决海岛能源动力问题的有效途径[J]. 阳光能源,2008(03):49-51.

[82] 王和平. 从中外档案史料看浙江在鸦片战争中的地位[J]. 浙江档案,1991(10):37-39.

[83] 王小龙. 海岛生态系统风险评价方法及应用研究[D]. 北京:中国科学院研究生院

（海洋研究所）博士论文,2006.

［84］王博. 建筑业技术创新组织共生模式与种群行为研究［D］. 西安:西安建筑科技大学硕士论文,2009.

［85］王欣凯,宋乐,刘毅飞,等. 舟山群岛基础地理特征及其变化［J］. 海洋开发与管理,2010,27(增刊):55-58.

［86］王其钧. 中国民居三十讲［M］. 北京:中国建筑工业出版社,2005.

［87］王书荣. 自然的启示［M］. 上海:上海科学技术出版社,1987.

［88］王鹏. 城市公共空间的系统化建设［M］. 南京:东南大学出版社,2002.

［89］万久春. 阿里地区能源利用方案及多能互补系统研究［D］. 成都:四川大学硕士论文,2003.

［90］魏秦,王竹,徐颖. 我国地区人居环境理论与实践研究成果的梳理及评析［J］. 华中建筑,2012(06):83-87.

［91］魏秦. 黄土高原人居环境营建体系的理论与实践研究［D］. 杭州:浙江大学博士论文,2008.

［92］翁志军,陈菲菲. 无居民海岛开发的和谐点研究——舟山凤凰岛和谐开发的实例分析［J］. 海洋开发与管理,2010,27(3):9-11.

［93］邬永昌,秦永禄. 南岙村志［Z］. 北京:中央文献出版社,2003.

［94］伍鹏. 我国海岛旅游开发模式创新研究——以舟山群岛为例［J］. 渔业经济研究,2007(02):10-17.

［95］吴良镛. 人居环境科学导论［M］. 北京:中国建筑工业出版社,2001.

［96］西安建筑科技大学绿色建筑研究中心. 绿色建筑［M］. 北京:中国计划出版社,1999.

［97］薛辰,徐学根,都志杰,等. 海岛风电服务于国家海洋战略［J］. 风能,2011(07):26-28.

［98］辛红梅. 基于景观格局的海岛生态系统风险评价方法［D］. 青岛:中国海洋大学博士论文,2007.

［99］岳云华,冉青红. 浅论舟山群岛区域地理特征［J］. 绵阳师范高等专科学校学报,1994,12(2):72-77.

［100］姚安安. 舟山传统民居建筑环境适应性研究［J］. 四川建筑,2011,31(5):73-75.

［101］于汉学. 黄土高原沟壑区人居环境生态化理论与规划设计方法研究［D］. 西安:西安建筑科技大学博士论文,2007.

［102］于希贤,［美］于涌. 中国古代风水的理论与实践［M］. 北京:光明日报出版社,2005.

［103］杨翠林. 农牧交错带小流域景观格局与土壤侵蚀耦合关系研究［D］. 呼和浩特:内蒙古农业大学硕士论文,2008.

［104］杨俊峰. 黄土高原小流域人居生态单元平原型案例研究［D］. 西安:西安建筑科技

大学硕士论文,2005.

[105] 中国科学院广州能源研究所. 海岛可再生独立能源系统[J]. 水产科技,2010(12):43 - 44.

[106] 张耀光,胡宜鸣. 辽宁海岛分布特征与形状功能分析[J]. 辽宁师范大学学报(自然科学版),1995,18(4):7 - 14.

[107] 张耀光,胡宜鸣. 辽宁海岛资源开发与海洋产业布局[M]. 大连:辽宁师范大学出版社,1997.

[108] 张焕. 海洋经济背景下海岛人居环境空心化现象及对策——以舟山群岛新区为例[J]. 建筑与文化,2012(06):091 - 093.

[109] 张焕. 海岛人居营建体系对气候条件的适应性研究——以舟山群岛为例[J]. 建筑与文化,2012(07):057 - 059.

[110] 张焕,王竹,张裕良. 海岛特色资源影响下的人居环境变迁——以舟山群岛为例[J]. 华中建筑,2011(12):98 - 102.

[111] 张雷鋆. 因地制宜、构建和谐的生态人居环境[D]. 无锡:江南大学硕士论文,2007.

[112] 张祺. 中国人口迁移与区域经济发展差异研究——区域、城市与都市圈视角[D]. 上海:复旦大学博士论文,2008.

[113] 章肖明. 道萨迪亚斯和"人类聚居科学"[D]. 北京:清华大学硕士论文,1986.

[114] 查晓鸣,杨剑. 生态人居环境基本概念演进分析[J]. 山西建筑,2011,37(5):3 - 4.

[115] 赵淑清,方精云,雷光春. 物种保护的理论基础——从岛屿生物地理学理论到集合种群理论[J]. 生态学报,2001,21(7):1171 - 1179.

[116] 郑冬子,郑慧子. 区域的观念[M]. 天津:天津人民出版社,1997.

[117] 周善元. 取之不尽,用之不竭的洁净能源——太阳能[J]. 江西能源,2000(4):8 - 10,37.

[118] 周子炯. 海上花园城 生态人居地——舟山岛城人居环境建设析议[J]. 浙江建筑,2005,23(06):3 - 4.

[119] 周复. 农村女性劳动力转移障碍的实证分析——以江苏省×村为个案[D]. 南京:南京农业大学硕士论文,2005.

[120] 周若祁. 绿色建筑体系与黄土高原基本聚居模式[M]. 北京:中国建筑工业出版社,2007.

[121] 周春山. 城市人口迁居理论研究[J]. 城市规划汇刊,1996(03):34 - 40.

[122] 舟山市史志办公室. 2009 舟山年鉴[M]. 北京:中国文史出版社,2009.

[123] 朱炜. 基于地理学视角的浙北乡村聚落空间研究[D]. 杭州:浙江大学博士论文,2009.

[124] 朱怿. 从"居住小区"到"居住街区"——城市内部住区规划设计模式探析[D]. 天津:天津大学博士论文,2006.

［125］朱丽.千岛湖库区中心小型岛屿植物复合种群和 β 多样性研究［D］.杭州:浙江大学硕士论文,2010.

［126］朱晓燕,薛锋刚.国外海岛自然保护区立法模式比较研究［J］.海洋开发与管理,2005(04):36 - 40.

网络资源:

［127］百度百科舟山词条

http://baike. baidu. com/view/39796. htm? func＝retitle

［128］百度文库,舟山新区

http://wenku. baidu. com/view/8f7dc9c2aa00b52acfc7cabd. html

［129］潮汐发电

http://www. baike. baidu. com/view/351525. htm

［130］国学网——中国经济史论坛—人地关系理论与历史地理研究

http://economy. guoxue. com/article. php/8577

［131］Show China 看中国—政府白皮书—中国海洋事业的发展

http://www. showchina. org/zfbps/ndhf/1998/200701/t106612. htm

［132］舟山市人民政府官方网站

http://www. zhoushan. gov. cn/web/dhmh/ldzc/

［133］舟山市

http://www. baike. com/wiki/％e8％88％9f％e5％b1％b1％e5％b8％82? prd＝citiao_right_xiangguancitiao

［134］海洋资源开发—百度文库

http://wenku. baidu. com

［135］中华人民共和国国土资源部网站

http://www. mlr. gov. cn

［136］［我爱舟山］——舟山论坛

http://bbs. zhoushan. cn/forum. php

［137］国学网—中国经济史论坛

http://economy. guoxu. com

致　谢

　　笔者的家乡就是本书的载体舟山群岛。深感一方水土的纯净与独特,在后天的学术研究过程中,把课题的方向定在了对海岛人居环境的深入解读上。

　　笔者在浙大建筑系读博的四年时光里,王竹老师引领我进入了地区人居环境学的课题研究。为师教诲,使我在专业实践和学术研究领域进步巨大。学科研究从来就无法离开研究团队的共同努力,正是团队浓厚的学术氛围,为本书的选题启发、体系架构与内容充实提供了扎实的素材。

　　博士毕业后,笔者进一步深入到海洋科学的博士后研究中,并到美国访问研究,得到博士后合作导师齐家国老师的倾力帮助,及浙江大学海洋学院师生的支持。希望把建筑规划的实践技术与海洋环境的科学理论融合到海岛上。也感谢支持我建筑学本科和硕士培养的湖南大学及老师、同学们:魏春雨老师、徐峰老师、严湘琦老师、本科和硕士的同学等,让我走在设计的道路上,始终幸福。

　　本书引用了 Google\Baidu\昵图网等网络素材图片,以及部分舟山相关网络规划资料,由于素材原作者署名、联系方式等不详,笔者一时无法联系上,此部分图片原作者如见到本书,请直接与笔者联系图片稿酬事宜。另外本书的理论思想来源于人居环境研究权威的西安建筑科技大学等诸多高校的学者,因为相似原因难以在短时间内联系上,也可与笔者联系交流。再次感谢!(笔者联系方式:0014979@zju.edu.cn)

　　祝愿所有关心我的人和我关心的人,愿你们的生活,能因为我和我的研究,让你们多一份对世界海岛美丽环境的向往和去旅游的理由!

张焕

2015/11/11

于加拉帕格斯群岛